米国の合理と日本の合理

建設業における比較制度分析

泉 秀明

東京　白桃書房　神田

まえがき

　筆者は 32 年間建設業界に身を置いた。うち 18 年間は海外勤務であり，とくに米国には 12 年間駐在して多くの建築物の建設に従事した。折しも，1990 年を境にして発生した日米建設摩擦を起因とした日本の建設市場開放を巡る一連の出来事を，米国の地で経験することになった。昨今，その開放された日本の建設市場にて，東京オリンピックスタジアム建設の再入札や建築物の構造に関わる様々な問題，直近では築地市場移転を巡る問題等，建設に関わる様々な問題が発生してマスコミを賑わせている。何がその根本的問題かが不明なままに，表面上の情報だけが報じられている気がしてならない。問題の全てが建設のマネジメントに関することに起因しているのだが，その専門性が高いために一般的にマネジメントに対して触れられることはなく，建設業はこれまで経営学の研究対象とされてこなかった。その理由は，経営学の研究者が製造業の現場を観察し理解を深めることは比較的容易であるのに対して，建設現場は物理的な危険に満ちており，関係者が厳しく納期の遵守を迫られ，建設業の現場に接近することは非常に困難であり，経時観察を含むフィールドスタディを行うことが不可能に近いからである。本書はそういった制約を乗り越えるべく，日米の建築業に従事した筆者自らの経験を事例研究の対象にして，経営学的にアプローチすることを試みた。

　本書のねらいは，建築業を研究対象として日米間の業界制度の違いという壁を乗り越えて海外展開を行った企業の実態を自らの経験を通じて紹介し，日米間の業界制度の違いを新制度派経済学の理論に基づいて解明することで，海外展開を図ろうとする企業が直面する制度的問題の解決に対して僅かながらも貢献することにある。企業の海外展開は，そのビジネスシステムが実行される国の取引制度に大きく影響を受ける。一見して非合理と思われる他国の制度は，実は当該国においては合理的なのである。その取引制度は国の文化や他の関連する制度に依存しているために，それらを理解し取引制度に適合できるかどうかが，ビジネスの成功，失敗の分水嶺となる。

　本書の主たる主張点は以下のとおりである。米国の建築生産制度においては，カスタマーリレーションおよびサプライチェーンにおけるステークホルダー間の取引慣行において，取引コスト理論が機能している。しかしながら，

日本の建築生産制度においては，カスタマーリレーションおよびサプライチェーンにおけるステークホルダー間の取引慣行においては，取引コスト理論と信頼が果たす役割，双方が機能している。また，建築プロジェクトのマネジメントシステムを中心にした日米それぞれの建築生産制度は，多様性，戦略的補完性，制度的補完性，経路依存性という複合的な観点で，それぞれ独自性をもっている。したがって，日米間の業界制度の違いという壁を乗り越えて長期的にビジネスを展開するためには，取引コスト理論と信頼が果たす役割，日米の主たる建築プロジェクトのマネジメントシステムが発生，発展してきたコンテキストの違いを理解し，カスタマーリレーションとサプライチェーンにおけるマネジメントの矛盾を解決する創発的な事業戦略を必要とする。

　筆者が最初に米国勤務となった時期と同じくして，1980年代後半から多くの日本企業が米国を始め海外へ進出し，事業展開を行い，海外事業におけるノウハウを蓄積してきた。しかしながら，それらのノウハウは個別企業に暗黙知として蓄積されてはいるが，企業の枠を超えて形式知として蓄積されてはいない。換言すれば，企業は海外事業を展開することにより失敗・成功を体験して個別に暗黙的に実践知を蓄積し保有しているが，それらを理論的に昇華することにより企業の枠を超えて理論知として保有してはいない。実践知は企業内部における社員相互のコミュニケーション連鎖によって伝承されていくが，その連鎖は企業環境の変化によってたびたび断絶される。貴重な実践知を後進に伝えていくためには，専門家が関与して理論知として構築しなければならず，経営学はまさにそのために存在している。本書は事例編，理論編と分かれている。建設業界に所属する読者は，建築業界の用語や雰囲気をご理解いただけると思うので，事例編，理論編へと読み進んでいただければ，また，経営学に馴染みの深い読者は，理論編から読んでいただいて事例編へと読み進んでいただければ，建築業における経営学的含意と筆者の主張点をご理解いただけるのではないかと考えている。グローバリゼーションがビジネス分野で声高に叫ばれるなか，日本企業の勢いがあった1980年代後半からほぼ30年が経過し，一世代交代の時期に来ている。この時期に，僅かながらでも筆者の事例紹介と理論的仮説が，建設業に限らず，日本企業の今後の海外事業展開に貢献できればと願う次第である。

　9年前，日本の経営大学院の産学連携教育を支援することが契機となり，大学院での社会人ビジネス教育に本格的に従事することになった。様々な活動をするなかで知識不足を痛感し，50も半ばを超えて経営学博士課程への挑戦が始まった。今思えば，米国でのMBA取得やEMBA受講の経験から，博士課

程も何とかなるだろうと高を括っていた．しかし，実務家にとって社会科学の分野で学術的に理論を追求することは，並大抵のことではない無謀な試みであったことを痛感させられた．博士論文の対象として建設業界を選んだのはいうまでもないが，前述したように建設業は経営学の対象とされてこなかったために，日本には経営学的見地からの先行研究がほとんど存在せず，シャレではないが，筆者の博士課程は白紙から始まることになった．

そのような筆者の論文作成を，主査として長期にわたり辛抱強くご指導して下さったのは，日本を代表する経営戦略論の専門家である神戸大学経営学研究科の三品和広教授である．舌鋒鋭く，常に的確に要点に迫る姿勢は，厳格な経営者を感じさせるものがあり，圧倒的な知識量と切れ味鋭い指摘に対して頭が下がるばかりであった．また，そもそも技術者である筆者に不足している経営学の理論的知識を懇切丁寧にご教授下さったのは，副査の丸山雅祥教授である．比較制度分析に加えて比較歴史制度分析を紹介して頂き，それを取引コスト理論と共に理論的分析視点に据えることで，研究に深みが増した．さらに当時副学長という多忙な立場の合間を縫って，的確にアドバイスを下さったのは副査の水谷文俊教授である．山口大学技術経営研究科のグエン・フー准教授からは，専門のゲーム理論からアドバイスを頂いた．そして京都大学大学院工学研究科の古阪秀三教授（現・立命館大学特任教授）からは，経営学ではなく，建築学の立場から様々な助言，資料提供をして頂いた．以上の教授陣には，改めてお礼を申し上げる次第である．

本書で取り上げた主たる事例は，米国で実際に行われた20年ほど前の建築プロジェクトのマネジメント事例であり，筆者の記憶だけで記述することは不可能である．当時，筆者が勤務した会社の上司・同僚や，オーナー側のプロジェクトマネジャーだった方々の協力がなければ，達成できなかった．事例記述の関係上，会社名および実名を明らかにすることはできないが，オーラルヒストリー手法採用のために快くインタビューに応じて頂いたL設計の北田氏，Y建設の堀野氏，元Z社の横山氏，M設計の中川氏（以上，仮名）に対して，お礼を申し上げる．加えて，論文および本書の作成にあたっては，長期にわたりお世話になったお二方がいる．ひとりは，京都大学大学院経営管理研究部特定助教の高瀬進氏である．高瀬氏からは，実務家である筆者が持ち合わせていなかった研究姿勢，社会科学の理論と方法論に関して，いつも丁寧に繰り返し説明頂いた．もうひとりは，山田啓一氏である．山田氏は米国駐在21年，日米建築業に精通しており，筆者が大手建設会社に勤務していた時代の上司で，この論文執筆開始から，日米建築生産制度の様々な点からアドバイスを頂い

た。この 2 人からの尽力を得られていなければ，本書の出版はあり得なかった。感謝の一言に尽きる。

　最後に，拙稿を基にした本書の出版を進めるにあたり，白桃書房の平千枝子氏から並々ならぬ尽力をして頂いた。出版とは無縁の世界にいた筆者に対して，本当にイロハのレベルからご教授下さった。丁寧な対応に対して厚くお礼を申し上げたい。

2019 年 2 月

著　者

基本用語解説

本書では事例編・理論編があり，様々な概念，用語が説明されているが，読み進める上での基本的な専門用語に対して説明を行う。

【プロジェクトマネジメント・システム】

日米共通して，建築プロジェクトの入手・設計・施工・引き渡しの建設プロセスにおいて，3つのシステムが存在する。システムは方式と言い換えることもできる。

① **コンストラクションマネジメント方式**：オーナーがアーキテクト，エンジニア，コンストラクションマネジャー等を自らの組織の代理人として契約し，彼らに建設プロセスのプロフェッショナルサービスを提供してもらうことによって，自ら組織として建築物を実現する。

② **設計・施工方式**：オーナーが設計と施工双方を請負う組織（ゼネラルコントラクター）を市場調達して建築物を実現する。

③ **設計・施工分離方式**：オーナーが設計を自らの組織にて行い，施工を請負う組織（ゼネラルコントラクター）を市場調達して建築物を実現する。

【建設業界でのステークホルダー】

オーナー：発注者

コントラクター：請負建設業者，総合請負建設業者（ゼネラルコントラクター：通称ゼネコン）と専門請負建設業者（サブコントラクター：通称サブコン）がある

アーキテクト：建築意匠設計者

エンジニア：建築構造・建築設備設計者

コンストラクションマネジャー：施工管理者

トレードコントラクター：コンストラクションマネジメント方式を採用した場合に，オーナーと直接契約を行う専門工事業者

ベンダー：材料供給業者

【オーナーズレップ】

オーナー（発注者）側にプロジェクトマネジメント能力がない場合，オーナーの代理人として，プロジェクトマネジメントを実行する組織。一般には，設計事務所が行うが，コンストラクションマネジメントの専門会社が行う場合もある。

【テンダーコール】

入札への招請。競争入札を通じて，設計事務所，建設業者を決定する場合に入札内容を開示する。公共工事と民間工事ではプロセスに違いがある。一般に，広く公募で業者を選定する場合に，まず資格審査にて複数社を選定（ロングリスト）し，そのなかから3社ほどを選定（ショートリスト）して最終的な業者選択の入札を行う。

【一式請負契約】

当事者の一方（コントラクター）が相手方に対し仕事一式の完成を約束し，他方（オーナー）がこの仕事の完成に対する報酬を支払うことを約束することを内容とす

る契約を意味する（民法632条から）。

【特命発注】
建築プロジェクトを実施する企業を，入札を実施せず，営業活動を通じた指名業者に随意契約でプロジェクトが発注されること。

【取引コスト】
取引コスト理論に関しては，学術的な解釈が様々に行われており，第6章にて詳述されるが，取引コストとは，調整費用と動機づけ費用（Milgrom & Roberts, 1992），探索および情報コスト，交渉および決定コスト，監視および実行コスト（Dahlman, 1979），探索と情報のコスト，交渉の意思決定のコスト，監視と強制のコスト，調整のコスト（菊澤，2006）等に解釈されている。総じて，あるビジネスを行う場合，様々な取引が必要となるが，取引を行うための適切な取引相手を探索し，探索後にビジネスを行うために取引相手を決定して契約を行い，契約後取引相手が契約に基づいて確実に実行するかどうかを監視し，また契約に関する違反行為があった場合には，強制的に是正を行う，一連のコストである。

【ゲーム理論】
自立した行動主体（プレイヤー）の相互依存性と利害対立を数理モデルで表現して，経済行動を研究する理論。取引同士の関係は，ゲーム理論において，数理モデルを使用したナッシュ均衡として表現される。ナッシュ均衡とは，取引同士が相互に相手の出方を正しく予想し，自らの利益を追求した結果実現する状態である。ゲーム理論は，これを数理モデルを使用して一定の条件式を満たす点と定義し，それを計算する。数学的理論として社会科学・人文科学の多くの分野で研究され，応用されている。

【比較制度分析】
新制度派経済学における理論的潮流。比較制度分析は，人間行動の「限定合理性」と多様な国々の経済発展を，それぞれ是認することを前提として，①資本主義経済システムの多様性，②制度のもつ戦略的補完性，③経済システム内部の制度的補完性，④経済システムの進化と経路依存性，⑤改革や移行における漸進的アプローチ，という視点から経済システムを分析しようとするアプローチである。そのアプローチのひとつである比較歴史制度分析は，理論的射程を近代欧米国家だけではなく，前近代・非欧米・非国家的領域へと拡大し，厳密な歴史分析，経済社会において人々の行動を動機づける様々な誘因，数理的な分析手法であるゲーム理論を統合して，制度を理解しようとするものである。

【エージェンシー理論】
プリンシパル（依頼人）とエージェント（代理人）の契約関係（エージェンシー関係）で取引が行われる場合，プリンシパルとエージェントはともに効用極大化しようとするが，情報収集，情報処理，情報伝達能力に限界があるために，両者のもつ情報に非対称性が生じる。このような状況で，エージェントはプリンシパルの不備に付け込んで悪しき非効率な行動（アドバースセレクション：プリンシパルとの契約前にエージェントが隠れた情報をもっている場合に発生する非効率な現象；モラルハザード：プリンシパルとの契約後にエージェントが隠れた行動を行うことによって生じる非効率な現象）をとる可能性がある。

目 次

まえがき

基本用語解説

第1章 本研究の概要 1

1.1 研究の目的と動機 1
1.2 研究の課題 3
   1.2.1 リサーチクエスションとその背景 3
   1.2.2 研究課題1へのアプローチ 7
   1.2.3 研究課題2へのアプローチ 8
   1.2.4 研究課題3へのアプローチ 8
1.3 研究の方法論 9
   1.3.1 複眼的視点 9
   1.3.2 オートエスノグラフィー法 10
   1.3.3 オーラルヒストリー法 11
   1.3.4 歴史的方法論 12
   1.3.5 比較事例法 13
   1.3.6 過程追跡法 14
1.4 研究の意義 14
1.5 本書の構成 16

第1部 事例編

第2章 米国における建築プロジェクトマネジメント 19

2.1 X社Gプロジェクト 19
   2.1.1 プロジェクト概要および背景 19
   2.1.2 プロジェクト入手段階：1993年11月〜1994年1月 21
   2.1.3 契約・設計段階：1994年2月〜1994年7月 22
   2.1.4 工事段階：1994年4月〜1995年3月 23
   2.1.5 工事終了後：1995年3月以降 27

X社Gプロジェクト関係者インタビュー記録：北田正則氏　29
2.2　Y社Aプロジェクト　39
　　2.2.1　プロジェクト概要および背景　39
　　2.2.2　プロジェクト入手段階：1997年1月～1997年3月　41
　　2.2.3　契約・設計段階：1997年4月～1997年8月　43
　　2.2.4　工事段階：1997年7月～1998年8月　43
　　2.2.5　工事終了後：1998年8月以降　47
　　　Y社Aプロジェクト関係者インタビュー記録：堀野正弘氏　47
2.3　Z社Nプロジェクト　56
　　2.3.1　プロジェクト概要および背景　56
　　2.3.2　プロジェクト入手段階：1998年4月～1999年3月　57
　　2.3.3　契約・設計段階：1999年4月～1999年9月　58
　　2.3.4　工事段階：1999年8月～2000年9月　59
　　2.3.5　工事終了後：2000年9月以降　62
　　　Z社Nプロジェクト関係者インタビュー記録：横山　勝氏　63
2.4　事例の総括　72
　　2.4.1　X社Gプロジェクト小括　73
　　2.4.2　Y社Aプロジェクト小括　74
　　2.4.3　Z社Nプロジェクト小括　75

第3章　日本における設計・施工方式の発生と発展　77

3.1　大手建設会社の発祥　77
3.2　近代的土木・建築請負業の確立　78
3.3　日本の設計・施工方式の確立　80
3.4　戦前，戦後の建設業界　81
3.5　設計・施工の分離一貫論争　83
　　　日本の設計・施工方式と米国への進出に関する関係者インタビュー：
　　　小山義人氏　88

第4章　米国におけるコンストラクションマネジメント・システムの発生と発展　101

4.1　米国におけるコンストラクションマネジメント・システム発生の背景　101

4.2 ジョージ・ヒーリー 103
4.2.1 コンンストラクションマネジメント・システムの発生 103
4.2.2 コンンストラクションマネジメント・システムの実施 105
4.2.3 コンンストラクションマネジメント・システムの発展 106
4.2.4 プログラムマネジメントとディベロップメントマネジメントの発生 108

4.3 ターナー建設 112
4.3.1 ターナー建設の概要 112
4.3.2 ターナー建設の発祥と発展初期 113
4.3.3 ターナー建設の発展 115
4.3.4 ターナー建設のガバナンスの変化 116
4.3.5 ターナー建設の新たな展開 118
4.3.6 コンストラクションマネジメントによるビジネス展開 119
4.3.7 ターナー建設の日本市場への参入 121

日本のコンストラクションマネジメントに関する関係者インタビュー：
中川　満氏　122

第2部　理論編

第5章　日米建築業における生産制度　133

5.1 建築プロジェクトのマネジメント 133
5.1.1 建築物の特徴 133
5.1.2 プロジェクトマネジメント 136
5.1.3 建築生産プロセスとバリューチェーン 138
5.1.4 建築生産における企業間取引関係 140

5.2 建築プロジェクトのマネジメントシステム類型化 142
5.2.1 建築プロジェクトのマネジメントシステム 142
5.2.2 基本的な建築プロジェクトのマネジメントシステム 144
5.2.3 建築プロジェクトのマネジメントモデル 149

5.3 建築プロジェクトの不確実性と品質 150
5.3.1 建築プロジェクトの不確実性 150
5.3.2 品質の概念と定義 152
5.3.3 建築物の製品・サービスとしての品質 153

5.4 日米建設業の比較 157
5.4.1 建設市場 157
5.4.2 建設業界の特徴 159
5.4.3 建設業の収益性 164

5.5　日米における建築プロジェクトのマネジメントシステム比較　165
5.5.1　設計・施工方式（コントラクター管理システム）　165
5.5.2　設計・施工分離方式（ハイブリッドシステム）　168
5.5.3　コンストラクションマネジメント方式（オーナー管理システム）　169

5.6　日米における建築プロジェクトのマネジメントシステム採用割合の比較　170
5.6.1　日本の採用割合　170
5.6.2　米国の採用割合　171
5.6.3　日米における採用割合の比較　172

5.7　日米の建築生産制度に影響を与える様々な制度　174
5.7.1　建築教育・資格制度　174
5.7.2　契約・法規関連制度　175
5.7.3　財務・会計制度　177

5.8　小括　178

第6章　理論と先行研究　183

6.1　取引コスト理論　183
6.1.1　コースとウィリアムソンによる取引コスト理論　183
6.1.2　多様なビジネスにおける企業の境界を扱った先行研究レビュー　187
6.1.3　建設経営学分野の先行研究レビュー　198
6.1.4　取引コスト理論の小括　205

6.2　比較制度分析　206
6.2.1　比較制度分析の概要　206
6.2.2　比較歴史制度分析の主張点　207
6.2.3　ゲーム理論と制度分析　212
6.2.4　取引コスト理論から比較歴史制度分析への流れ　213

第7章　分析視点　217

7.1　研究課題1に対する分析視点　217
7.1.1　プロジェクトマネジメントの組織と市場の境界　217
7.1.2　プロジェクトマネジメントの取引コストと取引特性　220

7.2　研究課題2に対する分析視点　227

7.3　研究課題3に対する分析視点　229
7.3.1　比較制度分析の適用　229
7.3.2　比較制度分析の分析視点　230

第 8 章　発見事実と考察 ……………………………………………… 235

8.1　研究課題 1 に対する発見事実と考察　235
 8.1.1　組織と市場の境界における発見事実と考察　235
 8.1.2　取引コストと取引特性における発見事実と考察　237
 8.1.3　取引コストに対する信頼が果たす役割に関する発見事実と考察　241
 8.1.4　研究課題 1 に対する答え　243

8.2　研究課題 2 に対する発見事実と考察　244
 8.2.1　プロジェクト進捗に伴う取引コスト節約に関する発見事実と考察　244
 8.2.2　建築プロジェクトの様々なマネジメントシステムに関する発見事実と考察　250
 8.2.3　組織能力としての「設計・施工統合能力」の失敗に関する発見事実と考察　252
 8.2.4　研究課題 2 に対する答え　254

8.3　研究課題 3 に対する発見事実と考察　255
 8.3.1　複数均衡による多様性の解釈　255
 8.3.2　戦略的補完性の解釈　257
 8.3.3　制度的補完性の解釈　260
 8.3.4　建築制度の進化と経路依存性　262
 8.3.5　研究課題 3 に対する答え　272

第 9 章　結論 ……………………………………………………………… 275

9.1　本書の要約　275
9.2　結論　279
 9.2.1　基本的リサーチクエスションに対する答え　279
 9.2.2　国際的な業界制度の壁　280

9.3　理論的貢献と実践的インプリケーション　284
 9.3.1　理論的貢献　284
 9.3.2　実践的インプリケーション　285

9.4　本書の限界と今後の研究課題　287
 9.4.1　理論的限界　287
 9.4.2　方法論的限界　289
 9.4.3　今後の研究課題　290

あとがき

参考文献・資料

索引

第 1 章

本研究の概要

1.1 研究の目的と動機

　本書の目的は，企業が国境を越えてビジネスを展開するときに直面する業界制度の壁を，乗り越えることができるのかどうかを明らかにすることである。乗り越えることができるのであれば，どのように乗り越えるのか，乗り越えることができないのであれば，なぜ乗り越えることができないのか，本書では現実に展開されてきた建設業界における国際的なビジネス事例と 2 国間の業界制度，並びに業界制度を成すビジネスシステムの発生，発展経緯の違いに関する事例にまで踏み込んで解明する。

　近年，慢性的な戦略不全（三品，2004, 2007）の状況を克服しようとする産業におけるビジネスシステム[1]の発展には目覚ましいものがある。製造業においては，サービタイゼーション（南・西岡，2014）に現れるように，製品とサービスを柔軟に組み合わせて顧客の課題を総合的に解決する等，新たなビジネスシステムが出現している。製造業に限らずいくつかのサービス業[2]においても新たなビジネスシステムが創出されてきている。それは競争戦略の焦点が，製品・サービスそのものから，それらを実現するビジネスシステムに重点が移ってきているからである。製品・サービスによる差別化は明確で認知しやすく画期的な成功が期待される反面，競合他社に模倣されやすく差別化の継続時間は短い。それに対して，ビジネスの仕組みやシステムを通じて違いを生み

---

[1] 加護野・井上（2004）はビジネスシステムを，"経営資源を一定の仕組みでシステム化したものであり，どの活動を自社で担当するのか，社外の様々な取引相手とのあいだにどのような関係を築くのかを選択し，分業の構造，インセンティブのシステム，情報，モノ，カネの流れを設計する結果として生み出されるシステム"と定義している。
[2] コンビニ，宅配便，文房具，アパレル，ビデオ・レンタル等で見られる。

出すビジネスシステムの差別化は，目立たず，分かりにくく，漸次的な成功しか期待されないが模倣されにくく持続される。

日本で差別化が図られ，優れていると認知されたいくつかの業界におけるビジネスシステムは，グローバリゼーションを背景として国際展開が進んでいるが，成功する企業があれば，失敗する企業もある。国際展開に関しては，米国企業が日本においてビジネスシステムを展開する場合においても同様であり，成功している企業があれば，失敗して撤退している企業もある。その成否の大きな理由として，ビジネスシステムを支える取引慣行が当該国の文化や制度に依存していることが挙げられる（加護野，2009，p.8）。制度は，それぞれの国において固有なものであり歴史的に培われてきたものである。またそれは，社会におけるゲームのルールであり，人為的にそして創出された制約条件として，人間の相互作用を政治的，社会的，経済的に形づくり，取引におけるインセンティブ構造を与え，不確実性を減少させる（North, 1990, pp.3-4）。青木（2001, p.4）はその前提の下で，"制度が経済パフォーマンスにとって重要な関係をもつのであれば，なぜそれぞれの経済は，より高いパフォーマンスを示している他の経済から最善の制度を学習し，採用することができないのだろうか"という制度に対する根本的な疑問を提起している。

筆者は実務家として約30年にわたり建設および建設関連会社に勤務し，そのうちの約12年間を日本企業の米国現地法人にて，また約10年間を米国企業の日本現地法人にて，本社と現地法人の所在する国が違い，業界制度が異なるという企業環境下でビジネスに従事した。業界制度が異なるために生じるカスタマーリレーション・マネジメントとサプライチェーン・マネジメントの間の矛盾をうまく調整することによって，円滑な経営を推進するという日米間インターフェースとしての経営職の役割を長きにわたり担当した。一見同様に思われる産業の取引慣行や取引制度だが，日本独自の発生発展経緯をもつビジネスシステムや方法論を，米国におけるサプライチェーンの下ではうまく機能させることができなかった経験や，一方で，米国本社のトップダウン指示による導入が行われたグローバルサプライチェーン・システムが，日本の顧客関係における商習慣とうまく適合せず，導入はしたものの，やはりうまく機能させることができなかったという，苦い経験を重ねた。

この2つの失敗は，2国間の取引や生産制度の違いによって生じたものであったため，自らの経営管理能力ではギャップを解消することができなかった。このような経験をしても，表層的な文化論[3]を基に日米の商習慣の違いを説明し，日本企業の特殊性という常套手段を以て安易に結論づけ，自らを納得

させようとすることが実務家の常であったように思われる。しかしながら，日米双方の会社で同様な苦い失敗を繰り返し経験した筆者は，文化論以外の経営学的視点からどのように解釈すべきで，どのようにアプローチすべきであったのかを探求する動機に掻き立てられた。前述した青木（2001）の問いを借りて筆者の問題意識を説明すれば，"制度が事業パフォーマンスにとって重要な関係をもつのであれば，なぜそれぞれの事業は，より高いパフォーマンスを示している他の事業から最善の制度を学習し，採用することができないのか"ということである。

以上を踏まえて，本書は建設業界を対象とし，建設業のなかでもマンション・ビル・工場等の建造物をつくる建築業を扱う。筆者が扱うのは，米国で実施した建築プロジェクトのマネジメントに関して，制度の違いを乗り越えて展開した事業戦略に関する実際の事例と日米における代表的なプロジェクトマネジメント・システムの発生，発展経緯という歴史的事例である。取引コスト理論と比較制度分析という新制度派経済学の代表的理論に基づく分析視点で，社会科学的に深く考察することで仮説の探索を試みる。

本書の構成として，まず全ての事例を先に紹介し，そのあとで事例分析のために使用する理論と先行研究のレビューを行うが，それは読者に建築業とはどのように仕事を進めていく企業なのかの概要を知っていただき，そのイメージを持ちながら本書を読み進めていただきたいと考えたからである。

1.2 研究の課題

1.2.1 リサーチクエスチョンとその背景

"1990年を境にして発生した日米建設摩擦を契機として，日本市場が開放され，米国生まれの新しい建築プロジェクトのマネジメントシステムであるコンストラクションマネジメント方式が日本にも導入され，発展，普及が期待された。しかしながら，その採用割合は四半世紀経過した現在でも1％程度[4]であり，日本で普及しているとは言えない。日本側の様々な制度的配慮にもかかわらず普及しないのはなぜなのか？"

上記が本書の基本的リサーチクエスチョンである。日本の建築生産制度におけるプロジェクトマネジメント・システム[5]の特徴は，設計部門，施工部門の

---

[3] 例えば，よく引き合いに出される，性善説，性悪説等である。
[4] 第5章5.6.3 "日米における採用割合の比較" を参照。
[5] プロジェクトマネジメント方式ともいわれる。

双方を保有する建設会社が，設計・施工方式により，単独でプロジェクトマネジメントを実行することである。日本の大手，準大手，中堅建設会社と呼ばれる建設会社[6]の全てが，自社内に設計部門を保有している。同一会社内で設計と施工を統合的に調整することにより工期短縮やコストダウンを効率よく実現し，同時にオーナーに対して，設計，施工と続く一貫した建設行為の窓口をひとつにすることで，コントラクター側とのコミュニケーションを円滑，容易にしている。日本で実施されている建築プロジェクトの49%が設計・施工方式で，しかも，そのうちの40%の建築プロジェクトが単独1社の設計・施工方式によって実施されている。その割合は，大手建設会社になるほど増加し，それは受注案件の50%以上となっている[7]。また，設計・施工方式で実施される建築プロジェクトは，特命発注，一式請負契約で実施されることが多い。この形態は，同一会社内に設計および製造部門をもつ製造企業が，設計と製造を調整しながら生産を行う形態と酷似している。日本の建設会社は，建築プロジェクトにおいて，設計と施工の早期における調整，本体工事と並んで重要な仮設工事の実施，プロジェクト全体の安全管理，サブコントラクター間の調整，工程調整，リーン・コンストラクション[8]の実行，品質管理への深いこだわり等，製造業で行われているような生産管理を実施している[9]。

一方で，日本と比較した場合，米国の建築業界におけるプロジェクトマネジメント・システムの特徴は，1970年代に発展，普及してきたコンストラクションマネジメント方式が存在し，多様化していることである。建築プロジェクトの20%近くに，このシステムが適用されている[10]。日本の設計・施工方式は，受注，設計，施工，引き渡しの建設プロセスにおいて，オーナーという組織が設計と施工双方を請負う組織を市場調達して建築物を実現するものであるのに対して，米国のコンストラクションマネジメント方式は，同様なプロセスにおいて，オーナーがアーキテクト，エンジニア，コンストラクションマネジャー等を自らの組織の代理人として委託契約し，建設プロセスのプロフェッショナルサービスを提供してもらうことによって，自ら組織として建築物を実現するものである。

日米建設摩擦は，日米の建築生産制度に上記のような違いが存在するなかで

---

[6] 第5章5.4.2 "建設業界の特徴" を参照。
[7] 第5章5.5.1 "設計・施工方式" を参照。
[8] Ballard & Howell (2003), Koskela (2000) において詳しい。
[9] フロントローディング，コンカレントエンジニアリング（藤本，2004）に近い。
[10] 第5章5.5.3 "コンストラクションマネジメント方式" を参照。

発生した．米国政府は米国の建設会社が日本の建設市場に参入できるよう，建設業界の制度変更要求を突きつけ，下記に挙げるように，日米産業構造相違の問題として提起し，日米貿易摩擦の問題として発展させた．
　1986 年：米国企業の関西新国際空港建設への入札参加要求
　1987 年：市場の部分的開放
　1988 年：外国企業による公共プロジェクト入札参加の条件付き容認と 2 国間市場開放合意
　1989 年：公共工事入札方式に対する 5 項目改善要求を日本政府へ提出
　1990 年：日米構造協議で解決を目指す課題の一部となり，米国は通商法 301 条（スーパー 301 条）を適用

　この一連の出来事は，日本の建設業界に大変革をもたらすと予想された．なかでも，米国で普及していた建築プロジェクトの設計と施工をオーナーからの請負形態ではなく，オーナーへのプロフェッショナルサービスとして提供しようとする新しいマネジメントシステムであるコンストラクションマネジメント方式が，米国系建設会社の日本進出に伴い導入され，日本において様々なイノベーションが発生するであろうと予想された．大手建設会社を始め，建設会社各社は 1980 年代末から 90 年代にかけて，経営戦略的な対応を急いだ．筆者がかつて勤務した建設会社を始めとして，大手建設会社は，その新しいマネジメントシステムの導入に向けて専門部署を発足させる等の対応を実施した[11]．国家レベルでも，米国政府からの圧力[12]によって，1990 年代から旧建設省，そして国土交通省が主体となり，オーナー対応のマネジメントサービス実現を含めて，建築におけるプロジェクトマネジメントの多様化を進める様々な施策が実施された．米国の建設会社を始めとして，海外の建設会社が日本市場においてビジネスを展開できるような環境を整備したのである[13]．2001 年，日本コンストラクション・マネジメント協会（日本 CM 協会：CMAJ）が発足し，社会的動きも加速した．

　日本の大手建設会社は，1980 年代以降に始まった日系製造業各社の米国進出に伴い，多くの生産拠点となる施設を米国で建設して経験を積み重ね，米国

---

[11] A 建設は 1990 年 10 月に，業界に先駆けて専門部署を発足した．筆者は当時米国に留学，駐在しており，その専門部署発足を支援した．

[12] 1993 年，日米建設協議の改定案において，米国政府は，先進国において，オーナー対応のマネジメントサービスが採用されていないことによる参入障壁を指摘し，そのマネジメントサービス制度の導入とその試験プロジェクトの実施を強く日本政府に要望した．

[13] 国交省から，2002 年「コンストラクション・マネジメントシステム活用ガイドライン」，2003 年「地方公共団体のコンストラクション・マネジメントシステム活用マニュアル試案」が発行された．日本コンストラクション・マネジメント協会は 2005 年度に認定資格制度を発足した．

の公共工事や民間工事を受注するまでになり，日米の建築生産制度の違いを乗り越えてビジネスを展開させてきたという実績がある[14]。ところが，米国側の強い圧力に応じて日本側が条件を様々に整備してから25年が経過した現在でも，米国系建設会社による日本市場への進出はなかったに等しい[15]。日本の建築プロジェクトにおいてオーナー対応のプロジェクトマネジメント・サービスであるコンストラクションマネジメント方式は，設計事務所の関連会社，小規模専業会社によって実施されている程度で，建設業を担う主力の建設会社によって積極的に採用されることはなく，きわめて限定的に行われているだけである[16]。

前述した"制度が事業パフォーマンスにとって重要な関係をもつのであれば，なぜそれぞれの事業は，より高いパフォーマンスを示している他の事業から最善の制度を学習し，採用することができないのか"という経営学的な問いは，上記に起因している。そして，冒頭に述べた"企業が国境を越えてビジネスを展開するときに直面する業界制度の壁を乗り越えることができるのかどうか"を明らかにするという本書の目的は，この問いに対する答えを探るなかで達成される。したがって，本書の目的を追究し，理論に基づいて詳細な議論を行うために，基本的なリサーチクエスションを下記に示すような，より発展的なリサーチクエスション（RQ）および研究課題として設定し，順にアプローチしていく。

研究課題1　プロジェクトマネジメント・モデルと多様なプロジェクトマネジメント・システムの存在
RQ.1　建築プロジェクトのマネジメントシステムには，なぜ3つの基本的モデルが存在するのか？　それらは，実際の建築プロジェクトにおいてどのように機能しているのか？
研究課題2　日本の建設会社の創発的ビジネスシステム戦略
RQ.2　日本の建設会社は，日米における建築生産制度の違いをどのように乗り越えて，米国でビジネスを展開したのか？
研究課題3　日本の設計・施工方式と米国のコンストラクションマネジメント・システムの発生と発展

14　もちろん，米国の建設会社によって行われている例はある。テネシー州に本社をもつグレイ建設（Grey Construction Company）は，日系企業をターゲットにしている建設会社である。
15　いくつかの公共工事が，国家主導で米国建設会社を始め，海外建設会社に解放された。
16　第5章5.2.1 "建築プロジェクトのマネジメントシステム"を参照。

RQ.3 日本の建築生産制度を特徴づける設計・施工方式，米国の建築生産制度を特徴づけるコンストラクションマネジメント・システムは，それぞれ，なぜどのように発生し，発展してきたのか？

1.2.2 研究課題1へのアプローチ

研究課題1 プロジェクトマネジメント・モデルと多様なプロジェクトマネジメント・システムの存在
　RQ.1 建築プロジェクトのマネジメントシステムには，なぜ3つの基本的モデルが存在するのか？　それらは，実際の建築プロジェクトにおいてどのように機能しているのか？

建築業のビジネスシステムの経営単位として，プロジェクトマネジメント・システムには，日米共通の理論モデルとして，設計・施工方式，設計・施工分離方式，コンストラクションマネジメント方式という，3つのプロジェクトマネジメント・モデルが存在する[17]。それは，適用される現実のプロジェクトのコンテキストにおいて様々なプロジェクトマネジメント・システムへと変化する。これらの3つのプロジェクトマネジメント・モデルが，どのようなメカニズムで存在し，どのように変化して現実のプロジェクトマネジメント・システムへと適用されるのかを解明する。

研究課題1に対しては以下のように対応する。まず，第2章で筆者が実際に米国において実施した建築プロジェクトのマネジメント事例，および関係者のインタビュー記述から，プロジェクトマネジメント・モデルが実際にどのように機能し，また，プロジェクトマネジメント・システムとして，どのように変化して機能しているのかを明らかにする。その後，第6章において，この事例を分析するための分析視点を構築するための理論と先行研究のレビューを行う。理論としては，オーナーとコントラクターという2者の取引を，経済合理性の観点で説明するのに適合している取引コスト理論を適用する。コンストラクションマネジメントの研究分野も含めて，取引コスト理論，並びに取引コスト理論に基づいたビジネス分野における先行研究をレビューすることで理論的分析視点を構築し，事例を考察することによって課題1の答えを導き出す。

---

[17] 第5章5.2.2 "基本的な建築プロジェクトのマネジメントシステム"を参照。

1.2.3 研究課題2へのアプローチ

研究課題2　日本の建設会社の創発的ビジネスシステム戦略
　　RQ.2　日本の建設会社は，日米における建築生産制度の違いをどのように乗り越えて，米国でビジネスを展開したのか？

　1980年代以降，日本の建設会社は，日本とはビジネスシステム環境が全く違う米国の地で日本の製造企業の生産拠点となる施設建設のために，どのようにコントラクターとしてオーナーである日系企業と相互依存関係を保ち創発的に事業戦略を展開していったのか，また，どのように様々な問題に対応しながらプロジェクトマネジメントを実行していったのかを明らかにする。換言すれば，米国におけるサプライチェーン・マネジメントをベースにして，日本でのカスタマーリレーション・マネジメントをどのように展開してきたのかということを解明する。

　研究課題2に対しては，課題1と同様に，3つのプロジェクトマネジメント・モデルとプロジェクトマネジメント・システムの関連のなかで，日本の建設会社は現実のプロジェクトにおいてどのように対応していったのかを，第2章における事例記述と関係者とのインタビューを通じて明らかにする。また，1.2.2と同様に第6章で説明する，コンストラクションマネジメント分野も含めて，取引コスト理論，並びに，取引コスト理論に基づいたビジネス分野における先行研究をレビューすることで理論的分析視点を構築し，事例を考察することによって課題2の答えを導き出す。

1.2.4 研究課題3へのアプローチ

研究課題3　日本の設計・施工方式と米国のコンストラクションマネジメント・システムの発生と発展
　　RQ.3　日本の建築生産制度を特徴づける設計・施工方式，米国の建築生産制度を特徴づけるコンストラクションマネジメント・システムは，それぞれ，なぜどのように発生し，発展してきたのか？

　前述したように，日本の建設会社は1980年代から米国において日本の製造企業の米国進出に伴い創発的にビジネスを展開してきた。ところが，米国の建設会社が日本で建築プロジェクトを実施した事例に関しては，ほとんど資料がない。第2章で記述される日本の建設会社による米国での事例は，米国企業が

日本で建築プロジェクトを実行する状況も垣間見せてくれるが，日米建築生産制度の違いを知るためには十分でない。そこで，研究課題3においては，現実の視点から歴史的視点に切り替えてアプローチすることで調査研究を行う。

オーナーが設計・施工の両部門を保有する建設会社に一式請負で建築プロジェクトの実行を任せる設計・施工方式は，日本でどのようにして発生し発展してきたのか，また，オーナーがアーキテクト，エンジニア，コンストラクションマネジャーと委託契約を締結し，組織にて建築プロジェクトを実行するコンストラクションマネジメント方式は，米国でどのように発生し発展してきたのかを，歴史的視点で解明する。そうすることで，日本の建設会社が制度の壁を越えて米国でビジネス展開をしている一方で，日本においては，米国の建設会社がなぜビジネス展開をしていないのか，なぜコンストラクションマネジメント方式が普及していないのかを解明することができると思われる。

本課題に関しては，以下のようにアプローチする。まず，第3章で日本における設計・施工方式，第4章で米国におけるコンストラクションマネジメント方式，それぞれの発生・発展経緯に関して，関連文献を参考に歴史を追い，また，それぞれのプロジェクトマネジメント・システムに精通する方々とのインタビューを掲載する。次に，これらの記述に対する分析視点を構築するために理論のレビューを行う。理論としては比較制度分析を適用する。日米の建築生産制度の発生，発展経緯の相違を歴史的な経緯を含めて，複合的な観点で説明するのに適合しているからである。比較制度分析の手法をレビューすることで理論的分析視点を構築し，考察を行うことで課題3の答えを導き出す。

1.3 研究の方法論

1.3.1 複眼的視点

本書は，全体を通して複眼的視点を用いることによってトライアンギュレーション[18]のレベルを高めることを意図している。まずは，事例である。第2章の米国におけるプロジェクトマネジメント事例は筆者が経験した実例である一方で，第3章・第4章で示されるのは日米を代表するプロジェクトマネジメント・システムの発生と発展に関する歴史的事例である。さらに第4章は，アーキテクト，コントラクター双方からアプローチしている。次に，それぞれの事

---

[18] 佐藤（1992）によれば，方法論的複眼，三角的測量法。個々の調査方法がもつ強みと弱点について認識した上で，それぞれの技法の弱点を補強しあうとともに，長所を有効に生かす手法である。

例に対して，分析視点を提供する理論も前者に対しては取引コスト理論を，後者に対しては比較制度分析である．3番目に事例記述の方法論として，オートエスノグラフィー法（藤田・北村，2013）とオーラルヒストリー法（御厨，2002）を用いて，複眼的にアプローチすることを徹底している．

Yin（1994, p.121）は，1次資料としてのインタビュー調査を行う前に，事例研究における複数の証拠源として，2次資料の調査を十分に行う必要があると主張している．資料に関しても，1次資料としてのインタビューや企業の生データ[19]，2次資料として関連書籍，インターネット情報，新聞や雑誌，企業広報，財務諸表，アニュアルレポート等に公表されている資料等を複眼的に調査している．

1.3.2　オートエスノグラフィー法

本書の対象となる米国での建築プロジェクトの実践に関しては，自分自身がプロジェクトマネジャーとして直接関与しており，一般的にはアクセスが困難な貴重なデータを扱うといえる．このようなデータに関しては，自分自身の自己省察的な記憶に頼るほかなく，オートエスノグラフィー法が適切である．オートエスノグラフィーはエスノグラフィー手法のひとつであり，経営学においては，新しい手法である[20]．

エスノグラフィーは2つの側面で定義される．調査方法論と調査に基づき記述された研究成果である．調査方法論としてのエスノグラフィーは，参与観察を基本としている．参与観察とは，調査者が研究テーマに関わるフィールドに自ら入って，人々の生活や活動に参加し，観察を行う調査方法である．しかしながら，最近では，参与観察を伴わない，インタビュー，研究者の自伝であるオートエスノグラフィー，文章や映像・音声等の分析，ライフヒストリー，オーラルヒストリー等の質的調査方法も，エスノグラフィー的調査方法と呼ばれている（藤田・北村，2013）．研究成果としてのエスノグラフィーには，参与観察に基づいて書かれた論文や本に加えて，それ以外のエスノグラフィックな調査方法に基づいて書かれた論文や本も含まれる．

オートエスノグラフィーは，エスノグラフィーの様々な形態のなかで，最も自由で実験的な研究アプローチと言われている（藤田・北村，2013）．調査者が自分自身を研究対象とし，自分の主観的な経験を表現しながら，それを再帰

19　A建設米州支店所有の過去のプロジェクトデータ等である．
20　筆者以前の研究では，川村稲造『企業再生プロセスの研究』（2009）がある．

的に考察する手法とされ，1人称で語る「私」の存在が前面に登場する。自分の経験を振り返り，「私」がどのように，なぜ，何を感じたかということを探ることを通して，文化的，社会的文脈の理解を深めることを目指している。

ここで問題となるのは，学術論文としての客観性の問題である。約20年前の米国における建築プロジェクトの経験をできるだけ客観的に記述することは容易ではない。記憶が正しくても，当時の問題の認識が誤った前提や先入観で行われていれば，そもそも客観性は成り立たない。川村（2009）は，この問題に対して，①読者の客観的判断のため「叙述のコンテキスト」を重視，②事実，伝聞，推測，意見を峻別して明記し，裏付けを示し，③事例の記述は渦中の人物として内部者の日常用語で語る，という工夫を施すことでこの問題を克服している。今回，本書においても，この姿勢をできるだけ堅持し，次に説明するオーラルヒストリー手法を併用することで，この問題を解決している。

1.3.3　オーラルヒストリー法

本書では事例の多面的理解と事実および客観性担保のために，オートエスノグラフィー法に加えて，オーラルヒストリー法を用いて，オーナー側にいた顧客筋の方々，並びにコントラクター側にいた筆者の元上司への回顧的インタビューによって，出来事や，行為の展開過程において，なぜそのような行為が行われたのか，どのようにそのことを達成できたのかといった点を明確にする。桜井（2002）によれば，オーラルヒストリー法は，ライフストーリー手法の下位概念として位置づけられ，主に歴史学者により，公人研究に利用されてきた経緯がある。御厨（2002）は，「公人の専門家による，万人のための口述記録」であると定義し，情報公開を前提とした口述記録であるとしている。

具体的なインタビューにおいては，事前に用意した事例別の質問に対する回答を中心に，対話進行に応じて臨機応変な質問も併せて行った。インタビューはICレコーダーで録音し，文字におこした上でトランスクリプトを作成し，定性データとしてまとめた。インタビュー対象者は以下のとおりである。当時の役職名と現在の役職名，そして，当時筆者とどのように関わっていたかを示す。なお，氏名，会社名は仮名である。

---

1. 北田正則氏
- インタビュー：2016年8月16日（水），北田設計事務所にて実施
- X社Gプロジェクト実行当時は，L設計アーキテクト。インタビュー当時，L設計インターナショナル執行役員。北田氏はプロジェクト実行時，オーナー組織の代理人的

存在であり，プロジェクトを通じて，筆者と様々なやり取りを行った。現在は，日系企業の海外建築プロジェクトのコンサルティングを主に活動をされている。第2章において，"X社Gプロジェクト関係者インタビュー"として記述。

2. 堀野正弘氏
- インタビュー：2016年7月27日（水），Y建設支店にて実施
- Y社Aプロジェクト実行当時は，Y建設エンジニアリング企画部主任。インタビュー当時，Y建設企画管理室長。堀野氏は，プロジェクト実行時にY社側の建築プロジェクト担当者。Y社Aプロジェクト以前にY社から受注したVプロジェクトにおいても，Y社側の建築担当であった。現在は，Y建設の取締役で全社的な企画関係の仕事に従事されている。第2章において，"Y社Aプロジェクト関係者インタビュー"として記述。

3. 横山　勝氏
- インタビュー：2016年7月28日（水），Z開発事務所にて実施
- Z社Nプロジェクト実行当時は，Z社施設部長。横山氏は，プロジェクト実行時にZ社側の建築担当であり，プロジェクト実施時には，筆者と様々なやり取りを行った。横山氏は，Z開発常務，Z開発関連会社社長を歴任され退職されている。第2章において"Z社Nプロジェクト関係者インタビュー"として記述。

4. 小山義人氏
- インタビュー：2016年1月27日（水），山口大学東京事務所にて実施
- X社Gプロジェクト実行当時は，A建設現地法人A建設米州支店南東部拠点長。A建設米州支店副支店長を経て，現在，不動産会社取締役。小山氏は，筆者がX社Gプロジェクトのプロジェクトマネジャーを担当していた時期の南東部拠点長であり，筆者の上司としてプロジェクト入手時・実行時においてプロジェクトに関わった。1982～1996年，2001～2008年の2回にわたり，米国勤務となり，A建設の米国ビジネスを展開し，組織を構築した人物である。第3章において，"日本の設計・施工方式と米国進出に関する関係者インタビュー"として記述。

5. 中川　満氏
- インタビュー：2016年8月6日（土），M設計事務所にて実施
- X社Gプロジェクト実行当時は，L設計副所長。現在，PM設計事務所副所長。中川氏はプロジェクト実行時（3期工事から担当），北田氏と同様にアーキテクトとしてオーナーの代理人であり，プロジェクトを通じて筆者と様々な折衝を行った。とくにX社米国本社ビル受注に際しては交渉窓口であった。現在は，国際的な設計事務所にて，外資系会社による日本の建築プロジェクトに対して，主にコンサルティング活動を行っている。第4章において，"日本のコンストラクションマネジメントに関する関係者インタビュー"として記述。

1.3.4　歴史的方法論

「歴史とは現在と過去との対話である」とは，カー（1962）の言葉である。

彼は，彼以前の多くの歴史家達が主観的な歴史理解に陥ることを恐れて，客観的な実証に徹しようとしたのに対して，「歴史上の事実」とされるもの自体がすでにそれを記録した人の心を通して表現された主観的なものであると解釈した。人間の主観の強さを理解し，完全に「客観的」な姿勢などはあり得ず，従来の考え方を鋭く批判し，歴史上の事実として記録された人々の心や思想を，「想像的に理解」することの重要性を主張した。彼は，「すでに主観的である」と判断される歴史上の事実と対話する方法は，自らの主観を相対化して，問い直しをすることであり，「現在の眼を通して歴史を見ることの重要性」を主張している。「現在の眼」とは，自らと自らを包含する社会や環境に対する問題意識を意味しており，現在の自己と社会や環境のあり方に問いをもちつつ歴史を学ぶときに歴史が自らに語りかける存在として，過去と対話することができると説明している。

　第2章における筆者自身の経験をオートエスノグラフィー法や，関係者のインタビューをオーラルヒストリー法によって記述する際に上記の視点は大いに参考になると思われる。また，第3章と第4章の日米における代表的な建築プロジェクトマネジメント・システムの発生と発展に関する比較事例に関しては，現存する関連文献を参考にしながら，それぞれにおけるプロジェクトマネジメント・システムの発生，発展経緯を記述するが，不明な部分があれば，まさに「現在の眼を通して歴史を見る」という態度で記述を試みる。

1.3.5　比較事例法

　比較事例法は，定量的研究と単独事例研究の中間に位置している。一般的に先端的な経営現象を研究しようとすればするほど，観察できる事例が極めて少数しか存在せず，統計分析に必要な標本数を確保できない場合がたびたび存在する。また，経営における重要な問題ほど，調査の困難性から観察対象を少数の事例に限定しなければならない場合も多い。比較事例法はこのような厳しい研究状況のなかで因果推論をする際の方法である（田村，2006，p.148）。本書は，研究課題を解明する手段として比較事例研究を行う。まず，第2章に関しては，筆者が米国において実際に実施した3つの基本的なプロジェクトマネジメント・システムである，設計・施工方式，設計・施工分離方式，コンストラクションマネジメント方式を事例比較する。また，第3章における日本の建築生産制度を代表するプロジェクトマネジメント・システムの発生と発展，第4章における米国の建築生産制度を代表するプロジェクトマネジメント・システムの発生と発展を事例として比較する。

1.3.6　過程追跡法

　過程追跡は，特定の単独事例の従属変数の結果を生み出す因果関係の諸段階を，歴史的なコンテキストにおいて識別する手順である。因果関係の各局面を連結し，出来事の時間的生起のパターンの分析によって，なぜある結果が生じるのかの原因を明らかにしようとする。過程追跡の関心は，研究課題の結果を生み出す因果連鎖と因果メカニズムである（田村，2006）。過程追跡の効果的なアプローチは，物語アプローチであり，各出来事が因果的にどのように関連しているかに注目する。時間的前後関係にあるその他の出来事とのコンテキストのなかで，その出来事を関連づける。本書では，第2章で筆者が米国で実施した3つのプロジェクトマネジメントの事例を受注段階，契約・設計段階，施工段階，工事終了後段階というマネジメントプロセスに従って，オーナーとコントラクター間で発生した取引コストに関連する事件を中心に記述し，それらの事件（独立変数）がどのように解決され，プロジェクトの成功（従属変数）にどのように結びついたのかを記述する。

1.4　研究の意義

　本書の第1の意義は，実務家による新たな研究方法の提供である。最初の米国における建築プロジェクトマネジメントの事例は，日本を遠く離れて米国で行われた日本を代表する企業の経営行動である。一般には入手が困難であるデータであると考えられるが，研究者である筆者が実際に関わった経営行動であり，オートエスノグラフィー法により，自分自身の取った行動を自己省察的に捉え，また事実の確認と客観性の担保のために関係者へのインタビューを基にオーラルヒストリー法を用いてデータを整備した。これらの手法の是非に関しては，事実の確認と客観性の担保の観点で疑問を投げかけられる可能性がある。しかしながら，事実の確認や客観性の担保というものは，どこまで厳密に行ったとしても，人の目を通してしかできないものである。それよりも今回は，一般的には扱えない貴重なデータを前述した方法によって扱うことができたということを尊重すべきであり，これらの方法は，今後，実務経験を積み重ねた筆者のような実務家が，その貴重な経験を基に経営学的研究を行う際に参考になるアプローチを提供するものと考える。

　本書の第2の意義は，比較制度分析という比較的新しい理論を適用して，産業制度，若しくは事業制度を分析することである。比較制度分析は，経済システムを，資本主義経済の多様性，制度のもつ戦略的補完性，経済システム内部

の制度的補完性，経済システムの進化と経路依存性，改革や移行における漸進的アプローチという視点から分析しようとするもの（青木・奥野，1996）で，資本主義経済システムの多様性とダイナミズムを分析する。これまでの研究対象は，国家単位の経済システムが中心で，労使関係，コーポレートガバナンス，企業間関係，企業と政府の関係等，様々な経済的，社会的仕組みに代表され，産業や事業にまたがって共通する制度が研究主体であり，個々の産業や事業が研究対象となる事例は，現在まで自動車業界，金融業界等，限られたものしかない[21]。今回，建設業界，なかでも建築業が研究対象となり，プロジェクトマネジメント・システムを扱ったことで，比較制度分析を適用した産業，事業対象が増加し，研究成果が蓄積されることになる。

　本書の第3の意義は，経営学において建設業を対象とした研究を発展させる契機とする点である。建設業が経営学研究の俎上に載った例は数少ない[22]。米国には，コンストラクションマネジメント（construction management）学，和訳すれば，建設経営学という研究分野が存在し，建築工学，土木工学，情報工学，経済学，経営学等の観点で学際的な研究が進んでいる。残念ながら日本にはその学問分野は存在せず，米国と比較して建設業に関する経営学的な研究は遅れている[23]。本書においては，まず，取引コスト理論を適用することで，市場，中間組織，組織というガバナンスと垂直統合という観点で建築プロジェクトのマネジメントシステムに3つの基本モデルが存在することを明らかにする。次に，比較制度分析を適用して，人間の限定合理性と機会主義という仮定に基づく取引コスト節約原理，それに基づいた長期的レントの経済的意思決定に関するゲーム理論，プロジェクトマネジメント・システム間の戦略的補完性，他の制度との相互補完的関係，制度の経路依存性等，様々な観点から複合的に日米の建築生産制度を明らかにするものである。昨今，巨大施設の設計方法や建設プロセスに関する問題が発生しているが，これらの事件に共通していることは，建設業特有の技術的な問題ではなく，建設業のビジネスにおける取引関係や取引制度そして組織に関係する問題であり，建設業のビジネスにおけるマネジメントの問題である。したがって，建設業のビジネスやプロジェクト

---

[21] 藤本隆宏・西口敏弘・伊藤秀史編（1998）『サプライヤーシステム』，青木昌彦・ヒュー・パトリック編（1996）『日本のメインバンク・システム』等である。
[22] 著名なものとしては，土木工学，建築工学の専門家に，経営学，経済学の専門家が加わって編集された金本良嗣（2000）『日本の建設産業』や，堀泰（2012）『ゼネコン再生への課題』，藤本隆宏（2015）『建築ものづくり論』がある。
[23] 京都大学大学院工学研究科金多研究室を始めとして，早稲田大学理工学部，高知工科大学システム工学部等で関連する研究や教育が行われている。

マネジメントを経営学的に様々な観点で明らかにし，そこから得られる知見を実践的に役立てていくことが日本の建設業界にとって必要であることは言うまでもない。

1.5 本書の構成

　第1章では，序論として，本書における研究の目的と動機，課題，方法論，意義，構成を含めて，研究の概要を示す。

　第2〜4章は事例編である。第2章では，筆者が米国において実際に従事した生産施設の建築プロジェクトに対して，オートエスノグラフィー法を用いて事例記述する。第3章では，日本の建築生産制度を代表するプロジェクトマネジメント・システムである設計・施工方式の発生と発展に関して，第4章では，米国の建築生産制度の代表的なプロジェクトマネジメント・システムであるコンストラクションマネジメント方式の発生と発展に関して，記述する。また，当時のプロジェクト関係者に対してインタビューした内容に関してオーラルヒストリー法にてまとめたものを，第2〜4章のテーマに即して記述する。

　第5〜8章は，理論編である。第5章では，本書の研究対象である日米の建築生産制度に関して，プロジェクトマネジメント・システム，品質とリスク，ビジネス環境，日米の相違点，関係する制度，等々の情報を整理して定型化された事実（stylized fact）として提示する。第6章では，第2章から第4章の記述事例に対する分析・考察のために，研究課題に適合した理論を選択し，関連する先行研究をレビューし，要点を整理する。理論は，新制度派経済学に属する，取引コスト理論，比較制度分析である。その上で第7章では，分析視点を構築し，課題ごとに提示する。第8章では，第2章から第4章で記述された事例が，第7章において提示される分析視点で，どのように分析され，どのような事実が発見されるのか，研究課題，リサーチクエスションごとに考察を行い，答えを導き出す。

　第9章は結論である。発見された事実と考察に基づいて，本書の研究目的である，"企業が国境を越えてビジネス展開するときに，直面する業界制度の壁を乗り越えることができるのかどうか"という命題に関して結論を示し，理論的貢献，実践的インプリケーションとともに，今後の研究課題を示す。

第1部

事例編

第2章 米国における建築プロジェクトマネジメント

本章ではオートエスノグラフィー法を用いて、筆者の米国における経験をコントラクター側の立場で自己省察的に考察しながら、過程追跡法に従って、プロジェクトマネジメントの諸段階におけるプロジェクトの成功・失敗（従属変数）を生起させたと想定される出来事（独立変数）を、経時的なコンテキストにおいて識別し記述する。また、オーラルヒストリー法を用いて、オーナー側のプロジェクトマネージャーとの回顧的なインタビュー記録を、それぞれのプロジェクトごとに記述する。なお、登場人物は全て仮名である。

2.1 X社Gプロジェクト

2.1.1 プロジェクト概要および背景

工期（設計工期含む）	1993年11月〜1995年3月（1期、2期工事）
	1996年5月〜1997年8月（3期工事）
	*主に1期、2期工事に関して言及する。
工事金額	35億円
工事規模	敷地面積 241,300 ㎡　建屋面積 55,000 ㎡
工事場所	G州G市
建物用途	自動車用ワイヤーハーネス工場
プロジェクトマネジメント・システム	設計・施工分離方式
筆者のプロジェクトにおける責任	プロジェクトマネージャー

関係する主な会社
X社（オーナー）

　X社は、電線、エネルギー機器、メーター、等々、多岐にわたる工業製品を生産する、2013年度売上高1兆5,600億円の非上場企業である。43ヵ国247

拠点で事業を展開し，海外売上高は62％を占める。1993年度に米国G州G市にワイヤーハーネス[1]工場，1999年度にM州D市に米国本社ビルを建設した。双方の施設をA建設が受注し，設計・施工分離方式で実施した。1993年当時，建設プロジェクトに関わったX社側の中心人物は，井出氏，松島氏，村田氏，鳥山氏等々である。

● L設計（アーキテクト）

建築家の林氏が経営する設計事務所である。現在，日本を代表するアーキテクトである林氏が仲間と設立したL設計は，グループ会社となり，売上高50億円の会社組織となっている。当時の設計事務所員は10人程度であり，長谷川氏，北田氏が当プロジェクトの設計技師として担当することになった。長谷川氏はこのプロジェクト終了後独立をし，北田氏はL設計の要職に就かれている。また中川氏は本プロジェクトの3期工事から参画され，X社Gプロジェクトの完成後に新たに受注しM州D市で実施した，X社米国本社プロジェクトの設計マネジャーであった。

プロジェクトの関係者（筆者以外は全て仮名である）

オーナー	X社	井出良安 （常務）	松島正行 （副事業部長）	村田 満 （工場長）	鳥山 剛 （部長）
アーキテクト	L設計	林 健司 （所長）	中川 満 （副所長）	長谷川和彦 （設計技師）	北田正則 （設計技師）
コントラクター	A建設	小山義人 （拠点長）	伊藤 誠 （工事部長）	笠原直行 （設計担当）	泉 秀明 （プロジェクトマネージャー）

プロジェクトの契約関係

図2-1　X社Gプロジェクト受注時組織関係図

1　電源供給や信号通信に用いられる複数の電線を束にして集合部品としたもので，自動車の車内配線など，多くの電気配線を必要とする多様な機械装置で用いられている。

● A 建設（コントラクター）

本プロジェクトが実施された当時，A 建設米州支店には，ニューヨーク，アトランタ，ポートランド，ロサンゼルスに拠点が存在し，成長著しい南東部地区を営業範囲とするアトランタ拠点が多くのプロジェクトを抱えていた。X 社 G プロジェクト受注時，対応組織は，小山氏（拠点長），伊藤氏（工事部長），プロジェクトマネジャーである筆者，プロジェクトエンジニアとして中川氏，設計担当に笠原氏，米国人スタッフ3人の陣容で対応した。

2.1.2　プロジェクト入手段階：1993 年 11 月～1994 年 1 月

プロジェクトの受注は，D 建設が 1980 年代後半に M 州 D 市において開発センターを実行した経緯があり，D 建設が優勢であると東京側から伝えられていた。工事部長である伊藤氏の尽力があり，オーナーである X 社の井出氏，L 設計の林氏への積極的な働きかけにより，D 建設有利の情勢を逆転させた。当時，米国における日本企業の建築プロジェクトは，主に，A 建設，B 建設，D 建設，E 建設によって実施されていた。特命工事はあったが，米国建設会社を交えての入札によって建設会社は決定されていた[2]。D 建設は，CY 社という米国子会社をもち，オーナーに対して，営業段階では日本人対応を行うが，建設段階は CY 社に任せるというマネジメントで対応していた。また，B 建設は，古くから米国進出を果たし，ローカル化が進み，米国の建設会社と遜色ないレベルで建設事業を行っていた。筆者が勤務する A 建設の米州支店は，日本人スタッフ中心の組織をつくり，米国におけるプロジェクトにおいても日本人をプロジェクトマネジャーとし，現地のサブコントラクターを使用する組織対応を行っていた[3]。

小山氏を始め，伊藤氏，筆者，中川氏，笠原氏その他の日本人スタッフ全てが，米国で建築学科やビジネススクールで学んだ経験があり，米国のビジネス，建設業界に精通しているということを顧客にアピールすることが可能であった。L 設計の林氏は，プロジェクト受注の経緯や理由を後日談として説明してくれたが，当時の D 建設に比べて，若くて，優秀な社員が泥臭いことを平気でやってくれることに対して，魅力を感じたと説明している[4]。このプロ

---

[2] Grey Construction Company というテネシー州にある米国の建設会社が日本企業対応を得意としていた。
[3] A 建設が日本人中心のプロジェクトマネジメント体制を採用していたことは，北田氏，中川氏，堀野氏，横山氏が認めている。第 3 章 "日本の設計・施工方式と米国への進出に関する関係者インタビュー" を参照。
[4] プロジェクト竣工後の酒席での後日談である。

ジェクトの成功が，5年後にX社米国本社プロジェクトの受注に結び付くことになった[5]。

2.1.3 契約・設計段階：1994年2月～1994年7月

　入札時にオーナー，または代理人であるアーキテクトから入札用の基本プランが提示されるが，日本と同様に関連法規に適合しているかどうかを確認するための申請用基本設計図，そして，詳細見積もり，工事用実施設計図へと設計作業が進められる。一般的な米国での設計・施工分離方式では，オーナーの代理人であるアーキテクトが，企画・基本設計，確認申請用基本設計図，詳細見積もりおよび工事用実施設計図書までを作成する。ところが日本の民間工事においては，設計・施工分離方式の場合でも建設会社が工事用実施設計図面を作成したり支援する場合が多い[6]。工事用実施設計図面は，本プロジェクトにおいてA建設で作成を行った。加えて，基本設計に該当する確認申請用図面においても，L設計の設計技師である長谷川氏や北田氏は米国の建築法規や関連法規に関して十分な知識をもっている訳ではなかったので，A建設の設計担当の知識に頼らざるを得なかった。

　A建設の笠原は，米国のアーキテクチャースクールで学んだAIA（American Institute of Architects：米国建築家協会）のアーキテクトであり，米国における建築法規，建築事情，設計作業の進め方に精通する設計者が存在することは，A建設の組織能力の優位性を高める大きな要因であった。設計行為に関しては，設計上の瑕疵責任のリスクが存在するので，プロダクト・ライアビリティーの観点から，米国の設計事務所（ストーンアンドウェブスター：Stone & Webster, 1・2期；スチーブンアンドウィルキンソン：Stevens & Wilkinson, 3期）と設計契約を締結し，実施設計図面の作成を行った。オーナーに対してはL設計がアーキテクトの役割を担っており，設計責任を負う必要があったが，米国における契約と設計の仕組み上，実態上はA建設が負っていた。施設の完成後に設計に起因する瑕疵保証上のトラブルが発生しなければ全く問題ないのだが，一度問題が発生すれば，責任の所在がはっきりしない関係が存在していた[7]。

5　第3章 "日本の設計・施工方式と米国への進出に関する関係者インタビュー"を参照。
6　第5章5.5 "日米における建築プロジェクトのマネジメントシステム比較"を参照。実施設計業務支援や実施設計の実行は日本のゼネコンの大きな特徴である。
7　実施設計上の問題が発生すれば，設計・施工分離方式だが，A建設が実質上責任を負うような形になっていた。

設計情報のインプットは，1回目の打ち合わせが日本で行われ，その後の打ち合わせは，毎月1回，担当者である長谷川・北田両氏がアトランタに出張して行われた。第1回目の打ち合わせで林氏から厳しく言われたことが記憶に残っている。「設計をするのは私であり，あなた方がすべきことは，その設計意図をくみ取り，米国の実情に合わせて，生産施設をつくることである。あなた方は設計者ではない」という内容であったと記憶している。本工事の入札に際して，A建設は，L設計から示された入札用図面に対して，様々な減額案を盛り込んだ設計図面を作成し，提案書として提出して応札に臨んだ。入札時に行われる内容確認の打ち合わせ時において，林氏から，L設計が作成した図面に基づいてきっちりと見積もること，減額案に関しては林氏から指示を出す旨，厳しく言われた経緯があった。当時米国側にいたX社の井出氏に伊藤氏が早くから営業的なコンタクトをしていたこともあり，A建設がプロジェクトの受注を成し遂げたが，L設計との関係は，その受注経緯上，当初は良好なものではなかった。

2.1.4　工事段階：1994年4月～1995年3月
（1）松の木事件

　設計作業がプロジェクトの内装工事にかかる1994年4月に着工となり，4月にX社の副社長を迎え，工事はファースト・トラック（fast track[8]）にて本格的に開始された。敷地造成工事が最盛期の頃，ひとつの事件が発生した。敷地のバックヤードにあり，伐採せずにそのまま残すようにと，井出常務から指示されていた松の木が伐採されてしまったのである。こういう悪い事件だけは，素早く伝わるものである。当時，外構工事の見積もり範囲に関する件で，L設計の担当者である北田氏と交渉中であった。外構工事の芝蒔き工事に関して，A建設社の工事範囲内であるか，ないかの件でちょっとした論争になっていた。筆者はこの年の4月からに工事長[9]になり，仕事に対する意識の上で昂揚していたことを覚えている。東京のA建設本社の営業部から，「L設計から，A建設の現場対応が悪いのではないかという情報が入ってきている」という情報が寄せられた。様々な交渉中に発生するこういう事件は，相手方に有利になる形勢をつくるのが常であり，プロジェクト開始からもたれていた悪い印象を払拭するためには，挽回のチャンスを待つしかなかった。

8　工期短縮のため，設計作業と施工がラップして同時進行することを指す。
9　工事長は，一般的な課長と同様である。会社の制度としてプロジェクトマネジャーとして認められる。

(2) エントランスキャノピ[10]

X社Gプロジェクトにおける林氏の意匠設計コンセプトは，人の労働がハイテクを支えるということで，そのコンセプトを土色の外壁ブロックと艶消しのメタルサイディンパネル[11]で表そうとした。これらの材料は，米国の設計事務所を交えての打ち合わせでスムーズに決定したが，工場の意匠設計の数少ない見せ場の部分である，エントランスキャノピの下側に使用される木をどのように使用して意匠的に見せるかというところで，林氏から相談を受けた。A建設内部で，様々な検討をした結果，伊藤氏の提案でヨットの外板デッキが適切ではないかということで，V州の業者に確認した後にL設計に提案をした。結果としては，林氏に大いに評価され，アドバイス能力の高さ，設計に対しても深い知識と理解力をもっているという組織能力が認められた。設計打ち合わせを通じて，少しずつL設計からの評価が上がりつつあるなかで，本件は大きな得点稼ぎとなり，L設計との関係は，この頃から改善して行った。

(3) メタルサイディング

工事も終了段階に近くになり，内装工事を残し建物外部がほぼ完了した時期，1995年1月に，林氏が建物の外観写真撮影を前提にして，雑誌記者とともにアトランタを訪問した。曇天の日の夕方にさしかかるころ，関係者で建物周囲を林氏とともに確認した。林氏が，「建物が大きいので離れたところから，外板パネルの輝きを確認したい」と言い，建物から約200mほど離れたところから，改めて建物外観を確認することになった。とくにクレームらしきコメントはなかったのでほぼ安心していたのだが，「泉さん，外板パネルが光ってないじゃないですか？　これはまずいな……。私が選んだパネルじゃないんじゃない？」私の頭にちょっと衝撃が走り，先々に起こる様々な悪いイメージが浮かんだ。「ほんとだ，光っていない」と追い打ちをかけるように雑誌記者もコメントした。「いや，選んでいただいたパネルに相違ありません。間違いなく……。今日は曇り空なので，明日朝一番でもう一度確認しませんか？」と提案をした。林氏は渋い表情をしていたが，その日は了解を得て散会となった。筆者は，平静さを取り戻すのにちょっと時間がかかり，その日は暗澹とした気持ちでいたことを今でも記憶している。翌日，再度確認となり，快晴になったこともあり，メタルサイディングパネルは間違いなく光っていた。「この光具合，いいじゃないですか渋くて，昨日と全然違いますね」「昨日は曇り

10　建物の入口部にある雨除け，ひさし。
11　工場の外壁パネル。

だったので，明るくないとこのパネルは光らないんですよ。間違いなく，選んでいただいたパネルです」「そのようですね」。過去の案件で竣工時にオーナーの一言で仕様変更，現物交換された理不尽なプロジェクトの例は，後を絶たないのである[12]。この頃，様々な出来事を通じて，L設計，X社現地スタッフとの関係は良好になっていた。どちらかと言えば，A建設側の提案能力で，様々な設計上の課題が解決されていったのではないかと思っている。しかし，オーナー側からの評価はプロジェクトの最終段階まで分からないものである。X社Gプロジェクトの場合，良い外部評価，会社内部での評価を獲得するためにもう二段階のハードルがあった。

(4) 生産機械の搬入

1995年2月から，ワイヤーハーネスを製造するための各種生産設備と機械が搬入されるという工程が組まれていた。X社は，6月からのT自動車向けワイヤーハーネス納品のために，生産工程を確定させており，2月からの生産機械搬入は絶対に守らねばならないスケジュールであった。生産施設プロジェクトの場合，必ずオーナー側が手配する生産機械・設備の据え付けや関連工事が存在するので，生産設備・機器が搬入される前に，工場を竣工させ，引き渡しをすることが必要である。しかしながら，工期というものは筆者の経験上，何らかの事情で必ずと言っていいほど遅延する。手配漏れ，協力会社の工事遅延，必要人工数不足，悪天候等々，理由は尽きない。本プロジェクトも工期が遅延していた。最大の理由は，悪天候であったが，内部的には，職人が不足したり，モノの手配が遅れたりしていた。

本プロジェクトは，前述したように，筆者がA建設の職制において工事長としての初めてのプロジェクトであり，プロジェクト進行に関しては，現場の末端にまで気を使い，管理をしているつもりであった。だが，管理限界というものはあるもので，幾つかのミスが重なったり，確認が遅れたりすると，必ずと言っていいほど，半月から1カ月後に徐々に工程が3日，4日と遅延していくのが分かっていた。ところが不思議なもので，その遅れは，そのときにあまり深刻に感じられないのである。

内部的な遅れはあるものの，工期の遅れは悪天候（大雨が続き，コンクリート工事や鉄骨工事が遅延した）が原因ということでX社側に説明したが，X社側からは，生産機械の搬入は予定通りにしないと生産工程に影響するので，ぜひ生産機械が搬入できる状態に現場を完成して欲しいと切望された。ここ

---

[12] とくに，設計・施工方式の特命発注工事に多い。

は，挽回のチャンスと判断し，承諾した後に，現場のスーパーバイザーである村上氏と打ち合わせに入った。村上氏は，機械設計技師だが，プラント機器の据え付けに関して経験と知識があり，泥臭いことにも対応してくれるので，どちらかと言えば現場主義ではない米国人スタッフ[13]のなかにあって，信頼がおける日本人スーパーバイザーであった。まだ，建築工事が終了していないエリアにおけるオーナー側の機器の搬入・据え付けは，何かトラブルが生じた場合に，オーナーとコントラクター間の責任の所在が曖昧になることがあり，一般的には回避すべきことである。だが，うまく調整できれば，工期の回復が可能である。X社Gプロジェクトの場合，生産機械周りのスペースが比較的広かったので，雨天の際の機器搬入は泥だらけになることがあったが，うまく調整が機能し，オーナー側の生産機械を予定通りに搬入させることに成功し，当初の工期を遵守することができた[14]。これで，当初のL設計との躓きは，大きく解消されることになり，追加工事折衝に有利に働くことになった。

(5) 追加工事折衝

民間の建築プロジェクトにおいては，スケジュールが関係するために設計スピードが要求され，入札段階で建設される建築物に必要な全ての情報を設計図面に盛り込むことが困難であり，一般的に追加工事が発生することが多い。オーナーは予めプロジェクト実行に際して予算を組むが，入札時までに把握できなかった工事や，不測の事態に備えて予備費として追加予算を組む。本プロジェクトにおいても，種々の追加工事が発生した。追加工事の折衝には様々な憶測が絡み，竣工間際に行われたり，竣工後に引き伸ばされたりする。オーナー，コントラクターともに，機会主義的に有利な状況の下で折衝しようとするからである。本プロジェクトの竣工間際に北田氏からの提案もあって，X社から管財部長の秋山氏，L設計から北田氏が現場に来訪し，追加工事の折衝が行われた。プロジェクトは，10年に一度の確率と言われた大雨が発生したにもかかわらず，生産機械の搬入を予定通り実現させ，予定工期から若干の遅れが生じただけで，オーナー側からの評価のボトムラインはクリアしていた。また，L設計に対する様々な提案が評価され，設計技師である北田氏，長谷川氏に対してスムーズなコミュニケーションを維持していたために，追加工事折衝には確固たる自信をもっていた。

---

[13] 米国人スタッフは，概して言い訳が多く，現場にあまり出て行かない傾向があった。
[14] 大型のプレスマシーンが入るため，工期遅れは機械をどこかの倉庫に仮置きするか，またはスケジュールの再調整が必要となるためにコストが発生するので，オーナー側は，機器の設置は予定工期を遵守しようとする。

基本的に追加利益は，追加工事から発生する。内部的なプロジェクトの評価は，顧客からの評価と追加利益が出せたかどうかに関係するため，コントラクターのプロジェクトマネジャーは，追加工事折衝に対して万全の態勢を取って臨もうとする。設計・施工分離方式における入札時の設計図書からの変更は，全て追加工事の対象となる。面積の増加はもちろん，仕様の変更を含め，変更点は何でも追加工事として取り上げる。オーナー側から洩らされる情報をキャッチしながら，プロジェクト予算を予想し，できるだけ多くの金額を獲得しようと機会主義的に動くのが一般的である[15]。

秋山氏に対しては，入札時における厳しい査定をL設計から実施されたこと，米国でできるだけいいものを作りたいというL設計の意向を尊重して，できる限りの支援をさせてもらったこと，悪天候にもかかわらず，うまく現場と工程を調整して，生産機械の設置を予定通りに実現させたことなどを説明した。秋山氏は，交渉技術等を駆使することはなく，筆者の説明を淡々と聞き入れてくれて，全追加工事金額を承認した。筆者はそのときに，このプロジェクトはうまく終了すると確信した。

2.1.5　工事終了後：1995年3月以降
(1) 屋外消火栓破裂事件

工事竣工後，約2ヵ月が経過した頃，屋外消火栓の近辺から水が吹いているとの連絡が入った。原因を追及したところ，地下埋設配管の屋外消火栓への接続口の継ぎ手が抜け落ちたことにより発生したことが確認された。近辺は水浸しになり，地盤も1mほど陥没した。建物はすでにX社（現地法人名XN社）に引き渡されており，A建設の社員が気安く入れるような状況にはなっていなかった。このような問題が発生した際に問題となるのは，オーナーから手抜き工事をしたという認識をされることである。建設中に評判が良くても，竣工後に建築物に品質上の様々な問題が発生して，欠陥工事でないにもかかわらず，対応の悪さで評判を落とすこともある。したがって，このような事件が発生した場合には，オーナーへの迅速な報告と是正処置が欠かせない。

建築プロジェクトが工事中の場合には，オーナーの体制に不確定要素があり，日本人同士のコミュニケーションにより意思疎通は早い。ところが，プロジェクトが進行しオーナー側の体制が米国人スタッフ中心で確立されてくる

---

[15] ゼネラルコントラクターは，基本的に追加工事によって利益を追加していく。そのためにはオーナーがどれだけの予算をもっているかを日常的なコミュニケーションで知る必要がある。相手の財布の中身（予算）に応じた提出をしないと，長期的な関係を築くことができない。

と，コミュニケーションがややこしくなる。簡単な件が簡単ですまなくなるのである。A建設側は，日本人スタッフ，米国人スタッフ間で英語によるコミュニケーションに関して問題はなかったが，オーナー側は，竣工後，日本からやってくる日本人と米国現地で雇用される米国人スタッフとの間で，暫くの間コミュニケーションギャップが生じる。いわゆる，暗黙知と形式知のギャップである。放っておくと，予期しないレベルに事実が曲解されてくる。本件は，A建設が手抜き工事をしたのではないかということに発展する可能性があった。本件に関しては，事件発生後，内部的には保険手続きを確認し，X社（現地法人XN社）に採用されたばかりの英国人社長，並びに村田氏，鳥山氏に対して，発生経緯，対処等を迅速に報告した。一連の迅速な行動によってX社（XN社）側のA建設側に対する不信感は発生しなかった[16]。

(2) 3期工事の連続受注

筆者はX社Gプロジェクトがほぼ終了する1995年3月には，次のプロジェクトであるK社Nプロジェクト2期工事，Y社Vプロジェクトの準備にかかっていた。3期工事は，1，2期工事が終了する以前からほのめかされており，米国における旺盛な自動車需要によっては，1995年中，96年早々には開始されるという情報がL設計からもたらされていた。このような増設の件は，プロジェクト最終段階で行われる追加工事の交渉でオーナー側から交渉テクニックとして示されることが多い。追加工事金額を値切るために，「次のプロジェクトで面倒を見るから」ということで切り出される[17]。コントラクターである建設会社は，とくに日本側で長期的なビジネス関係にある場合，営業部門が介在する場合があり，要注意となる。A建設のように大手の建設会社は，日本の大手製造企業と長期的関係があり，個別プロジェクトのレベルではなく，顧客である企業レベルの関係を構築している。オーナーは，プロジェクトによって予算が厳しく追加工事を認められない状況にあると，本社側の営業筋を通して圧力をかけてくるのである。こういった状況に巻き込まれないためには，常に本社営業筋とコミュニケーションを良くし，情報を交換していなければならない[18]。

---

[16] こういった瑕疵保証への対策は早く行うことが重要である。そうすることによって，信頼関係が深まっていく契機になる。米国人のみに任せることなく，クロスコミュニケーション（日本人，米国人の区別なくコミュニケーションすること）の継続が必要であった。
[17] 本プロジェクトは，追加工事に値切りがなかった。L設計のサポートがあったからである。
[18] 例えば，X社Gプロジェクトで言えば，本工事受注時には，A建設営業筋から本社設備部門，購買部門に連絡が行って，X社の製品である電線やケーブル，吸収式冷凍機等の購入が他のプロジェクト向けに進められた。

米国において製造企業は，一旦工事が終了するとローカルスタッフによる運営が開始され，地元に根付くために増設工事等は，地元の建設会社に発注される場合が多い[19]。こういった状況のなかで連続受注を勝ち取っていくためには，オーナー側の米国人ローカルスタッフのキーパーソンからも信頼を得る必要がある。1, 2期工事の竣工当時，XN社の英国人である現地法人社長が，プロジェクト竣工に向けていろいろと口をはさむことが多かった。ローカルスタッフとのやり取りは，基本的に口頭の会話で問題ないが，商習慣上，レターでのやり取りが重要であり，レターをこまめに提出する必要があった。本プロジェクトでは，オーナーである英国人社長，日本人工場長，オーナー代理人であるL設計に対するコミュニケーションがうまく機能したこと，プロジェクトの工期が基本的に順守され，生産施設としての出来映えもL設計の林氏から評価されたことで3期工事の連続受注が確定した。

X社Gプロジェクト関係者インタビュー記録：北田正則氏

泉　お久しぶりです。オーナーズレップとしてコンストラクションマネジメントをされていると聞いていますが，その辺の話から伺えたらと思います。

北田　こちらこそお久しぶりです。M国の話からいきましょう。基本的に，仕事はオーナーがM国に進出するときのサポートです。土地の選択，進出地域のインセンティブ調査，土地購入のために行うべきこと等，どういう順番でやれば効果的か，一連の建物をつくるためのコンサルティング業務です。

泉　そうすると建設はゼネコンが多いですか？

北田　建設は基本的にはゼネコンですね。

泉　ゼネコンに全部，設計・施工で任せるとオーナーの立場から不透明なんで，見える化を図るという業務ですね。

北田　そうです。昨今，コンプライアンスの関係で，ゼネコンに対する説明責任や透明性への要求が多いんです。

泉　なるほど。オーナーニーズに応えるということですね。

北田　オーナー側の誰と話すかでニーズは変わります。例えば，プロジェクト担当が部長レベルであれば，具体的な設計に絡もうとします。ところが，執行役員レベルになると現場重視なんです。また，取締役や社長レベルの経営権をもった方々は，コンプライアンスやガバナンスの観点で，会社全体のレベルから判断します。

泉　よくわかります。オーナー側の意思決定者が，階層を飛び越えて意思決定したい場合は，コストが節約されるから，直接ゼネコンと話そうとします。

---

[19] 2000年代に実施された増設工事は地元の建設会社によって行われたそうである。

北田　そうですね。

泉　ところが今の話を聞いて，実際にプロジェクトを担当する人が階層の下であればあるほど，オーナー内部の調整が必要なんですね。

北田　そうですね。我々は，自分達の立場をアーキテクトとは言わずに，ビジネスデザインアーキテクトと呼びます。

泉　それはどういう内容ですか？

北田　与条件を頂いてその通り設計することは，我々の仕事ではなく，本当に会社が施設を建設することによって経営に貢献できるのか，それに対して我々はソリューションを提供できるのか，というところまで追求するんです。アーキテクトやコントラクターという解釈ではないんです。

泉　米国で言えば，コンストラクションマネジャーですね。プロジェクトマネジャーまたはプログラムマネジャーと言ってもいいかもしれない。米国ではそういう言い方をするんです。

北田　ええ。私達は，ソリューションを提供するんです。泉さんが説明した言い方だと，フィールドが狭い感じがして，ビジネスデザインアーキテクトと名づけたんです。

泉　言葉を考えたんですね。米国のプログラムマネジメントだと思います。北田さんの今の仕事が良くわかりました。さて，本書は，日本と米国のプロジェクトマネジメント・システムの違いがテーマです。日本はゼネコンが米国でビジネスをやっているのに，米国は日本に進出して来ません。また，日本では，1社で設計と施工をやる独特な設計・施工方式が中心ですが，米国では多様化しています。そのなかでうまくやれた理由は，設計と施工を統合する能力があったからだと考えています。ただ，日本のゼネコンは，米国でプロジェクトマネジメント・システムがなんであろうと対応できるんですが，自分の経験上，日本で得意な設計・施工方式を要求されると難しい。顧客との関係は日本の延長なんですが，サブコンとの関係，サプライチェーンは，商習慣が異なる米国でのマネジメントなので矛盾を生じます。まず，これ等に関して北田さんに意見を聞きたいと思います。

北田　自動車業界のピラミッド構造に非常に似てますね。

泉　似てると言えば，似てますが，自動車生産の場合は，カスタマーリレーションとサプライチェーンがともに米国で，最終的に矛盾がないんです。

北田　そうですね。当然のことながら，建設工事の場合，日本では矛盾はないし，サプライチェーンもチームワークがとれますね。

泉　日本では，立替払いのような独特の制度があり，米国の会社は簡単に対応できません。また，コンストラクションマネジメント方式を日本でやろうとしても，設計・施工方式が根強いので日本のオーナーへアピールしないんです。一方で，米国の建築業界は多様性を受け入れ，様々なプロジェクトマネジメントシステムがあり，日本のゼネコンにとっては対応が可能です。北田さんが米国での対応を知っている，知らないかにかかわらず，やっていることがすでに米国にフィットした対応であり，理に適っているのだと思います。日本をどう思

	われますか？
北田	日本でのやり方ですか？　今，時期が悪すぎますよね。
泉	時期？　なるほど。ゼネコン向きにあるということですか？
北田	ええ。東日本大震災後の復興策，2020年東京オリンピック開催で，ゼネコン有利という状況で，さらに投資をするという会社があふれています。そうすると，正常な状態ではなく，バブル期と同じ状況です。
泉	なるほどね。スピードが要求されますね。とにかく早くつくれということで設計・施工方式が選定される。多少の問題があっても，日本でやるんで信用ベースで動いていく。
北田	日本の設計・施工方式の良いところは，うまく機能すれば，最終的に引き渡すところまでオーナーの負担を軽減してつくれるということです。
泉	設計と施工を一緒にやると，工期短縮やコスト節減につながる。分離すると，設計・施工方式と比べて，不必要なコストが発生する可能性がある。
北田	日本だから，設計・施工方式で問題がなければ，それでいいと思います。問題が発生する場合があるから，分離しましょうということになる。
泉	公共工事は分離が基本です。民間でも分離を好む場合がある，三菱村[20]なんて，ほとんどそうですね。会社に設計能力があり，設計を重視したい場合は，その方針を通します。オーナー側に情報と能力があれば，建設の全てを仕切ろうとします。理由はよくわかります。
北田	そこで多くのことが分かって来ます。例えば，自動車業界のT自動車，関連協力会社のS社，ND社といった強大な会社は，プロジェクトマネジメント能力をもっているので，設計も施工も管理できます。最近，設計の場合，仕事を外に出すようになって来ています。
泉	それは日本ですか？　海外ですか？
北田	日本も海外も両方です。例えばS社のプロジェクトマネジメントスタッフは，建築経験者やゼネコンから来た方なので，プロなんです。S社グループの下にある，階層1，階層2の会社[21]を見ていると，S社基準で基本的に動いている。それは，T自動車基準なんです。とくに安全基準が厳しい。基準に対する方針があることで，H自動車やN自動車，フォード（Ford）がどうしているかという客観的な目線で検討ができないんです。我々はどの会社も関係ないので，N自動車のデザインセンターもT自動車のカートラインもやります。
泉	客観的な基準，標準に関して，どのようなことを重要視しているんですか？
北田	例えば，機械の配置計画を行う際に安全上何が重要かということです。また，トラック動線が全周一方向で迂回し，対向動線にならない考え方や，従業員のパーキング動線と訪問顧客の動線が交わらないようにプランニングをする根本的な基準です。当然，それらを満足するように考えますが，その考え方は会社によって違います。一番重要なことは，基準がどうかではなく，基準のベース

---

20 高層事務所ビルが存在する，東京丸の内，八重洲の一部地域。
21 協力会社の階層を表している。下請け構造が，階層1，階層2，階層3と階層化されている。

になる理由が何かということです。例えば，道路幅を 4m にする場合，どの会社も基準でそうしますが，なぜ，4m にするのかということです。社内では，それを壊すような意見が出てこないんです。我々は，それを壊します。「N 自動車系の XX 社はこんなことをやっています」とか，「YX 社は，こういう考えでやっています」と説明すると，相手方も意図を理解していく。そうすると，工場ラインの考え方は工場長によって違うので，会社が違うと全く変わってしまう。工場ラインのなかの事務所は，1 階のラインのすぐ側にあるべきだという人もいれば，1 階は食堂で 2 階に事務所をつくり，そこから見下ろせる方がいいという人もいます。ある会社は，ラインのど真んなかにガラス張りの事務所をつくったりするように，様々な考え方があります。そういった横串の情報提供が我々の価値提供なんです。

泉　他がやっているから自分達もやるという同型化から，なぜそうするのかという理由を考えるようにしているということですね。昔は単純に他がやっているから，うちもやろうということが多かった。海外でいうと，T 自動車がやっているから，うちもこれでいいという基準が多かった。しかし，様々な会社が米国に進出して，いろんなことが分かり，標準化も進んだなかで生産能力を上げるためには，本当はどうであるべきなのかということを考えるようになったということですね。

北田　そういうことです。

泉　なるほどね。それは面白い傾向です。最初に北田さんから米国で行われている設計コンサルタンティングのサービスフロンティアを説明していただきました。その説明があったので，これからの話が面白くなりそうです。本書では，日米建築業界の生産制度に焦点を当て，20 年前に米国で実施した 3 つの代表的なプロジェクトマネジメント・システムで実施した事例を取り上げています。設計・施工分離方式は X 社 G プロジェクト，コンストラクションマネジメント方式は Y 社 A プロジェクト，設計・施工方式は Z 社 N プロジェクトです。X 社 G プロジェクトは○。Y 社 A プロジェクトは△。Z 社 N プロジェクトは，×と評価しています。先程も話したように，設計・施工方式が失敗した理由は，端的にいうとカスタマーリレーションとサプライチェーンとの矛盾です。Z 社は，特命発注，設計・施工方式という日本の図式が，A 建設のマネジメントで実現されると考えた。A 建設も何とか対応しようとしたけれども，サプライチェーンは米国の商習慣上にあり，オーナー側の要求に引っ張り込まれすぎた。A 建設名古屋支店 M 営業所がコンストラクションマネジャーまたは，プロジェクトマネジャーとして間に入るスタイルになってしまい，A 建設米州支店がリードできなかったという組織的失敗です。

北田　同じ会社だからこそ，尚更面倒くさいですね。

泉　そうです。皆プレーし合うから難しくて。プレーして初めて矛盾が見える。オーナーはまた，その矛盾を突いて，うまく切り込んできます。その辺は非常に悩ましいプロジェクトだった。この 3 つのプロジェクトからの結論は，カスタマーリレーションとサプライチェーンの土壌が一致することが一番好ましい

ということです．X社Gプロジェクトが成功した理由は，L設計が基本設計は自分のところに責任があると明確にし，設計・施工分離方式という米国でのプロジェクトマネジメント・システムに適合したからです．ところが当時，我々は日本の設計・施工方式に慣れていた会社だから，代替案，VE案[22]をぶつけていったのですが，それは設計・施工方式的なアプローチだったんです．

北田　L設計に対しては，逆効果でしたね．

泉　当時は分からなかったんです．そういうことから学習して，それであればこれはどうですかといった，出しゃばらない提案，基本設計に準じた実施設計レベルでの提案を実行し続けて喜ばれたんです．米国ではこうですという米国のビジネスシステムにフィットした提案とかね．

北田　いまの言葉でいうと，デザインアーキテクトに対する提案ですね．

泉　デザインアーキテクトにコンストラクションマネジメント的なフィードバックなのかな？

北田　私に言わせるとデザインアーキテクトと設計・施工的対応ですよ．

泉　それらの組み合わせか．

北田　デザインアーキテクトの面は，我々が企画設計や基本設計をするけれども，実施設計や施工は，設計・施工を実施する会社に任せるということです．

泉　実施設計ですかね？

北田　実施設計，英語ではデザインディベロップメント，コンストラクションドキュメントというんですけど，その辺を細かく捉えないといけない．

泉　日本の土壌でやる場合，勘違いされてしまうということですか？

北田　そうです．

泉　なるほど．日本で設計・施工分離方式であっても，実施設計がゼネコンに含まれている場合は設計・施工方式であると解釈されることもありますね．

北田　実際はそうです．L設計はデザイン上重要なことは，パースを描いたりして明快に図面化しますが，それを裏づける構造や設備，申請に関しては，ゼネコンの総力により具現化してもらう方法を採用しています．だから，デザインアーキテクトという言葉を使っています．マンションでもデザインは有名なデザイン設計事務所が実施して，あとはゼネコンに詳細を任せるように分離させるんです．

泉　米国的な考え方を日本にフィットさせているという考え方ですね．

北田　そうです．日本的にカスタマイズしています．

泉　それはグローバリゼーションへの対応ですか？

北田　そうなのかもしれません．海外のノウハウを日本式にしたのかな．

泉　日本でやっていくためには，日本のゼネコンの能力を活かして，うまく付き合った方がよくて，それらにフィットするように日本の伝統的な設計事務所がやってきた業態も変えて行った方がいいということですか？

北田　そういうことですね．もうひとつ重要なことは，プロジェクトの成功とは何か

22　Value Engineering 提案．

というように，成功のためのロジックをより明快にしないといけません。通常それは，TQC，工期（time）・品質（quality）・コスト（cost）ですね。我々はそれらにデザイン（design）を付け加えて，TQCD としています。おそらく品質のなかに機能（function）も入っています。

泉　品質にもデザインが入っていると思います。しかし，あえてデザインを外出しにしたのは，意匠デザイン（aesthetic design）だから。L 設計さんがこだわっているのはそういうことじゃないですか？

北田　そうですね。我々の価値観を示すために，わざと分離しています。同時に，TQCD の結果，ソリューションという答えが出るかどうかで我々の立ち位置を強化しています。

泉　なるほど。このようなことは，他の設計事務所も前面に出して説明してるんでしょうか？

北田　いや，していないです。

泉　例えば，NI 設計，NK 設計がオーナーにアプローチするとき，こんな説明の仕方しますか？

北田　いや，しません。

泉　いま北田さんが説明されたのは，L 設計さんが行う方法ということでいいでしょうか？

北田　そうですね。これは L 設計という土壌があったからこそ可能になった部分と，私個人の 20 年間の蓄積があります。

泉　北田さんは海外プロジェクトをやってきて，蓄積した経験の成果を L 設計を通じて実現しているということですね。

北田　1980 年代から始めて，1990 年代に A 建設を始めとしたスーパーゼネコンのやり方を学び，さらにその後，タイ，中国，ベトナム，トルコ等で，大小様々のプロジェクトを経験しました。今，そのなかで考え培ってきたことの肝を分かっています。実は，東南アジアは欧米とは違うんです。多分，欧米の仕事で費やすエネルギーの 65％位の感覚でできるんです。

泉　65％とはどういう意味ですか？

北田　まず，技術力のレベルが米国は高い。我々がやろうとしていることをすでにやった人がたくさん存在する。オリンピックで金メダルを取っている人達と戦い，銅メダルを取ることと，アジアリーグでベトナムやタイと戦って金メダルを取ることは，次元が違います。また，英語のレベルにも格段の差がある。米国でビジネスをやっている人達の英語力，ロジック，プロジェクトマネジメントのレベルは，米国のサブコンと交渉したり，討論しないと養成されません。

泉　残念ながら，私はアジアでは出張ベースでしか仕事をしていないんです。アジアで仕事をするとき，米国で仕事をするときほど，取引コストがかからないということは，感覚的に分かります。

北田　日本人というのは，アジアでは一目置かれます。でも米国では，ワン・オブ・ゼムの存在です。確かに，勤勉で優秀と認識されますが，いざビジネスレベルとなるとカモとして見られる可能性が高い。

泉　その辺りの米国の評価は難しいと思います。自分も米国のサブコンとのサプライチェーンマネジメントにおいては，そう感じざるを得ないところがあったのも事実です。米国のビジネスは，ロジックがベースなので面倒くさい面があります。ビジネスにおける理論，理屈，そういうことを全部分かっていないと，本当の意味で理解できない辛さがある。米国には，性善説，性悪説を超えてちゃんとロジックで説明できる理論があるんです。

北田　そうですね，辛さかもしれません。

泉　まあ，面白いといえば，面白いというか……。私はあまり苦ではなく，逆に面白かった。ここでX社Gプロジェクトの件でいろいろとコメントを頂きたいのですが，当時を振り返って，L設計は取引コストをかなり節約できたと認識していますか？　当時のレベルを考えると，北田さんから見てA建設のどんな点が良かったでしょうか？　良くも悪くもなく，普通というコメントでも結構です。

北田　あの当時，1986年から1987年までD建設をコントラクターとして契約し，M州D市でX社のR&Dセンターをつくったんです。

泉　30年ぐらい前ね。

北田　私は米国式のコンストラクションマネジメントを横目で見て，新人だったけれどもある程度理解できました。強み，弱み，我々がすべきことを理解できた良い修行だったと思います。その経験の後，X社GプロジェクトとX社米国本社プロジェクトを担当しました。当時，X社の方針は，国内はAO設計，海外はL設計，現在の社長が海外統括となったときのプロジェクトだったので，X社の哲学を見せるという命題があった。X社米国本社プロジェクトでは，日本側でコントロールできなくなるので，日系ゼネコンを使うことになり，米国に進出しているE建設，B建設，D建設，A建設，4社での入札になったんです。X社Gプロジェクトの場合には過去にD建設と仕事をしているので，共通言語が多く，一緒にやる候補に挙がりました。しかし，当時X社の現地法人責任者だった出井常務はA建設を推薦されました。そこで，A建設とD建設の一騎打ちになったんです。D建設はうちの要求通りの見積書，提案書をつくってきました。その提案で決まりかけたとき，井出常務がA建設を連れてきたんです。林先生（所長）の提案に意見して，A建設から提案内容を聞こうということになりました。そのとき，営業に来られたのが上坂[23]さんと伊藤さん。上坂さんは，"本当に君達にこんな設計できるのか"という非常に高飛車な態度で来られました。

泉　まあ，そういう感じですね。

北田　逆に，伊藤さんは非常にジェントルマンで，ホワイトボードを交えながら分厚い資料を使って1枚1枚説明して，「我々はこう考えていますがお役に立てますか？　お役に立てるならぜひ採用してください」というアプローチだったん

---

[23]　上坂氏は，小山氏のインタビューにたびたび出てくるが，小山氏の上司で，A建設が米国で本格的な大規模プロジェクトを実施したときのプロジェクトマネジャー。この当時は海外本部営業部長。

です。私はその時点で，A建設と組んだ方が，早く確実なものができるでのはないかと感じました。林先生とX社は，そのときまだそのように思っていなかった。その後，私と林先生が米国出張したときに，伊藤さんが空港のゲートで待つというアプローチを受けたんです。なぜ来たんだろうと思いました。まあ，せっかくだからホテルで食事でもして話を聞いてみるかということになり，そこで林先生の心をつかんだんです。その理由は，伊藤さんが営業的なものに加えて中身のある説得力のあるプレゼンをされたからです。とくに我々が重要視していなかった建築設備に対する企画案が非常に明快で，とくにX社に対しては，エアエース[24]を使うことを提案してきたんです。エアエースですよ。そんなもの，米国で使えるのかと思っていました。

泉　そういう発想は，なかなか出てこないですよね。

北田　私達が難しいと思っていた点に対して，答えをもっていました。一緒に組んだ方がいいというロジックが当然そこで生まれました。空調的にアトランタは冬は寒く夏は暑いので，一般空調には向いていない気候だった。更に，生産工場だったので，バックアップも課題だった。ワイヤーハーネスをつくるためにプレスや組み立てだけではなく，クリーンルームまであるフル装備の工場でした。そういう意味での難度は非常に高く，当時のチャレンジを考えると，経験上優秀なゼネコンと組むべき必要がありました。そこで，X社がどうあるべきかを徹底的に考え，役割の線引をして，プランニングするというデザインアーキテクトに徹することを選択したんです。それが成功の理由だと思います。

泉　なるほどね。あの当時，日本人中心でオペレーションしているゼネコンはA建設しかなかったんです。プロジェクトマネジャー，ダイレクタークラスに日本人が張り付いているのはA建設しかなかった。B建設は完全に米国の会社で，最初は日本人が出てくるけど，それ以降は米国人によってハンドルされていた。客先もその体制で対応ができる場合には問題がなかった。D建設も基本的にはローカルの関連会社に丸投げでしたよね。

北田　D建設は当時，日本人が2人常駐していました。

泉　今考えると，日本人が張り付くのにお金がかかりました。X社Gプロジェクト終了後，いろいろと仕事が取れ，私がアトランタを任せられるようになった頃に，A建設は日本人がプロジェクトをマネージすることを売り物にしていました。コスト的に非常に厳しかったけれども，日本人を前面に立ててやっていることをセールスポイントにしていました。ひとつの戦略ですね。

北田　資材（material）と労務（labor）を分けていたのが，A建設の凄いところだと私は思います。

泉　日本人スタッフと米国人スタッフがタイアップしていたから，実現できたんです。そもそも，米国人スタッフだけだと仕事が複雑で面倒になるので，そんなことはしません。日本人スタッフは，コスト削減して利益を上げなければならないので，利益につながれば面倒なこともするんです。資材と労務の分割を

---

[24] エアエース（仮名）というのは，X社が生産・販売をしている空調機械。

	しっかりやっていました。小山さんと伊藤さんが確立したんです。
北田	その点は我々も感銘して，お客さんからの評価も高かったです。従来の価格競争での勝負だけではない工夫をちゃんとしてました。
泉	オーナーの観点では，ゼネコン内部の機能面は関係ないですから，ちゃんと理解してくれていたということで，ありがたい話です。
北田	それを説明すると，お客さんも納得する。「よくよく考えたら，我々も電線を購入し，労務を分離している。それって当たり前のことだよね」と言われました。
泉	しかし，私がY社Aプロジェクトに張り付いて，アトランタにいない間，伊藤さんは3期工事をゼネコンに全部任せたこと知ってますか？ ケースバイケースですね。
北田	それはそうかもしれませんね。
泉	結局，伊藤さんも忙しくなって現場に貼り付けなくなってしまった。だから，ある程度ゼネコンに任せなければならなかった。3期工事の仕事は特命ですから。入札で取った仕事はきついです。私はX社Gプロジェクト以外で，最初から黒字の仕事なんか担当したことがなかった。見事に入手時は赤字ですから。見積もり上の赤字だから，見積原価ということですけどね。実際に購買レベルで原価は圧縮されて行きましたが，それでも赤字から始まるのはきつかった。
北田	そりゃあそうです。
泉	X社Gプロジェクトは，デザインアーキテクト，日本の設計・施工方式の機能という点で，米国においてはその線引が明解で，それが成功要因のひとつかもしれないということですね。キャノピとか，提案をよくしたことを覚えています。
北田	そうですね。デザイン提案ね。
泉	当たり前ですけどね。実施設計はA建設が担当しました。
北田	そうです。
泉	L設計さんが日本で実施設計を含めて行うことはあるのですか？
北田	それが普通です。
泉	設計区分を意図的に曖昧にして，実施設計をさせることもあるんですか？
北田	ありますね。オーナーのメリットのためにすることもあります。我々が実施設計まで行う単価とゼネコンが行う単価では，表面上ゼネコンが行う方が安く見える。
泉	お金の出し方でしょうね。
北田	設計費が億単位でかかるならば，数千万円に抑え，実施設計を含めた設計・施工のトータルでコントロールして欲しいという施主からの要望になる。
泉	なるほど，X社はそういう意向だったんですね。また，成功要因として最初は対立しましたが，その後オーナーに一緒にソリューション提案しようというように変わっていきました。その辺は，目的が一致しましたね。
北田	建設プロセスのなかで笠原さんは実施設計担当者であり，設計業務のインターフェースをされていました。彼の存在は大きかったと思います。
泉	米国の建築設計に精通している日本人を抱えているゼネコンはありましたか？D建設はどうでしたか？

第 1 部　事例編

北田　AIA をもっている人はいなかった。
泉　　3 期工事の設計担当は，岡田氏だったのかな？
北田　そうです。3 期工事で笠原氏とラップしながらやっていました。
泉　　彼は英語もよくできたから，彼だったらできるだろうという判断で受け入れられましたね。
北田　そうなんです。彼は英語で説得する能力が高かった。コミュニケーション力も非常に高いバイリンガルだったので，私も助かったんです。
泉　　3 期工事は大きな問題はなかったように思います。工期が遅れて問題だったのは，1 期工事と 2 期工事ですね。
北田　異常気象とか雨が多かったように思います。
泉　　北田さんが，現在の仕事をどのように考え，行動しているかを軸に話されるので，非常に興味深い話が聞けました。そういう観点で当時を振り返ると，そうなのかということが私にも非常に理解できる。
北田　なかなか分かる人がいないんです。
泉　　お互い年をとったということですね。
北田　そういう分野で横串に建設を経験している人は，実に少ないんです。プロジェクトコストで振り回されるのが一般です。大事なことは，プロジェクトコストで振り回すのではなく，会社の利益，ソリューションになるかどうかの目線です。そこは常に経営者目線でいかないと。
泉　　そうですね。本書ではプロジェクトマネジメントを，オーナーとコントラクター間で，経営学的にどう解釈するのかという観点で捉えています。建設に関わるトータルコストを見ると，経営学的には生産コストと取引コストに分けられ，建物によっては，取引コストが 40 〜 50％かかるという見方があります。現場の生産コストを中心に考えている人にとっては分かりづらい部分ですが，オーナーにとって何か施設をつくること，意思決定をして，設計をして，多くの人が関与し，実際に建物が完成するまでかなりのコストがかかっています。これが取引コストです。北田さんがコンサルとして，過去の様々な経験に基づいて行動していることを考えると，今まで説明されたことを良く理解できます。組織の階層性のところにまで入り込んでいることが分って，非常に興味深いものがあります。
北田　ゼネコンさんで，そこまでマクロ的に見る方はいないですよね。
泉　　必要ないですからね。ゼネコンは，彼らの立場で利益を最大化するために，どうアプローチするかという発想になってしまう。基本的にオーナーのためではないですから。
北田　本来はオーナーのためにするべきですよ。
泉　　そこは議論のポイントです。本書の基本的考え方は，オーナーはオーナー，コントラクターはコントラクターで，自己中心的，機会主義的に考え，アクションするけれども，相手のことを考えながら，信頼をベースに繰り返しゲームをすることで，あるところに落ち着くということです。そのあたりが肝ですね。建設のマネジメントは，オーナーのためにあるべきですが，日本のゼネコン

は，やはり，己を中心に考えている。その考え方で，どうやってオーナーに受け入れてもらうかという発想です。しかし，そういった発想は今後どうなのか疑問です。BIM[25]という新しいイノベーションに乗っかってプレーしないといけなくなるからです。そうすると，日本のゼネコンは，いろいろと考える必要がある。

北田　基準的なデファクトができてこないと難しい。

泉　そうですね。米国はちゃんとIPD[26]ということでオーナーのためにBIMがあって，ゼネラルコントラクターがどんどん考え方を変えてきている。ターナー建設（Turner Construction Company）という会社は，コンストラクションマネジメント・アットリスク方式で，設計まではオーナー側の立場で契約し，設計図面が決定した段階で請負をする契約方式を主として採用している。日本でも，そのような工夫をプロジェクトマネジメントに取り入れないとBIMの良さが発揮できない。日本が現状のまま1社で設計・施工方式でプロジェクトを実行するという発想は，BIMのもつ考え方と相容れないんです。それをどうすべきというのが次の課題なんです。

北田　泉さんは実践を乗り越えた方なので，理論と実践，双方の観点からの論文は面白いと思っています。

泉　なんとか頑張ります。長い時間，すみません，有難うございました。

2.2　Y社Aプロジェクト

2.2.1　プロジェクト概要および背景

工期（設計工期含む）	1997年4月～1999年8月
工事金額	17億円
工事規模	敷地面積　249,600 ㎡，建屋面積　22,200 ㎡
工事場所	A州D市
建物用途	特殊繊維工場
プロジェクトマネジメント・システム	コンストラクションマネジメント方式
筆者のプロジェクトにおける責任	プロジェクトダイレクター[27]

---

[25] 'Building Information Modeling' のことで，三次元設計を中心にした，設計，施工，メンテナンスの段階も含む情報プラットフォーム。
[26] 'Integrated Project Delivery' のことで，日本語で統合されたプロジェクトマネジメント・システムという意味。AIAの解釈によれば，BIMを有効に機能させるために，ステークホルダーが，オーナーを中心にしたプロジェクトマネジメント・システムを展開すべきということが含まれている。
[27] プロジェクトの規模が大きい場合や複雑な場合にプロジェクトマネジャーの上位の立場でプロジェクトマネジャーを補佐する。

第 1 部　事例編

関係する主な会社

● Y 社（オーナー）

　Y 社は，世界 26 カ国にわたる地域で事業を展開，有機合成化学，高分子化学，バイオテクノロジーをコア技術としてナノテクノロジーを融合し，繊維事業，プラスチック・ケミカル事業などの基盤事業に加え，情報・通信機材事業，特殊繊維複合材料事業，医薬・医療材事業，水処理など環境事業等をグローバルに展開している．2016 年度売上高 2 兆 265 億円の企業グループである．当時，旺盛な特殊繊維需要に対応して，W 州，R 州に続いて，A 州 D 市にある米国 S 社の工場隣に特殊繊維生産工場を計画することになり，米国建設会社を含めた日系建設会社 5 社間での入札となった．関係者は，Y 社現地法人の高橋社長，日本の特殊繊維工場から，木下プロジェクトマネジャーが担当となった．

● Y 建設，Y エンジニアリング（オーナー関連会社）

　Y 社は，自社が保有する様々な施設建設および生産機械のエンジニアリングおよび工事のために，Y 建設と Y エンジニアリングという関連会社を保有している．Y 社 A プロジェクトの建設にあたっては，企画・基本設計段階において Y 建設の堀野氏と Y エンジニアリングの設計スタッフが関与した．生産施設は，建築建屋，建築設備，生産機械および設備が相互に絡む複雑な工場であり，工場建屋の実施設計は A 建設が担当した[28]．

● A 建設（コントラクター）

　当時 A 建設米州支店のアトランタ拠点長は山中氏であり，筆者は工事部長（operation manager）として山中氏を補佐していた．山中氏は，1996 年に中国から転勤してきたばかりであり，米国のビジネスに対してはまだ不慣れな点があった．筆者は，留学を含め，米国駐在が通算 10 年となり，米国での経験を積み重ね，米国でのプロジェクトマネジメントに関しては，熟練度を増していた．当プロジェクトは，筆者がプロジェクトマネジャーを行うという前提で受注したプロジェクトであったが，応札・工事管理等，会社組織として様々な業務をこなさなければならず，対 Y 社に対しては，プロジェクトマネジャー[29]

---

[28] プラント機械が主の建物は，安全・防災の点で基準が厳しく，米国の建築基準法だけではなく，NFPA（National Fire Protection Association）が定める NFC（National Fire Code）や，保険会社が定める基準，そして Local Code（地方条例安全基準）があり，調整が難しい．米国における建築確認申請行為は，コンストラクションマネジメント方式でも，経験のある A 建設米州支店が行った．

[29] 米国人を交えた際の組織において，宮沢氏はプロジェクトエンジニアであり，プロジェクトマネージャーは，John Lazau という米国人であった．対得意先上の組織と実質上の組織において，二面性をもっていた．

第 2 章　米国における建築プロジェクトマネジメント

プロジェクトの関係者（受注時）

オーナー	Y 社	有田真一（専務取締役）	高橋直樹（Y 社現地法人社長）	木下浩二（プロジェクトマネジャー）	堀野正弘（設計マネジャー）	
コントラクター	A 建設	山中　勉（南東部地区拠点長）	泉　秀明（プロジェクトダイレクター）	John Lazau（プロジェクトマネジャー）	岡田一郎（設計担当）	宮沢　敦（プロジェクトエンジニア）

プロジェクト契約関係（受注時）

注：プロジェクト受注時は、設計・施工方式であった。
図 2-2　Y 社 A プロジェクト受注時組織関係図

として振る舞ったが、筆者の管理下にコーネル大学での留学を終えた、宮沢氏をマネジャーとして任命した。設計は、笠原氏の後を継いだニューヨーク駐在の岡田氏であり、彼は日本の大学を卒業後、MIT（マサチューセッツ工科大学）の建築学科を卒業した設計者で、X 社 G プロジェクトで設計コーディネーターであった笠原氏と同様に英語に堪能であり適任であった。また、現場サイドには、日本人の現場代理人として、A 建設のプロセスプラント工事のプロジェクトでスーパーバイザーとして長く契約を交わしていた村上氏[30]を任命、その他米国人スタッフ 3 人で体制を組んだ。

2.2.2　プロジェクト入手段階：1997 年 1 月〜1997 年 3 月

　Y 社は、W 州、R 州での生産施設建設を、米国の建設会社を使用して実施したが、プロジェクトコストが予算を超過、工期も遅延した経験をしている[31]。1994〜1996 年に実施された V 州 F 市におけるプロジェクトでは、日本の建設会社を使用するという方針になり、日本的マネジメントが期待され、日本人プ

---

[30]　X 社 G プロジェクトでも、日本人スーパーバイザーとして尽力した。
[31]　堀野氏が状況を説明している。本章"Y 社 A プロジェクト関係者インタビュー記録"を参照。

ロジェクトマネジャーの担当が前提となる入札となった。A建設は，筆者がプロジェクトマネジャーになることを前提にして応札，プロジェクトを受注し，Vプロジェクトは成功裏に終了した。A建設によるY社の施設建設実績は，日本においては僅かであったが，上記，Vプロジェクトの実績が高く評価され[32]，1997年に行われたA州D市における特殊繊維生産工場プロジェクト入札において，交渉優先権[33]を勝ち取り，プロジェクトを受注した[34]。

　Y社Vプロジェクトでの経緯と同様に，当初はプロジェクトマネジメントに対して設計・施工方式が前提の入札であったが，契約段階においてコンストラクションマネジメント方式が採用された。A州法の下で，プロジェクトに使用される資機材のセールスタックス（sales tax：売上税）が免除される条件として，プロジェクトで使用される全ての資器材のコストが州の税務局に報告されねばならず，オーナーであるY社に対して，プロジェクトに使用される資器材のコスト情報が開示される必要があった。したがって，プロジェクトに関与するコントラクターは，実態上，建設工事のゼネコン，サブコンとして機能したが，契約上，請負業者ではなく，オーナーの購買代理人（purchasing agent）として解釈された。筆者はY社に対して，当初見積もったA建設の人件費，並びに当初の諸経費[35]，プロジェクトの進行に伴って認識されるそれぞれの工事費用（資器材費＋労務費），並びに追加工事費用に対して，4％の諸経費を認めてもらうことを前提として，この条件を承諾した。設計・施工方式で請負をした場合，4％以上の工事利益を生み出す可能性があるかもしれないが，逆に，追加工事やクレームをする機会がなければ，工事利益は，それ以下になる可能性があり，最悪のケースとして工事利益がマイナスとなる可能性もあった。このプロジェクトは，応札見積もりの段階で冗長さがない，厳しい見積もりであったので，コンストラクションマネジメント契約に変更されることに不都合はなかった。Y社Vプロジェクトでは，追加工事が多く発生しており，本プロジェクトでも，多くの追加工事があるので，利益は出せるであろうと予想していた[36]。

---

[32] Y社バージニア工場での竣工式の際，当時の有田専務，山下常務から直々にお礼の言葉を賜った。
[33] 入札は行われるが，万が一最安値でなくても，最安値の業者価格の前提で交渉を行うことができる。
[34] 堀野氏が状況を説明している。本章"Y社Aプロジェクト関係者インタビュー記録"を参照。
[35] 諸経費とは，英語で'overhead and profit'，利益込みの会社諸経費というような意味合いである。
[36] 詳細な説明は，本章"Y社Aプロジェクト関係者インタビュー記録"を参照。

2.2.3　契約・設計段階：1997年4月〜1997年8月

　本プロジェクトは，Y社から，発注内示書[37]を受領することで，設計行為が開始された。取り敢えず，設計から開始するということである。この内示書は，Y社の本社購買部から発行されている。文言の中には，"この契約は，Y社A工場に対する設計契約であり，施工に関しては別途契約を締結する。万が一施工段階に至らない場合は，実費を精算する"という条文が存在していた。最近の日本における契約でも，この条文は一般的になりつつあるが，当時はまだ，日本企業間の建設工事の契約には見られない条文であった。本プロジェクトに対しては，Y社側から企画設計図が提出され，A建設の設計範囲は，基本設計，実施設計であった。米国における設計責任上の観点から，他のプロジェクトと同様に米国の設計事務所と契約・設計を取り交わした。今回の契約先事務所は，X社Gプロジェクトの3期工事の設計業務を担当したアトランタに事務所をもつスチーブンアンドウィルキンソン社であった。1997年4月に設計業務が開始されたが，プロジェクトに対してセールスタックスの免除が適用されるために，設計・施工方式が，コンストラクションマネジメント方式に変更され，Y社内部での事務処理手続きが遅れ，本工事契約締結の見込みのない状態で設計が開始された[38]。

2.2.4　工事段階：1997年7月〜1998年8月
（1）Y社との契約

　このAプロジェクトは，前回のVプロジェクトと違って契約に本社の購買部が絡んできた。本社購買部からの申し出は，本社購買が絡んだときに入札時に決定した金額は出精値引き[39]をして契約するのが一般的であるとのことであった。筆者は，なるほど，日本の産業を形成してきた歴史ある会社の要求であり，恐らく，近代産業として明治期から続いてきた慣習なのだろうと想像した。しかし，筆者はそれを拒絶した。入札をして価格妥当性を確認した上で，契約方式の変更まで対応し，さらに値引きなどとんでもないと考えた。日本出張時に当時Y社購買担当であった張本課長に「特命工事発注であるならば理解できますが，入札工事に出精値引きなどありえません」と伝えたことを今で

37　英語では，'letter of award'と言われる。'letter of intent'よりも法的拘束力が強い。
38　当時，日本では，契約書や内示書がないままにプロジェクトに着手することが多かった。米国ではありえないことであるが，日本の会社同士のことなので，場所が変わっても信頼関係をベースに行われた。
39　見積金額が，契約金額決定時に値下げが要求される。その値下げ金額のこと。

もはっきりと記憶している[40]。当時，日本でY社に対する営業的に緊密な関係はなく，取引頻度は少ないのでドライな対応で臨んでも問題はないと考えていた。建設地は米国であるにもかかわらず，契約交渉は日本で行われるという変則的な契約に対する対処であり，さらに，Y社本社内部では，設計・施工方式がコンストラクションマネジメント方式に変わるという意味を理解していないように思われた[41]。工事契約がなされないまま，発注内示書のみで仕事が続けられていたのである[42]。

(2) 品質問題

グレーチングとエキスパンドメタル。

建屋工事において，屋根・側壁工事が終了すると同時に，特殊繊維生産機械の周りに設置する4層に渡るプラットフォーム[43]を築造する工事が開始された。巨大な特殊繊維生産機械の周りに，複雑なプラットフォームが設計されて工事が行われた。プラットフォームには，エキスパンドメタルという鋼材が使用された[44]。一般的には，グレーチングと呼ばれる，ユニット（例えば，0.3m×0.3m）を使用するのであるが，コストダウンを図るために，エクスパンドメタルシート（1.8m×0.9m）を現場溶接する工法を採用した。プラットフォーム築造が佳境を迎える頃，現場は騒然とした雰囲気になっていた。4層にわたるプラットフォーム（4層目は高さ約10m）の上下各所で溶接作業が行われ，工場内は煙が充満し，異臭が立ち込めた。作業環境は，OSHA[45]に規定されている作業環境基準を満たすように，作業中の部分換気を行い，安全優先で進められていたが，工期優先となっているために，ちょっとした気の緩みや，不注意が，事故を引き起こしかねない状況であった。現場側には，宮沢氏，村上氏，米国人スタッフ4人が常駐しており，日々の施工管理や安全管理に対しては，十分に注意を払っていた。

---

[40] 結果的には，A建設本社からのアドバイスもあり，約3万ドル（300万円程度）の値切りを行った。状況の説明は，本章"Y社Aプロジェクト関係者インタビュー記録"を参照。
[41] Y社は，プロジェクトマネジメント・システムが，米国におけるコンストラクションマネジメント方式であったと認識していなかった。入札時における設計・施工方式であると認識していた。
[42] 実際の契約が行われたのは，1997年の8月であり，現場はコンクリート打ちが開始され，鉄骨の発注が行われようとしていた。Y社側の機器搬入・据え付け工程が優先なので，必ずと言っていいほど，このような状況になる。このような期間中に問題が生じると最悪のケースになる。本プロジェクトでは事故が発生したが，それは，契約後であるので最悪のケースは免れた。
[43] 生産機械の点検やメンテナンスをするために，生産機械周りに設置する通路。
[44] 鋼板を切延加工によりメッシュ状に仕上げたもので，構造が対角線群で構成され，しかもそれぞれの網目が継ぎ目をもたずに強度に優れている。
[45] 米国の労働安全衛生法（Occupational Safety and Health Act）の略語。労働安全衛生管理局（Occupational Safety and Health Administartion）を示す場合もある。

そのような状況のなか，予想したとおりY社の木下プロジェクトマネジャーから呼び出しがかかり，現場の状況に関する説明を求められた。筆者は，単位物のグレーチングを使用すれば，煙を発生させる溶接作業は少ないので，溶接により発生する煙が，建屋内部に充満するような環境にはならないが，プラットフォーム建設コストがかかるために，シート状のエキスパンドメタルを現場溶接で固定する工法を採用した旨，説明した。入札時にY社本社側にVE提案をして受け入れられたものであることも付け加えた。今後の対処として，十分に上下作業を確認して工事にかかる旨を説明して，状況を納得してもらった。

　Y社Aプロジェクトの生産施設は，機械，電気製品製造の生産施設とは違い，化学プラント施設に近い形態をもっていた。Y社の設置する生産機械[46]に非常に近接する形で，A建設の工事範囲である様々な建築工事や建築設備工事が存在した。設計・施工方式による契約であれば，"建築および建築設備工事は何月何日までにそのエリアを引き渡すこと"という要求があるのだが，上述したプットフォームは，Y社側の生産機械が据え付けられてからの点検メンテナンス通路となるため，様々な箇所で，生産機械とプラットフォームが接続される箇所が存在し，Y社側，A建設側の工事が一体化される必要があった。設計・施工方式からコンストラクションマネジメント方式に契約が変更されたことは，Y社にとっては工事管理上都合の良いことであったと思われる。しかし，彼らはA建設との契約が設計・施工方式からコンストラクションマネジメント方式に変更されたとは認識していなかった。筆者はA建設にとって何か決定的に不利なことが発生した場合に，契約の事情を説明しようと思ったが，敢えて建設段階では触れないようにしていた。そのことがA建設にとっては原価管理上有利に働くと考えていた[47]。

(3) ブロック倒壊事故[48]

　1998年4月13日午後，Y社の木下プロジェクトマネジャーから電話を受けた。「泉さん，大変なことが起きました。ブロック工事の労働者が転落して病院に運ばれました」。私はただ，作業者が怪我をしただけだろうと思ったので，そのときに重大なことが発生したとは考えてはいなかった。「どの程度の怪我なのでしょうか？　そちらへ行った方がいいでしょうか？」木下氏は声を

---

[46] Y社の生産機械の設置はYエンジニアリングによって実施された。
[47] 皮肉な話であるが，設計・施工方式のままであれば，利益が上がっていなかった可能性がある。コンストラクションマネジメント方式に変わったおかげで，追加変更に対して一律4％の諸経費を認めてもらうことになった。本章 "Y社Aプロジェクト関係者インタビュー記録" を参照。
[48] 同上参照。

低くして言った。「そう思います」。いつもは明るい調子の声が，妙に落ち着いているので，そのときに私は，かなり，まずい状況にあるということを察知した。しかしながら，重大事故に至るとは全く予期していなかった。

A州D市と筆者が駐在していた事務所間の距離は，約360km，東京—名古屋間の距離とほぼ同じで，車で約4時間の距離である。急がねばならないと思い，筆者はすぐに車で出発した。現地到着後，作業者は予断を許さない状態にあると木下氏から告げられた。筆者はすぐに現場に常駐をしている宮沢氏を呼び，事情を聴取した。事故発生の直接的原因は，高さ約6.5mのブロック壁が築造中に倒壊したことであり，作業者が倒壊したブロック壁の下敷きになったとのことであった。作業者は，その日のブロック壁工事終了時に手動昇降機付き仮設足場を単独で解体しようとしていた。作業中，予測不可能だった突風が吹き，約60m^{2}のブロック壁に転倒モーメントが生じ，ブロック壁が転倒し倒壊した。事故の直接的原因は分かっていたが，なぜ壁が突風であれ倒壊してしまったのか，なぜ作業員がひとりで仮設足場を解体しようとしたのか，が原因追究の焦点であった。我々は，夜を徹して議論し原因の解明に取り組んだ。

翌日，現場は重大事故が発生したということで，管轄当局であるBuilding Department[49]およびOSHA[50]職員の立ち入り検査があり，その結果が出るまで作業は中断しなければならない旨の連絡を受けた。その日は，Y社現地法人への事情説明，A建設本社・米州支店への連絡，弁護士，設計事務所への相談と多忙を極めた。時間が経過するにつれ，米国での商習慣に従って様々なことが明らかになってきた。まず，OSHAからの見解が出るまでは，関係するステークホルダーとのコンタクトは一切禁止された。刑事事件として扱われる可能性があるからである。場合によっては，筆者が刑事告発される可能性があった。Y社の現地事務所とのコンタクトもできるだけ控えるように申し合わせた。筆者が滞在して3日後にOSHAからの調査報告書が公表され，設計事務所の設計責任，Y社，A建設の管理責任はなく，事故の原因はサブコントラクターの管理責任，つまり，下請け業者の過失ということに決着し刑事告発はなかった。しかしながら，民事訴訟手続きはその時点で始まり，決着に2年の期間を要した[51]。

この事故に関しては，公的な決着とは別に事故発生の原因が追及され[52]，Y

---

[49] 日本における建設管理局，建築確認申請課に該当する。
[50] Occupational Safety and Health Administration（米国の労働安全衛生管理局）。
[51] 2000年10月に従業員の家族が起こした民事訴訟の決着が着いた。そもそも，メキシコ人の不法労働者であったことが事後に分かっている。筆者はそのとき，日本に帰任しており，詳細は不明であるが，工事保険で1億円の補償金が支払われたと聞いている。

社現地法人とA建設の間で再発防止策に関して討議が重ねられた。事故発生1週間後にBuilding Departmentから工事再開の承認が出され、工事が再開された。当初、設計・施工方式で受注したプロジェクトであったが、Y社の都合でコンストラクションマネジメント方式に変更となった経緯があり、契約上、このような事故が発生するとオーナー、コントラクター間で揉めるのが一般的である。しかしながら、筆者は当時、設計・施工方式でプロジェクトを実行しているようにブロック倒壊事故に対応した。Y社に対しては、極力迷惑をかけないようにしたのである。

2.2.5　工事終了後：1998年8月以降

　工事完了、引き渡し1年後の1999年10月に建設地であるD市にて竣工式が行われた。引き渡して1年後の現場は、Y社側が生産機械の設置を完了し、生産体制に入ったことで様変わりをしていた。外構には芝生が茂り、1年半前に重大事故が発生して混乱した現場とは思えない様相を呈していた。筆者は1999年4月に米州支店長となった田所氏とともに竣工式に参加した。1997年に行われたY社Vプロジェクトの竣工式には、A建設本社から重役が出席する等、今後の営業展開を図ろうとして重鎮が参加したが、本竣工式においては、米州支店からだけの参加となった。Y社側からは、Y社Vプロジェクトにおいて、A建設をサポートしてくれたY社山下常務が参加されていた。本竣工式での筆者に対する言葉は、「泉さん、今回は残念なことが起きましたな」と簡単なものであった。

Y社Aプロジェクト関係者インタビュー記録：堀野正弘氏

泉　　お久しぶりです。今日は宜しくお願いします。
堀野　こちらこそ。泉さん、今回の研究というのは、どんな経緯なんですか？
泉　　昨今、東京オリンピックのメインスタジアム建設問題や築地市場移転問題等で施設建設に関わる問題がマスコミに取り上げられていますが、一般の人は、何が本質的な問題か分かっていません。これらの問題は建設のマネジメントに大きく関わっています。また、日本と米国の会社に勤務し、それぞれ、国が違う

52　人的原因：作業は通常、状況確認をしながら2人一組で行わなければならないのだが、単独作業を行っていた可能性が存在した。物的原因：ブロック壁の倒壊に関し、当該ブロック壁の補強方法およびモルタル調合における問題の可能性が存在した。環境的原因：突風が吹いた際に、建物形状および風向きのためにビル風のような倍加された風圧が加わった可能性が存在した。作業方法：OSHA規定の転倒防止サポートが適切に入っていなかった可能性が存在した。

第 1 部　事例編

　　　　所でビジネスに従事して，失敗を経験しました。それらを総合的に，経営学視点で建設のプロジェクトマネジメントと制度に焦点を当てて，説明したいと思ったんです。研究の概要を簡単に説明させてください。最初に，なぜプロジェクトマネジメント・システムに3つの基本モデルがあるのかということを追求することです。2番目に，米国に出て行った日本の建設会社は，ビジネスシステムの違いを乗り越えるためどう工夫したのかということです。3番目は，日本の設計・施工方式や，米国のコンストラクションマネジメント方式はどのように発生，発展してきたのかということです。最終的にコンストラクションマネジメント方式は，なぜ日本で普及しないかということに焦点を当て，追求しようとしました。Y社Aプロジェクトの場合，結局コンストラクションマネジメント方式で実施したということになっています。この辺りから始めたいと思います。

堀野　　コンストラクションマネジメント方式の件は，売上税免除が問題になったときに話に出てきましたね。コントラクターがコスト情報を全部開示しなければならなくなった。

泉　　　今だから言えますが，ずるい気がしましたね。Vプロジェクトのときにはいろんな方に関わって頂きましたが，Aプロジェクトのときは，結構皆さん冷たい感じがしました。事故が発生したことが影響したと思います。また，入札だったのに，契約時に出精値引きを要求されました。契約のときも大変だった。とにかくオーナーであるY社に一方的にやられないように頑張りました。

堀野　　一連の経緯について泉さんに話したかもしれませんが，私はこのプロジェクトで高橋社長（Y社現地法人）と胸ぐらをつかんでの喧嘩になったんです。日本での飲み会のときに互いに酔っていて，高橋社長に「お前はA建設の回し者か」と言われました。私はあのプロジェクトにY建設からY社の立場で出向して行ってる訳です。それなのにY社はY建設に文句を言うんです。

泉　　　皆身内だけど，Y社としてはオーナーとコントラクターという図式だから，Y建設がA建設よりの発言をすると，お前はコントラクターの味方をするのかと言われちゃうんでしょうね。

堀野　　次の日に，高橋社長に手紙を書きました。

泉　　　それは，申し訳ないことをしました（笑）。

堀野　　受注時は設計・施工方式で始まり，契約時でコンストラクションマネジメント方式に変わってしまったけれども，面白いことに，Y社としてはそういう風に思っていませんでした。

泉　　　面白い話ですね。

堀野　　そうです。入札時に金額決めて，工事途中から契約方法を変えるという話ですから。

泉　　　結局，今だから言える話ですね。

堀野　　設計・施工方式からコンストラクションマネジメント方式に変わったということは，Vプロジェクトで成功したからだということも関係してますか？

泉　　　そうです。

堀野　Vプロジェクトでは，こういう方式ではなかったように思いますが。
泉　いや，同じです。
堀野　いや，でもAプロジェクトの場合には，途中でフィーを乗せるみたいな話になったじゃないですか？
泉　それはVプロジェクトの経験から，そうしないと間違いなく最終プロジェクト決算が赤字になることが分かっていたからです。VプロジェクトもAプロジェクトも積算の段階ですでに赤字で，なんとかしなければならなかったんです。当時は，本社指示による最終決算での利益のボトムラインが4％でした。海外本部長から「リリーフはたくさんいるから，ダメだったら帰ればいい」とかいろんなことを言われて，「分かりました。とにかく頑張ります」というようなノリでした。40歳になったばかりでしたからね。
堀野　ああ，なるほど。先ほどのコンストラクションマネジメント方式の話に戻りますが，Y社はもともと，自前で建設の人間を保有していたんです。とくに工場は，協力会社ということで配置しています。それ以外にも，直営で工場の設備を保全する組織を保有したりしています。
泉　そうですよね。工場の設備は，一般的に会社自らの手で保全・維持が行われています。そこに資産特殊性ということが関係してきます。ある会社とある会社が生産に関して取引関係があり，資産特殊性のあるものが介在するときに取引コストは大きくなります。例えば，プラント建設会社とある石油会社が長期的な契約関係にある場合，プラント建設会社はその石油会社のプラントをつくる技術やノウハウを蓄積するようになり，石油会社はプラント建設会社に頼めば何でもやってもらえるようになるけれども，プラント建設会社の機会主義に晒される可能性があります。それを資産特殊的関係と言いますが，そういう関係になると，プラント建設会社は石油会社に対して，交渉優位性をもつ可能性がある。だから，石油会社はなるべくそのような関係になることを避けようとします。Y社は，施設をつくり，維持することを自分達でやろうとしたんですね。
堀野　そうです。もともとY社は，設計に関して大手のN設計，建設はD建設といったところを使ってずっとやってきています。難しい大きな仕事は当然スーパーゼネコンに任せるんですが，一般的な建設は自前の子会社でやるということになってきました。
泉　設計・施工方式は，建設行為を全て市場に任せてしまうということです。でも考えてみると，資産特殊性の高い，例えば，工場を全部任せるというのはすごいリスキーですよね。だから，資産特殊性が高いと思われる施設はコンストラクションマネジメント方式で実行すべきです。その方がオーナー，コントラクター間の取引コストが小さくなるからです。私の仮説ですが，この間にあるのが中間組織で，設計・施工分離方式です。本来，設計と施工双方を任せていいものは，複雑でない一般の住宅・倉庫等，簡単なものなんです。日本では，何でもかんでも設計・施工方式でやろうとします。その理由は取引コストが小さいからです。これはどういうことかというと，信頼が関係しているからです。信頼関係があると，機会主義を緩和するので取引コストを削減するんです。

堀野　信頼してないと，いろんなことを検査して，確認しないといけませんよね。
泉　そうです。確認しなくちゃいけない。本当にやってくれるかどうか調べる必要がある。設計・施工方式の場合は，A建設やB建設だったらやってくれるだろうと信頼しているんですね。本来だったら，全部自分でやった方がいいんです。
堀野　なるほど，そうだと思います。
泉　取引コスト理論を適用すると，基本的に3つのプロジェクトマネジメント・システムが存在することを説明できます。自分の組織で実行するよりも，市場調達の方がコスト的に有利であれば，市場調達します。市場調達か，それとも自分の組織でやるか，つまり垂直統合して行うかどうかという理論です。この理論をプロジェクトマネジメントに適用して，設計・施工方式は，基本的に全部市場調達する，コンストラクションマネジメント方式は全部，自ら組織でやるマネジメントシステムと解釈されます。A建設には設計・施工で培われたその能力があるから，米国に行っても設計・施工分離方式やコンストラクションマネジメント方式での対応をすることができる。ところが，日本的に設計・施工方式で特命発注で頼まれると，非常に難しい。この違いと，取引コスト理論が建築のプロジェクトマネジメントに機能していることを説明しようと考えています。
堀野　取引コストね。A建設，B建設，D建設は，それぞれ米国でのやり方が違いましたね。
泉　A建設が一番日本的にやろうとしたんです。
堀野　B建設さんは完全に現地化していましたね。
泉　そうですね。D建設は，現地会社に全て任せていました。
堀野　もう最初から明確なオーナーズレップ[53]型コンストラクションマネジメントみたいな感じでした。
泉　D建設は，CT社という米国の会社を買収したんです。A建設は，小山さんが日本人中心の組織にリードしました。私も含めて，米国のビジネススクール出身者や留学者を配置して事業展開しました。今考えると，自己満足的なものだったようにも思います。
堀野　難しいところですね。ところで，取引コストが少なかったら成功なんでしょうか？
泉　この取引コストは，結果的に発生したか，発生しなかったのか分からない部分もあるんです。
堀野　問題が起きたら，当然取引コストが増えたと考えるのですか？
泉　そうです。だから，書かせて頂きました。事故のインパクトは大きいですから。あの事故の理由でどれだけ無駄なコストがY社さん，A建設の間に発生したか分かりません。実際，工事は中断され，暫くの間ステークホルダー間のコ

---

[53] 'owner's representative' の省略語である 'owner's rep.' の日本語。オーナーとコントラクター間で，オーナーに設計・施工に関する管理能力がない場合の代理人を指す。コンストラクションマネジャーよりも業務範囲が広い。

ミュニケーションは中断されました。
堀野　結局，被害者側から告訴は取り下げられたんですよね。
泉　結構，悩ましい話がありました。堀野さんもご存じのお世話になったY社の重役から連絡があって，「名前を出さないように，裁判沙汰にならないようにして下さい」と言われました。決着したときに私は日本に帰任していました。米国から連絡があって，「裁判になる可能性があるので，泉さんもそのときには召喚されると思います」と言われました。結局裁判沙汰にはならず，保険でカバーされました。保険金が1億円ほど支払われたと聞いています。
堀野　悩ましい話です。原因は何だったでしょうか？
泉　サブコン，協力会社の問題です。彼らが安全管理上の処置を怠った。しかしながらあの当時，米国の契約における実態上の解釈では，売上税免除の関係でA建設は契約上，Y社さんの購買代理人という位置づけだったんです。プロジェクトマネジメント・システムも設計・施工方式からコンストラクションマネジメント方式に変わった。Y社とA建設は，契約上，設計・施工方式とコンストラクションマネジメント方式という，どちらとも解釈できる曖昧な契約関係を取り交わしたということです。私はあのときに勉強だと思って，弁護士とかなりやり取りをしたので，経緯をよく覚えています。Y社，A建設の弁護士同士が話し合って，最後に，リーガルフィクション（leagal fiction[54]）ということにして，A建設は，契約の実態上では，Y社の購買代理人で，プロジェクトで必要な購入資材費用と労務費用を分けて，Y社に報告するということになった。しかしながら，総じて，入札の経緯や日本的な取引関係から，設計・施工方式的対応を暗黙的に実施することになり，事故の際の一連の対応も設計・施工方式的対応をしたんです。
堀野　そうですね。これだったら間違いなくそうです。
泉　そもそも，サブコントラクターの安全上の責任なので，彼らの保険でカバーされるべきものだったんだと思いますが，契約上の賠償責任の関係で，契約上A建設が賠償責任を取らされました。拒絶したら，民事裁判になる可能性があった。契約の実態上，本来は，Y社の工事保険で対処すべきだったように思います。しかしながら，A建設の加入していた保険[55]でカバーされることになったんです。
堀野　あ，なるほど。
泉　よく考えたら，A建設ではなく，米国の建設会社だったとしたら，賠償責任は，間違いなくオーナーだということになったと思います。A建設が加入している賠償責任保険でカバーしたので問題にはならず，Y社の名前も公に新聞に載ることもなかった。A建設ではなく米国の会社だったら，契約を盾に取り，恐らく機会主義的な行動を取ったと思います。購買代理人としての責任ではな

54　法律用語。ある特定の事実が認められる場合に本質的には性質の異なる他の法律効果と同一の法律効果を認めること。
55　賠償責任保険（general liability insurance）。一般的にゼネラルコントラクターが加入している保険。包括的に工事段階で発生するゼネラルコントラクターに帰せられる賠償問題をカバーする。

	く，オーナーであるY社が負うべき責任であると主張したと思います。
堀野	なるほどね。不思議ですけど，Y社はコンストラクションマネジメント方式と思っていなかった。
泉	米国人は，コンストラクションマネジメント方式の契約と思っていたはずです。だって弁護士がいますからね。A建設は，間違いなく購買代理人でしたから。
堀野	泉さんのプロジェクトは，毎回何か起こりますよね。
泉	そうです。何だか知らないけど必ず起こるんです。でも最後は必ずまとめ上げる自信があったから，あのときも何とかなるだろうと思いました。でも，事故の件は対応が本当に大変でした。米国から帰任して結末を迎えたんですが。
堀野	私もあの後，結構ずっと痛い目にあっている気がしますね。ところで，面白いことに，Y社の日本人は間違いなく設計・施工方式であると思っていた。
泉	それは重要な話で，結構面白い。聞かせてください。
堀野	Y社とA建設の関係は設計・施工方式ですよね。でも，オープンブック[56]で支払い方針等は間違いなくコンストラクションマネジメント方式ですね。
泉	そうなんです。堀野さんが分かってくれていればいいと思います。
堀野	木下さんは分かっていないかもしれないけれども，事務担当は分かっていたかもしれませんね。どうだろう。
泉	分からないと思います。A建設も分かっていなかったと思います。先程も話したように，弁護士に相談したとき，A建設はゼネコンなのか購買代理人なのか不明でした。ゼネコンなのに購買代理人としてやるというときに，オープンブックの問題をどう解決するかが課題でした。私は，原契約に準じて，施主に対してオープンブックになるけれども，ちゃんと追加変更の諸経費と利益の諸条件が満たされれば，別に問題ないと思いました。日本じゃないので，オープンにしても原価がどうのこうのと細かく見ないと思ったんです。本当はどうなるか分からず，A建設はこんなに儲けていると思われる可能性もあった。しかし，そのときは，入札で見積もり上は赤字だったので，オープンブックになれば，工事原価の状況が悪くなれば，追加工事の承認を強く頼めるとも考えました。当時，A建設の本社側は，米国現地法人の契約締結に関して追認で細かいレビューはしなかった。今考えるといい加減ですね。当時，40歳の社員の独断で走っていた。私は日本的信頼にかけたということです。
堀野	でも，オープンブックながらも，追加工事は全て4％もらったんですよね
泉	そうです。サブコントラクターと契約をしたら，結構，契約金額は下がるんです。見積もり上は赤字受注だけど，下請け契約時の原価圧縮と追加工事で4％の諸経費をもらって行けば，何とか利益を出せると思いました。実際，工事完了時には4％になったんです。
堀野	そうですか。
泉	実行予算を組むときに，客先から貰えるお金には限界があるので，それに対し

---

[56] 原価がオープンになること。

て，完了時に4%の利益を出すためには，下請け契約時の原価圧縮，追加工事の4%に当たる諸経費の承認，そして追加工事に関する原価圧縮のためにサブコンとの交渉でした。サブコンから追加工事が発生するので，うまく調整しなければならなかった。自分が最初から関与しているプロジェクトに関しては，私は赤字工事を全て黒字にもって行ったんです。Vプロジェクトの外構工事のサブコンは，二度とA建設とは仕事をしたくないと言ったそうです。私はそれを聞いて何となく誇らしかったですけどね。

堀野　なるほどね。場合によっては，海外ではこういうケースが意外といいのかもしれませんね。日本でやると，こんなの追加じゃないだろうと言われたりしますから。

泉　ええ，そう思います。米国に行けば，米国の商習慣上に乗っかるから，設計・施工分離方式やコンストラクションマネジメント方式でオープンブックの方が，結構やりやすい可能性があります。

堀野　Vプロジェクトに比べて，Aプロジェクトでは，A建設の対応が悪いと言われていました。事故が発生したしね。それから，何か指示を出そうとしたときに，Yエンジニアリングは言われたら金も関係なくすぐにやるけど，A建設はやらないと言っていた。

泉　そりゃ，できないですよね。

堀野　だから，その差をものすごく言われたんです。やっぱりどこかで食い違ってきちゃったんですね。

泉　結局，今だから言えるんですが，私は，何かあったら，米国的にドライな対応をしようと思っていました。基本的にビジネスの土壌が米国にある場合は，米国的に契約に則って対応する必要があります。その上で日本的な設計・施工方式的な対応をすると客先は喜ぶ訳です。

堀野　そうですね。米国の建設会社は提案してくれないのに，日本のゼネコンはいろいろと提案してくれる。お客さんが何を期待しているか理解して，設計・施工的対応で痒いところを掻いてくれるという訳ですね。今，米国で動いているプロジェクトでは，米国のゼネコンと米国の建設会社に勤務していた日本人が興した会社を使って，プロジェクトをやっています。Y社もY建設もスーパーバイザーを出しています。今では，Y建設から技術屋を3人も出しています。

泉　いや，それは，正しいと思いますよ。結局，変形的なコンストラクションマネジメント方式ですよね。

堀野　ええ。暫くの間，米国のような先進国で工場をつくるのに，日系ゼネコンを使う必要はないという方針で来てました。恐らく，管理するY社の人のレベルが落ちている可能性があります。

泉　オーナーもいろいろ分かって学習しますが，軌道を元に戻すのは大変だと思います。でも，そこで，軌道修正しようとしないと，絶対変えられないですね。将来的にY社がどうするのか，興味のあるところです。ところで，Aプロジェクトは，生産機械周りのプラットフォームをつくるということで，エキスパンドメタルを使用した施工になりました。もともと，Y社でやるということに

	なっていたと記憶していますが，生産機械が据え付けられてからの工事だから，プラットフォームが機械といろいろなところで干渉するので，機械に影響を与えないように施工することは，本当に大変でした。
堀野	そうですね。
泉	ええ。Y社さんは，プラットフォームをグレーチングのような単位ものを敷き詰める綺麗なものを想定されていたと思うのですが，プラットフォーム形状が複雑なこととコストの理由で，グレーチングではなく，エキスパンドメタルの加工溶接になりました。現場の工事段階で，滅茶苦茶言われたことを覚えています。あれもA建設への評価に影響したひとつだと思います。
堀野	あのとき，私は問題を聞かされても，そこまで把握できていなかった。エキスパンドメタルの現場加工は，そりゃ難しいですよ。日本でやってるものをそのまま持っていくのは難しい上に，日本で見せようと思ったら，見ちゃ駄目だと言われるし。
泉	Aプロジェクトは，コンストラクションマネジメント方式で，しかもA建設の立場は購買代理人だったので，何かいろいろ面倒くさいことを言われたら，私は最後にそれを盾にとって乗り切ろうとしたんです。承認されたことに関しては，Y社，A建設は，一緒に協議しながら解決して行く関係でした。Vプロジェクトと比べるとAプロジェクトは，自分が直接現場をコントロールする立場でなかったので，A建設の対応が迅速でなかったような気もします。
堀野	Y社側で大きく違うのは，組織の違いですね。化学製品系とテキスタイル系の違いです。テキスタイル系はY社の王道ですが，化学製品の部隊は中小会社の社長みたいなものです。だから化学製品の部隊と，テキスタイルの部隊では，メンバーの質が全然違うし，マネジメントの違いは本当に大きいものがあります。
泉	確かに違いました。
堀野	ただ，Y社のプロジェクトは，設計・施工方式で日系ゼネコンに発注するという方針で進んでいました。間違いなく最初の方針はそうだったんです。ただ契約自体は，そうじゃなかったのかもしれません。私も含めて，Y社の認識としては，プロジェクトは設計・施工方式でやってもらっていると認識していました。
泉	その認識のずれは面白いです。VプロジェクトとAプロジェクトの違いは，建屋のなかの生産機械の違いです。Aプロジェクトの工場は，プロセスプラントにより近く，建屋のなかにプロセスプラントがあった。そもそも機械・機器中心で考えられている建物なので，プラットフォームは付属施設みたいなもので，Y社が機械の接続，調整を考慮しながら，うまくやった方が良かったように思います。生産機械が据え付けられてからプラットフォームを建造するのは，米国では至難の業でした。
堀野	Aプロジェクトは最初から内部的にA建設さんを使おうということで始まってたんです。
泉	そうなんですか。
堀野	Vプロジェクトで成功してたし，Aプロジェクトは失敗できなかったから。
泉	入札後，「一番高いですよ」という電話が来ました。「手抜いたんじゃない」と

	か言われて,「いや,そんなことないですよ」と返答しました。皆スタッフ全員で取ろうとしてました。
堀野	A建設がいいという声があったんです。それで,皆納得した。
泉	誰が言ってくれたんですか？
堀野	あのときは当時の吉田専務だったかな？　Vプロジェクトで実績があると説明してました。新規の業者は,リスクがあるので難しいから。
泉	難しいですよね。1回やって慣れた同じ人がやるのであればいいというのが一般です。
堀野	それが,毎回,毎回,同じということになると,また問題なんです。
泉	そうでしょうね。毎回やると,相手も慣れるからと言われました。最初成功すると,次もちゃんとやってくれと話が進み,それで長期の関係ができる。だけど,長く続くと緊張感が欠けてまずいこともある。それが取引コストと関係してきます。
堀野	そうですね。Y社はAプロジェクトの1期工事までは,やはり,日系ゼネコンということにこだわっていたと思います。一番最初にR州でのプロジェクトでB建設と米国のFD社を使ったときは,大失敗しているんです。Y社としては,プロジェクト決算は結果的に予算をオーバーしたと聞いています。そのときに担当していたのが,当時の有田専務や現社長なんですね。それで,Vプロジェクトのときには,会社ではなく,要は,誰がやるかが重要だということで,有田専務が来て面接をやることになった。そしたらそこに泉さんが来られて,この人であればということでA建設に決まったんです。
泉	それは有難うございます（笑い）。Vプロジェクトがうまくいった理由のひとつは,私と堀野さん2人がよくコミュニケーションを取りながら,進めたからだと思います。状況によりますが,プロジェクトの意思決定は,決定事項を真摯に受け止めた少人数でやった方がいいと思います。人がたくさんいると,コンセンサスを取るだけで時間と労力を必要とする。例えば,承認のハンコをお願いしなかっただけで腹を立てる人もいるじゃないですか。それで,その人が納得しないで,ああだ,こうだと人に言う訳です。大人数を調整するのは非常に難しい。
堀野	そうですね。
泉	20年経っても,プロジェクトを巡る状況が変わっていないのは面白い。組織の根本は変わらないですね。
堀野	確かに。
泉	私の書いたことが,本当かどうかという問題があります。私の記憶に基づいて書いているので,信憑性の担保が必要です。書かれていることがほぼ間違いはなく,あった事実としては間違いないという意味で,堀野さんとのインタビューは重要なんです。
堀野	なるほど。
泉	堀野さん,今日は長い時間をかけて貴重なお話,本当に有難うございました。
堀野	こちらこそ有難うございました。いい本になることを期待しています。

2.3 Z社Nプロジェクト

2.3.1 プロジェクト概要および背景

工期（設計工期含む）	1999年3月～2000年9月
工事金額	28億円
工事規模	敷地面積498,000m²　建屋面積30,700m²
工事場所	N州D市
建物用途	自動車用AT生産工場
プロジェクトマネジメント・システム	設計・施工方式
筆者のプロジェクトにおける責任	プロジェクトダイレクター

関係する主な会社

●Z社（オーナー）

Z社は，S社と米国企業の合弁会社として1969年に設立された[57]。自動車用AT[58]，カーナビゲーションシステムを開発，製造，販売する会社であり，2014年3月期売上高1兆530億円を上げる大手自動車部品メーカーである。当時，米国で人気が高く，旺盛な需要が見込める高級車対応の機械装置製造工場を米国の南東部地区に建設する予定があるということで，1998年から，A建設はZ社のために敷地選定を始めとする支援業務を開始した。1987～1989年に，A建設がM州D市でZ社のR&Dセンターを設計・施工で実施した経緯[59]から，特命による設計・施工方式での受注が期待され，A建設全体で対応した。

●A建設（コントラクター）

本プロジェクトは，M州D市にてX社米国本社ビルプロジェクトのプロジェクトダイレクターであり，北東部拠点長を兼任していた古山氏によって営業的な対応が行われていた。その後，敷地選定，プロジェクト積算，設計段階と進行する間に対応が難しくなり，建設場所のN州D市に近い南東部拠点に引き継がれ，プロジェクトは筆者に任されることになった[60]。当時，南東部地

---

[57] S社の関連会社であるが，S社単独と比較すると売上高はほぼ変わらず，経常利益額や従業員数は上まわっている。T自動車製造高級車に搭載されている4Wハイブリッドシステムを開発・生産するなど自動車部品メーカーで唯一ハイブリッドシステムの製品化，販売を行っている。

[58] 'automatic transmission'（オートマチック・トランスミッション）の略語。

[59] 筆者が1987年から1988年まで，設備設計の担当者として従事した。

第 2 章　米国における建築プロジェクトマネジメント

プロジェクトの関係者

オーナー		Z社	村田正雄 (現地法人社長)	岩佐秀行 (工場長)	横山　勝 (施設部長)	加藤隆介 (技術主任)
コントラクター	設計・ 設計監理	A建設	佐藤和弘 (名古屋支店 基本設計)	加藤　実 (名古屋支店 設計監理)	岡田一郎 (米州支店基本・ 実施設計)	
	施工	A建設	古山　真 (米州支店 北東部拠点長)	泉　秀明 (米州支店 南東部拠点長)	斎藤恵一 (プロジェクト ダイレクター)	John Lazau (プロジェクト マネージャー)

プロジェクト契約関係

図 2-3　Z 社 N プロジェクト契約時組織関係図

区において幾つかのプロジェクトが動いていたが，最大顧客である T 自動車グループに所属する会社から特命・随意契約による設計・施工方式での受注可能性が大きいということで，当時の米州支店長から直々に対応するように指示があった。当時，筆者は，米州支店南東部拠点長の職位にあったため，自らプロジェクトマネジャーの役割を果たすことはできず，プロジェクトマネジャーは，当時，前述の M 州 D 市で建設中の X 社米国本社ビル建築技師を担当していた斉藤氏が担当となった。斉藤氏とは以前，X 社 G プロジェクトで一緒に働いた経緯がある。

2.3.2　プロジェクト入手段階：1998 年 4 月～1999 年 3 月

　T 自動車グループは，A 建設にとって，K 社，S 社と並ぶ最大顧客である。歴史的に多数のプロジェクトを受注してきており，特命・随意契約，設計・施

60　筆者はこれまで，営業段階から関与しているプロジェクトを実行することがほとんどであった。本プロジェクトは，営業段階，企画・基本設計はデトロイト支店で担当し，基本設計の途中，実施設計から引き継いだ。

工方式で発注されるプロジェクトが多く，細心の注意を払って対応する必要があった．A建設は，日本を始めとして，世界各国でT自動車グループの生産施設を建設してきており，とくに北米においては，T自動車カナダ工場を始めとして，関連会社のS社，ND社，TG社，TS社，Z社等々，各社の生産施設を多数建設してきた．本プロジェクトは当初，入札という情報が入っていたが，Z社の生産工程の関係から，特命・随意契約，設計・施工方式で実施するプロジェクトとなった．T自動車グループ企業からの特命工事ということで，A建設前名古屋支店長で当時本社の副社長を務めていた藤山副社長，瓜川米州支店長[61]を始めとし，設計窓口として名古屋支店設計部，営業窓口として名古屋支店M営業所が関与し，複雑なコミュニケーションを要するプロジェクトとしてスタートを切った[62]．

2.3.3 契約・設計段階：1999年4月〜1999年9月

　日本的な設計・施工方式によるプロジェクト実施の場合，契約がいつ行われるかは，ほとんど問題ではない．ひどい場合には，プロジェクトが竣工近くになり，契約されていないことを知って，契約書にサインしたという話を聞いたことさえある．このZ社プロジェクトに関しても同様で，発注書を受領した後に設計・建設工事が進み，契約書に互いのサインが入ったのは，プロジェクトが進んで建屋工事が終了した頃であった．企画，基本設計は，A建設名古屋支店設計部と米州支店の協同作業でまとめ上げられた．敷地選定が二転三転し，その度に基本設計がやり直され，それに応じて，建設概算見積金額の訂正が行われた．1999年3月，基本設計の最終確認がZ社の本社で行われた後に実施設計が開始された．

　米国での設計・施工方式は，英語ではデザインビルド・システム（Design Build System[63]）と呼ばれ，設計事務所とゼネラルコントラクターが契約により一体化してプロジェクト対応を行う．日本においては，一般に会社内部に施工組織と設計組織が存在してプロジェクトを実行する．日本で設計・施工方式が成功する確率が高い第1の理由は，オーナーとコントラクターが長期的な信頼関係で結ばれており，機会主義が入り込む隙がないからである．加え

61　瓜川米州支店長は，T自動車カナダ生産工場（1985-1987），イギリス生産工場（1988-1991）等，T自動車大工場におけるプロジェクトダイレクターを務めた．T自動車グループの仕事ということで，見積もり提出に際しては，細心の注意を払い米州支店長が，1週間現地に滞在して見積もりを作成する等の対応を取った．
62　第1回目の設計打ち合わせは，1999年3月末にZ社の本社で行われた．
63　第5章5.5 "日米における建築プロジェクトのマネジメントシステム比較" を参照．

て，特命・随意契約という発注形態は，更なる信頼の上に成り立っている。第2の理由は，設計と施工の細部における調整である。例えば，客先からの設計情報が遅れて設計工程，施工工程に影響を与えそうになっても，同一会社内の設計部門と施工部門での細部にわたる擦りあわせ調整によって，工期・品質に影響が出ないようにプロジェクトがリードされる。設計事務所とゼネラルコントラクターが契約によって一体化して行われるデザインビルド・システムとの大きな違いである。組織が違えば，情報の非対称性が存在し，機会主義が発生する。設計と施工での調整は行われるが，違う組織間の調整であって，同一組織内の調整のようにはいかない。実施設計はN州R市にあるアルケイデス（Arcades[64]）というエンジニアリング関係に強い設計事務所に建築・構造部分を任せた。建築設備，生産機器サポート設備の設計に関しては，当時，同じ地区でSD社接着剤製造のプロセスプラントプロジェクトを受注しており，その設計を担当し，過去において何度もA建設と仕事をしてきたL&G社[65]に任せた。将来的にN州，R市・D市地区で増加が予想されるプロジェクト対応のために，新たにN州に根を下ろす設計事務所と意図的に設計契約を締結した。

2.3.4　工事段階：1999年8月～2000年9月

(1) プロジェクトを巡る組織関係

本プロジェクトにおける特殊事情は，組織間関係であった。他のプロジェクトとの明確な違いは，プロジェクト受注からプロジェクトの実施にあたり，Z社とA建設の間で多くの部門が関わっていたことである。Z社側においては，施設部と米国現地法人である。これは，一般的であり他のプロジェクトも同様で，X社GプロジェクトにおいてはX社の米国現地法人，Y社AプロジェクトにおいてはY社の米国現地法人であった。これらのオーナー側の2つのパーティーに対して，一般的にA建設米州支店のプロジェクト実行組織としては，営業段階においては，国内側に存在する米州支店の営業部隊の支援を得ながらコミュニケーションをとるが，契約・設計・施工段階になると，プロジェクトチームが主体となり，直接オーナー側のプロジェクト担当窓口，並びに会社の現地法人担当者とコミュニケーションをとりながらプロジェクトを進めることが一般的である。そうすることで，コミュニケーションの窓口一本化が図られ，プロ

---

[64] https://www.arcadis.com/en/global/　（2017年1月10日確認）．
[65] A建設の様々な生産施設プロジェクト設計を行ってきた大手のエンジニアリングに強い設計事務所（architectural and engineering firm：A/E firm）．

ジェクトチームが主体性を発揮でき，プロジェクトマネジャーがプロジェクトをリードすることができる。

Z社プロジェクトにおいては，A建設側に問題を抱えていた。まずは，Z社はA建設名古屋支店の設計・施工の対応に慣れており，それがA建設の設計・施工方式的対応であると認識していた。したがって，建築プロジェクトの建設場所がどこであろうと，日本で受ける対応と同様な対応が受けられると考えていた[66]。ところが米国においては，設計・施工方式的な施主対応はできるけれども，日本における対応と同様に実行することは，米国におけるサプライチェーンの事情があり組織的に難しい。この2面性のためにA建設は，プロジェクト当初からプロジェクトをリードできない状態にあった。さらには，A建設米州支店内部でも，筆者が北西部拠点からプロジェクトを引き継いだということもあり，最初から関わっていないために，オーナー側とのコミュニケーションにおいて2面性を示す状況になっていた。つまり，相手側が機会主義的に動こうとすれば，A建設側の2面性をうまく利用することができたのである。A建設としては，組織として主体性を発揮することができず，プロジェクトをリードできるような組織形態になっていなかった。筆者は，自分の判断で動く際に，A建設の米州支店営業部，名古屋支店，さらには，北西部拠点長の古山氏にコンタクトを取らなければならない状況にあった[67]。筆者は体制の2面性，コミュニケーション上の2面性のために，相当の苦労をすることになったのである。

(2) 度重なる品質問題

Z社は，米国N州の地においても，特命発注の設計・施工プロジェクトであるということで，日本にある生産施設の品質が実現されることをA建設に対して期待していた。建築プロジェクトを日本で実施する場合においては，長年の歴史のなかで培われてきた協力会社とのサプライチェーン・マネジメントと人的な交流により暗黙知をベースにしたコンセンサスがあるため，あるレベルの品質維持に関しては，意識が共有されており，協力会社（サブコントラクター）に対して，マネジメント上で苦労することはない。換言すると，設計図面や仕様書のことで，協力会社に対して細かいことを指示しなくても，期待される品質は，達成されるということである。

---

[66] 機会主義的にいえば，Z社はA建設から建設場所にかかわらず同様なサービスを提供してもらわなくてはならないと考えると思われる。横山氏が状況を説明している。本章"Z社Nプロジェクト関係者インタビュー記録"を参照。

[67] 本章"Z社Nプロジェクト関係者インタビュー記録"を参照。

第 2 章　米国における建築プロジェクトマネジメント

　米国においては，プロジェクトごとに，施設が建設される地域の協力会社（サブコントラクター）を入札によって選定していくため，その地域で A 建設とのプロジェクトが継続しない限り，関係特殊性を構築できず，1 回限りの付き合いで終わってしまうケースが多い。日本でいうところの組織としての品質維持というものが，先進国であってもできにくいのである。この問題点を防ぐためには，とにかく，設計図書にできるだけ，詳細に品質仕様を示すことが必要になる。つまり，できるだけ，実施設計図面を詳細にし，仕様書にもできるだけ，具体的な記述が必要となる。Z 社プロジェクトにおいては，特命の設計・施工方式でのプロジェクトということもあり，筆者も含めて，A 建設国際設計部，T 自動車グループに対する営業窓口である名古屋支店 M 営業所のスタッフ等と日本にある工場を見学する等，米国でも日本同様の品質を実現するためにできる限りの対応をした。しかしながら，施設がほぼ出来上がり，Z 社の機器が搬入され始める段階において，Z 社が満足するには至らない，多くの品質的問題が生じてしまった[68]。

(3) T 自動車式トレーサビリティ

　プロジェクトが竣工間近になり，竣工自主検査の段階で，照明用配電盤ブレーカー（20A 回路用）の不良品が発見された。スプリングの動作不良により，本来の機能（トリップ機能）が発揮されなかった。自主検査の段階でこの程度の問題は，度々発生することであり，部品交換をすれば済む問題である。A 建設は，もちろんブレーカーを交換することで対応しようとした。しかし，どのようなルートで Z 社側に情報が遺漏したのか定かではないが，本件が Z 社側の知るところとなった。プロジェクト開始から現場に常駐していた Z 社の加藤氏から呼び出しを受け報告したところ，約 1 週間後に，再度呼び出されて指示を受けた。T 自動車グループで徹底されているトレーサビリティ[69]の観点から，どの製造業社が，いつ，どの工場で，どの生産ラインで発生させたのかを，調査せよとの指示であった。

　ブレーカーは GE 社製のものであり，米国の電材代理店を通じて，電気工事のサブコントラクターに納入されたものであった。前述したように，この程度の問題は米国においては，たびたび発生することで，部品交換で済むことである。また，竣工後 1 年間は瑕疵保証期間であり，期間中に故障が発生したとし

68　特命の設計・施工であるからという側面もあるが，他のプロジェクトに比較して，多くの品質的クレームが生じた。
69　物品の流通経路を生産段階から最終消費段階あるいは廃棄段階まで追跡が可能な状態を意味し，日本語では追跡可能性と呼ばれる。

ても無償で部品等の交換が行われる。だがZ社の意図は，本格的な生産体制に入った際紛れ込んだ不良品のために生産に影響が出ることがないよう，竣工前の根本原因追跡により，工場で使用される様々な設備機器の不良品を根絶するという根本的な予防保全が狙いであった。竣工間際になり，Z社の米国人マネジャーやスタッフの数がだんだん多くなり始めており，T自動車を筆頭とするT自動車グループの品質管理の姿勢をローカルスタッフに示す機会であったようにも思う。

筆者は，一般的に発生する部品故障に関して日本でも行われることがないようなトレーサビリティ観点で，米国のサブコントラクター，ベンダー，製造元に対する調査は不可能であるとの回答をした。加藤氏からは，問題が発生したときの根本原因追究は，T自動車グループの方針であり，絶対に実施しなければならないという強い意思が示された。筆者は，電気工事のサブコントラクター，ベンダーを呼んで，世界のT自動車が指示していることなので，ぜひ協力してほしい旨，担当者に伝えた。米国人担当者は，当初，余計な仕事で納得がいかないようであったが，T自動車の指示ということで調査を引き受けてくれた[70]。結果的には，W州にあるGE社の下請け工場で生産されたブレーカーであることが判明したが，そこで生産されたブレーカーに関して，それ以上の突っ込んだ調査をすることはできなかった。加藤氏は弁護士を通じてでも，調査するという意思を示したが，その後，本件に関して触れられることはなかった。

2.3.5 工事終了後：2000年9月以降

本プロジェクトは2000年9月30日に実質完了[71]し，10月に竣工式が行われた。筆者は同年10月中旬に帰国となり，日本において，北米，南米地域の営業窓口を担当することになった。しかしながら，帰国後1週間，再び，米国への出張が命ぜられた。原因は，実質工事完了後の残工事の終了状況が芳しく

---

[70] 当初A建設の品質方針ということで話を進めていたが，サブコントラクター，ベンダーとも，「ここは米国だ」という態度で一貫していた。A建設米州支店の弁護士にも相談したが，米国のシステムは米国のシステムということで，彼らも考え方は同じであった。しかしながら，Z社からT自動車の方針ということを伝えたところ，サブコントラクターとベンダーの対応が変わった。T自動車の影響力である。

[71] 英語では，サブスタンシャル・コンプリション（substantial completion）と呼ばれる。各種法規・保険，ユーティリティ使用の観点で建築物が使用可能の状態になったときに，多少の残工事が残っていたとしても，オーナーとコントラクターの話し合いのなかで，建築物はコントラクターからオーナーへ引き渡されオーナーの管理下に入る。それ以降の残工事は英語でパンチアイテム（punch item）と呼ばれる。

なく，フォローアップをせよとの幹部筋からの指示であった。当時，本社から1名，名古屋支店M営業所から1名の社員が派遣されて，プロジェクト残工事のフォローアップを実施していたが，なかなか成果が上がっていなかった。

理由は簡単である。言葉の問題と工事を実行する場合のシステムの違いであった。応援の人間が入り，プロの目で様々な問題点を指摘したとしても，問題点が工事担当のサブコントラクターに伝わらなければ意味がない。工事が完了して，いったん工事現場からサブコントラクターが撤退すると再動員にはコストがかかるため，指摘事項がどうであれサブコントラクターの動きは鈍くなる。日本からの出張者は，日本の品質管理の目で様々な問題点をピックアップするが，そもそもその指摘事項の品質レベルが，サブコントラクターとの契約内となっているかどうかまで把握していない上，言葉も通じないために，現場組織はコミュニケーション上，完全に混乱に陥っていた。

11月中旬まで約1ヵ月滞在し，プロジェクト残工事終了の目途をつけたが，帰国後営業部に配属され，今度はことの顛末としての報告を横山施設部長に行う任務が課せられた。当時，海外プロジェクトの営業部門は国際業務室という部署で行われていたが，執行役員国際業務室長の米田氏が同行して，2000年の師走も押し詰まった時期にZ社の本社を再度訪問した。報告は，淡々と行われたが，横山部長から米田氏への営業対応に関する叱責は現在でもはっきりと記憶している。筆者は，その3ヵ月後にA建設を退職した。

Z社Nプロジェクト関係者インタビュー記録：横山　勝氏

泉　　どうも久しぶりです。お忙しいところすみません。本日は宜しくお願いします。
横山　こちらこそお久しぶりです。
泉　　前もってインタビュー内容はお知らせしてあったと思いますが，研究の目的を簡単に説明させていただきます。プロジェクトマネジメント・システムには，3つの基本的方式が存在します。そのうちの米国で発生したコンストラクションマネジメント方式は，なぜ，日本で展開しないのかということを，私が実施した米国でのプロジェクトマネジメントに事例を求めて，理論的に明らかにすることです。
横山　日本で設計・施工方式の割合は多いの？
泉　　多いですね。いろいろと調査しましたから。米国では設計・施工方式が27％，コンストラクションマネジメント方式が17％，設計・施工分離方式が56％で半分を占めます。日本には正式なデータがないんで，私が国交省からのデータやコンストラクションマネジメント協会へのヒアリングからのデータを分析したところ，設計・施工方式が48％，設計・施工分離方式が51％，コンストラ

	クションマネジメント方式が1%程度でほとんど無いことが分りました。
横山	コンストラクションマネジメント方式が少ないのは分からなくもないけど，設計・施工方式は，結構，差があるんですね。
泉	日本の場合，都市部のデータをとくに調査し，2015年から2020年にかけて竣工が予定されている東京23区の10,000 ㎡以上の建物を350件くらい全部調べました。そうしたら，コンストラクションマネジメント方式は僅か1件，米国と比べて日本では普及していないことが分りました。
横山	なるほどね。ただ米国でも17％というのはどうなんでしょう。
泉	都市部は多いですよ。普及しているというよりも，米国では，プロジェクトマネジメント・システムが多様化しています。日本は設計・施工方式が主流で，しかも，ひとつの会社が設計も施工もやるという特色がある。日本でも，国交省が中心となってコンストラクションマネジメント方式を普及させるために，様々な施策が実行されてきました。しかし，普及しているとは言えません。
横山	オーナーという立場で見た場合にどうなんでしょう。
泉	そうなんです。オーナーにとってどうかということが一番重要なんですね。コンストラクションマネジメント方式は，オーナーが設計と施工に対して自ら責任を取ることになります。設計・施工方式は，オーナーに対する設計と施工の責任が，コントラクター側に一元化されます。
横山	加えて，コストが問題になるけれども，コストをどう定義するかが重要だよね。オーナーにとって，イニシャルは仮に高いとしても，ライフサイクルで見たときにどうなんでしょう。設計・施工分離方式でもコンストラクションマネジメント方式でもいいんだけど，私は，オーナーの立場でコストは絶対にライフサイクルで考えるべきだと思う。
泉	そうですよね。
横山	一時的な建設費用じゃなくてね。事務所みたいに小さいものは，はっきり言ってどうでもいい。ただ工場となると違う。大体，平均的な製品ライフサイクルは，10年もなくてせいぜい7，8年。建物は基本的に30年40年，へたすれば50年使うことになる。そうすると，製品が変わった場合の生産ラインに建物をどう適合させるのかということを考える必要がある。建設会社は，そういう点で，生産するということを理解する必要があると思う。
泉	そうですね。コンストラクションマネジメント方式というのは基本的にオーナーが責任をもつという方法です。オーナーがノウハウをもつ生産施設はコンストラクションマネジメント方式でやった方がいいんです。オーナーが，設計と建設に責任をもって実行すべきなんです。T自動車のイギリス工場を建設するときに，A建設の建設技術者は，T自動車の工場建設プロジェクトチームのスタッフとなり，活動しました
横山	言ってみれば，私が長い間所属したZ開発という会社も，どちらかというとそれに近いことをやってきたのかもかもしれない。
泉	Z開発は，コンストラクションマネジメントの会社なんですね。
横山	設計・施工方式では，オーナーから直にA建設に発注されたりするけれども，

	最近は，Z開発を通して発注する。内容は，説明があったようなコンストラクションマネジメント方式だと思う。
泉	コンストラクションマネジメント方式ですね。コンストラクションマネジメント方式といっても様々なやり方があります。今，横山さんの話を聞くと，Z開発は，米国で言われるところのプログラムマネジメントをやっているんだと思います。オーナーにプロジェクトマネジメントをする能力がないんで，様々な建設に関わるマネジメントをZ開発が代行して実行するということだと思います。ゼネコンを直接使用することもあれば，必要に応じて，ばらばらになったサブコンを直接使用する場合もあります。
横山	基本的には，ゼネコンを使用し，生産設備関係は，Z開発が直接，サブコンを使用します。
泉	別途発注でやる訳ですね。やる気になれば，ゼネコンの建屋なんかは，ばらばらに分離発注することもできます。
横山	そうですね。業社への支払いがうちを経由することによって，管理を効かせられるというメリットがある。
泉	そうですね。
横山	オーナーにとっては，フィーの分だけ，コスト的な負担になるけれども。
泉	いや，その分オーナーは楽をしているということです。それを考えると，N州のプロジェクトでは，A建設の名古屋支店M営業所がコンストラクションマネジャーの役割をしていたんです。
横山	そうですね。
泉	この前，関係者と話をしたときに，そういうことだと関係者で納得しました。
横山	いろいろと関係するので，あちらこちらと話が飛ぶよ。
泉	それで結構です。
横山	Z社Nプロジェクトは，失敗であったとしていますが，理由は，中途半端だったからだと思う。米国の工事に慣れきっていなかった。
泉	そうですね。
横山	基本的にターゲットは，日系企業でしょう？
泉	そうです。
横山	となると，中途半端だった。
泉	米国では，当時大手のゼネコンが，様々なアプローチをしていました。B建設は米国に早くから進出し，1990年代にはすでにローカル化し，完全に米国の会社でした。D建設はインターフェースに日本人がいましたが，米国子会社に丸投げする方法だった。実はA建設だけが，日本人がリードする方法を取っていました。だから，大手ゼネコンは，みんなそれぞれ，戦略が違っていました。面白いことに，設計・施工分離方式やコンストラクションマネジメント方式でやった事例は結構評価が高くて成功しているんですが，設計・施工方式で実施したもので，成功した例は少ないんです。考えてみれば当たり前の話なんですが，日本では，サブコンとのサプライチェーンがしっかりしているんです。だから，オーナーから難しいことを言われても，大体のことに対して対応でき

	る。ところが，米国でやれっていうことになっても，米国のサブコンとの関係が構築できていないサプライチェーンの下で，対応は非常に難しい。舞台が違うと，やれることは限られてしまうんです。
横山	日本のシステムそのままでやるのか，それとも，本当に米国では米国のゼネコンとしてやっていくのかがよく見えなかった。名古屋支店M営業所という存在があったのは確かだけど。全部が中途半端だったように思う。
泉	日本で設計・施工方式で対応していたオーナーに対して，米国でも同様な対応ができますと言ったところで，米国にそのような業態がないからそもそも話が合わない。だから，いい加減なものになってしまうんです。でも，当時，「我々はできます」と言ってました。同じような工場を設計・施工分離方式でやると，基本設計はオーナー側の責任だけれども，設計部所属の設計者が施工担当者とともに実施設計を担当し，施主側の設計を支援するので，うまく行くんです。なぜかというと，A建設の社員が，日本の設計・施工方式で鍛えられているからです。オーナー側の責任である設計に関して，様々な提案をすると，オーナー側の設計者は，発案ではなく選択で済むんです。
横山	Z社はE建設に対してそんな大きな仕事を発注していないけど，プロジェクトの進行は，E建設の方がはっきり言ってスムーズだったよ。改修工事しか発注しなかったけれども，ある研究所を買い取って，E建設に全面改装させた。設計・施工方式的なプロジェクトで割とスムーズに進行した。もちろん使っているのはアウトソーシングでしたけどね。いわゆるコンストラクションマネジャーみたいな役割の人が，うまく調整したんだと思う。おかげさまで評判のいい工場ができたし，結果的にはいいものになったと思います。
泉	そうですか。本来，最初から米州支店の南東部管轄でやる仕事を北東部管轄でやったりして，今考えると内部の問題なんですが，私が所属していた南東部管轄の人間をもっと早めに動員してコミュニケーションすべきだったんです。そういうことがうまくできなかった面がありました。
横山	要するに，顧客は誰なのかをもっとはっきりさせるべきであったと思う。米国の会社なら別として，我々みたいな会社だったら，全てを建設会社にお任せしたい訳だから。
泉	そりゃ，そうですね。
横山	そうならば，米国での設計・施工方式のマネジメントはどうあるべきかということを考えていたと思うんだけど，我々には伝わらなかった。
泉	そうですね。
横山	建設業の場合，製造業のように海外へ行って，現地メーカーと付き合うようなことはないよね。我々の場合，現地では現地のT自動車のためにやるというような考え方なんです。私が以前所属していたZ社は，中国においてはフォルクスワーゲン（Volkswagen）が顧客であり，ワーゲン向けにどうするかということを考えていました。米国でやってるのはT自動車向けだから，どちらかというと日本でのやり方に近い方法でやっていたけれども，中国ではちょっと違った方法だった。

泉　それは生産の話ですが，その延長上で捉えないといけないということですね。
横山　そういうことです。今でも，A建設の現地法人はアトランタにあるの？
泉　あります。最近，200億で現地米国顧客のプロジェクトを受注したようです。私が去ってから，15年経ちますが，日系企業を対象にしてやって来たのは同じですが，経験を蓄積して，米国の顧客からプロジェクトを受注できるようになったようです。設計・施工分離方式で価格勝負ですから大変だと思います。日本の会社が米国に行ってやるという意味では，日系を相手にするのが一番いいんです。「日本でやっているようにはできないけれども，日本でやるべきように対応します」みたいなところでアプローチできる。中途半端なような気がしないでもないですが，それが我々がやっていたことです。
横山　できないなら，できないってことを言えばいいのに。
泉　最初にはっきりと，「日本でやるようにはできませんよ」と言って説明すればよかったんですね。でも言わされた面もあると思います。
横山　そうしたら，「コンストラクションマネジメント方式をもうちょっと強化してやれますけど，設計の仕様上これを使いますよ」とか交渉すればよかったと思う。
泉　そうですね。我々がすべきだったことは，基本的に米国の設計事務所を使って，施工の部分をきっちり管理することだった思います。米国のサプライチェーンや建設制度を理解した上で，付加的なサービスがどういうものかをきちんと説明すればよかったんです。
横山　だから設計事務所を使うにしても，「設計監理もやりますよ」くらいであれば，よかったんです。
泉　そういうことをきちんと説明すればいいのに，「日本でやるように対応いたします」と言うから，日本の設計・施工方式と勘違いされ，過大な期待をされてしまったんですね。
横山　やはり，日本でやっているのと勝手が違うし，不安もあるからね。
泉　そうですね。「そこまで言うならやってみてください」ということになりますね。
横山　2期工事のときは，E建設にやらせようと思ったんだよ。
泉　そうですか。その方が面白かったかもしれません（笑）。どういうふうになったのかな。
横山　対応はE建設の方が面白かったかもしれない。
泉　私はA建設を退職後，外資系のOエレベータ社に行って，いろいろと，逆の立場からゼネコンに対応したんですが，D建設はよかったですね。
横山　D建設ですか？
泉　そうです。
横山　Aグループでブレーキをつくっている会社の本社ビルはD建設だな。
泉　やはり，T自動車グループはA建設に発注が多いんですか？
横山　多いよ。ただT自動車だったら8割の発注がD建設じゃないかな。
泉　変わってきているんですか？　昔はA建設でしたよね。
横山　D建設のほうが多いはずですよ。
泉　そうですか。米国では，T自動車の一番初めの工事をD建設がやりましたからね。

第 1 部　事例編

横山　D 建設をずっと面倒見ていて，本社工場もみんな D 建設の作品です。
泉　　名古屋の本社ビルって E 建設じゃなかったですか？
横山　あれは E 建設だよね。工場関係をほとんど D 建設，研究棟や事務所は A 建設と D 建設。C 建設はなぜかわからないけど入れない。
泉　　A 建設は，特命で SP 社・KO 社・T 自動車からずっと仕事をもらっていた時期があって，とくに，T 自動車グループの顧客には頭が上がらない。私が米国にいるときには，ほとんど T 自動車の関連会社を支援してきました。
横山　設計・施工方式が難しかったとすれば，設計・施工分離方式でやった方がよかったかもしれない。コンストラクションマネジメント方式は，ピンと来ないと言えば，ピンと来ないからね。
泉　　まあ，それが一番標準的な方式ですからね。
横山　米国でもやはりこれが多いんでしょ。
泉　　そうです。もともと設計と施工というのは，欧米では分離が原則ですから。戦後，日本でもこれは議論になっています。
横山　そうだろうね。
泉　　戦後の日本建築士会との論争で，B 建設の重鎮が，日本では，設計・施工方式が主流なのだと説明しています。欧米では，そもそもひとつの会社が施工部門と大きな設計部門を保有する例がありません。設計・施工方式の発展に関しては，A 建設が，明治以降の建設業発展過程のなかで深く関わっています。
横山　信頼をベースにすれば，オーナーにとって不確実性が一番少ないのが，設計・施工方式なんだろうね。
泉　　そうですね。
横山　プロジェクト全体にかかるコストがどうなるかといえば分らない。コストも様々な観点で考えてみて，イニシャルの建設コストだけを考えるのか，ランニングコストを含めた長期的なコストで考えるのか，判断する必要がある。
泉　　そこで，本書が言及した取引コスト理論が参考になるんです。
横山　この理論がそうなのかなという気はするけどね。
泉　　取引コスト理論を適用して分析すると，なぜ建築プロジェクトのマネジメントシステムが 3 つの基本形をもつのか，日本の設計・施工方式偏重の理由，等々を説明することができます。
横山　そうなの？
泉　　建物を建てるときに設計図書があるとして，候補となる建設会社を探して，入札を通じて何社か選ぶという契約前の行為があります。そして最終的に 1 社を選定し，その建設会社と契約をするのにもコストがかかります。契約後も選定した建設会社が契約とおりにやってくれるかどうかわからないから，それを監視しなくてはならないのでまたコストがかかる。この一連のコストが取引コストと呼ばれます。取引する同士が，信頼関係にあれば，この取引コストが削減されます。信頼関係があれば，そもそも選定行為，入札等する必要もない。極端な話，契約もいらず，監視すらする必要もない。日本の長期的な取引同志で培われた信頼関係は，取引コストを削減します。日本は建物の種類に関係な

く，設計・施工方式でプロジェクトを実行する流れになったというのが仮説です。生産施設のように，オーナーやエンジニアリング会社が施設建設のノウハウをもっていたりする場合，資産特殊性が高くなり取引コストが高くなるという見方をします。そういう場合にはコンストラクションマネジメント方式，オーナー主体で仕事をやった方がよいということになります。取引コストと信頼関係はトレードオフの関係です。

横山　なるほどね。私は，Z社，Z開発と移って，小さなモノづくりセンターの企画設計をやったりして，技術開発センター建設に携わった。それがまさにコンストラクションマネジメント方式だった。設計はY設計，施工はD建設・E建設だったと思う。

泉　横山さんを中心にして，Z開発がオーナーズレップの役割を果たしたんですね。

横山　そうかもしれない。

泉　そうですね。コンストラクションマネジメント方式は設計事務所とコンストラクションマネジャーがオーナー側で同じ立場ですから。

横山　Y設計は，設計図書を作成したけれども，コンストラクションマネジメントという観点では，設計監理はしなかった。

泉　契約は設計だけだったのですか？

横山　そうそう。

泉　そうなると，コンストラクションマネジメント方式かもしれないですね。設計監理は現場を分かってないとね。

横山　昔の話だけど，A建設は確かに建築のプロかもしれないけど，我々は使うプロ，運営するプロだと言っていた。

泉　そうですね。生産施設に関して，オペレーション，メンテナンス，という点で経験を蓄積している。

横山　そうそう。いろんな業種があるから難しいけど，生産施設をつくるために，A建設はもっと物の生産ということを勉強した方がいい。コンストラクションマネジメント方式で仕事をやろうとするなら，さらにしっかり勉強すべきだと思う。

泉　いや，コンストラクションマネジメント方式でプロジェクトを受注することはないと思います。ゼネコンは，売上至上主義ですから。コンストラクションマネジメント方式はフィーベースなので，フィーは工事費用の4%位，万が一儲けたとしても，5，6%くらいでしょう。この前も，関係者と話をしてきましたが，プロジェクトを日本でその方法によって行うことはないと思います。設計事務所が子会社をつくって行っているコンストラクションマネジメント方式はあります。

横山　泉さんとしては，実際に経験したプロジェクトマネジメント，そして理論的な理解を通じて最終的に何を主張されるんですか？

泉　簡単に言えば，米国には米国のやり方があり，日本には日本のやり方があるということです。昔，日米建設摩擦が生じたときに日本も米国のようにやらなくちゃいけない，コンストラクションマネジメント方式も普及させるべきだという議論がありました。しかし，日本には独自の制度があり，その他の存在する

制度と補完し合って，プロジェクトマネジメント・システムが成立しています。例えば，教育制度もそのひとつで，米国と日本は，それぞれ違う教育制度をもっていて，それぞれの国のプロジェクトマネジメント・システムをサポートしています。面白いのは，日本の建設マネジャーやエンジニアは設計・施工方式的に教育されているから，米国に行った場合，設計・施工分離法式やコンストラクションマネジメント方式でプロジェクトをやるときには，非常に能力を発揮するということが言えます。

横山　この3つで少なくとも比較しようとするなら，コンストラクションマネジメント方式は米国で多いということですか？

泉　多いと言うよりも，米国では，プロジェクトマネジメント・システムが多様化しているのに，日本はしていないということです。

横山　いや，私が言いたいのは，本質的にあまり変わらないんじゃないかということです。

泉　日米とも基本は同じですよ。3つの方式をモデルとして，どれも採用しています。

横山　この割合から見たって，ほとんど有意差がない気がしますよ。

泉　日本でコンストラクションマネジメント方式は普及していないということです。

横山　米国で普及しているということだよね。17%をどう見るかということだね

泉　まあ，新しいですから，今後さらに普及する可能性があるでしょうし，このぐらいかもしれません。ポイントは，繰り返しますが，米国のプロジェクトマネジメント・システムは，理論に従って多様化しているという点です。純粋に3つのモデルがありますが，実際に適用されるシステムとして考えたときに，多様なやり方があるんです。日本は基本的に，半分は設計・施工方式が適用されているんです。

横山　なるほど。最近はコンストラクションマネジメント方式的な動きをしているからかもしれないけど，A建設の設計部隊を使うケースは少なくなってきている。反対もあるけどね。A建設の設計部は使っても施工は別だとかね。

泉　要は，世の中の影響を受けて多様化しているということですね。しかし，現状は日本ではそうでもないと思います。コンストラクションマネジメント方式の割合は，コンストラクションマネジメント協会を訪ね，資料を頂いて算出したものです。民間建築における全国の建築確認申請数に対して割合を出したら，1.4%になりました。ただ，頂いた資料のなかには，例えば，設計事務所による与条件把握のような契約も含まれています。だから，公式なコンストラクションマネジメント方式と解釈される割合は，恐らく1%にも満たないぐらいだと思います。

横山　我々のような会社が行うことは，多分，このなかに入っていないと思うし，厳密に線を引く必要はないと思うけれども，実質的な業務の内容から言えば，我々が提供している価値というのは，コンストラクションマネジメント方式の範疇だと思う。我々は設計する訳でもないし，提供しているサービスは，オーナーとゼネコンの調整業務です。ただ，表面上というか，実際には，設計・施工方式という形態になっている。設計・施工方式は，米国でも27%あるんですね。

泉　米国の設計・施工方式というのは設計事務所と建設会社が契約して一体化するんです。ですから，デザインビルド・システムというようにいい方を変えています。

横山　ジョイントベンチャーみたいな感じですか？

泉　まあそうですね。お客さんに対して窓口はひとつ，ワンソースだということです。

横山　設計事務所，建設会社のどちらがリードを取るんですか

泉　ケースバイケースです。日本の設計・施工方式を参考にして，米国式にアレンジして，発展して来たと言われていますが，定かではありません。

横山　恐らく，米国でも，設計・施工方式というのは，それなりにメリットがあると思う。

泉　オーナーにとって，設計と施工が一括で発注できれば，先程説明した様に，窓口がひとつなのでメリットがあり，米国でも増えてきている様です。傾向として言えるのは，プロジェクトマネジメント・システムが米国では，最近統合化してきているが，日本では最初から統合しています。

横山　ところで，米国でプロジェクトをやってもらったときに，Z社とA建設の間で，お金に関していろいろあったことを説明されていますが，私は，基本的に赤字でやってもらう仕事というのは嫌いなんだ。「あなた達は，これでできると言ったじゃないか」と言いたいよね。理屈の通った説明だったら聞くつもりだったけれども，そういう説明もなかったように思う。

泉　核心の話です。そういう真相を聞きたいので，最後にどんどん言ってください。

横山　サブコンから見積もり取ったときにはこうでした，しかし，実際にやったらこれだけかかりましたって話は聞きました。でも，そういうことは，A建設の責任範囲ということだと思う。それこそ，サブコンがどうのこうのということではなくて，A建設はゼネラルコントラクターでしょう。

泉　ゼネラルコントラクターから言えば，最終的に赤字になりそうなときには面倒見て下さいということです。もちろん，そのプロジェクトだけの付き合いであればそんなことは言えませんが。

横山　乱暴な言い方してるかもしれないけど，私だって聞く耳はありましたよ。

泉　そうですね。最初に概算見積金額を出して，それでやれると申し出た訳だから，しょうがないのだと思います。特命受注のときには，それこそ儲けようとして結構余裕をみてますから。それでも，プロジェクト収支が駄目だったということは，結局，全体でおかしくなったということだと思います。

横山　特命発注というのは非常に難しい側面をもっている。Z開発も，結構特命発注で仕事をもらっていて100億近くの売り上げがある。絶対に注意すべきことは，儲け過ぎたらいけないということ。

泉　長期的には，そうですね。

横山　私は営業的なことも担当していましたが，お客さんには「Z開発の仕事は決して安くはありません。でも，長い目で見てください。きっちりとした仕事をさせてもらいます」と説明していました。

泉　長期的な関係が構築できれば，お互い納得するところに落ち着くと思います。

第 1 部　事例編

　　　このことは，ゲーム理論というもので説明することができます。簡単に説明すると，オーナー，コントラクター間でプレーしあうが，結局，平衡するところに落ち着くということです。ただ，米国と日本では，それぞれ，落ち着き先が違うということです。なぜなら，それぞれの国の関連する，いろいろな文化や制度の影響を受けて形つくられるからです。とは言え，日米建設摩擦が生じたときに，米国は日本市場の閉鎖性を徹底的に主張し，是正させようとしたんです。その結果日本は門戸を開いたんですが，何も起こっていないように思います。横山さん，今日はこのくらいで。また，いろいろまとめたら，ご意見を伺いたいと思っています。いろいろな話を有難うございます。話はいろいろな方面に飛びましたが，当時の本音の話が聞けたような気がします。

横山　昔の書類を出そうと思ったんだけど，なかなか出なくてね。
泉　　今日は大丈夫ですよ。不足情報もあるので。またお伺いするかもしれません。有難うございました。

2.4　事例の総括

　表 2-1 は，3 つのプロジェクトの主たる特徴とプロジェクトの成功，失敗をまとめた比較表である。

表 2-1　3 つのプロジェクト概要と評価

	X 社 G プロジェクト	Y 社 A プロジェクト	Z 社 N プロジェクト
工期 (設計工期含む)	1993 年 11 月～1995 年 3 月 (1 期, 2 期工事) 1996 年 5 月～1997 年 8 月 (3 期工事)	1995 年 2 月～1996 年 8 月	1999 年 3 月～2000 年 9 月
工事金額	約 35 億円	17 億円	25 億円
工事規模	敷地面積 241,300m^2 建屋面積　55,000m^2	敷地面積 249,600m^2 建屋面積　22,200m^2	敷地面積 498,000m^2 建屋面積　30,700m^2
建物用途	自動車用ワイヤーハーネス生産工場	特殊繊維生産工場	自動車用 AT 生産工場
プロジェクトマネジメント・システム	設計・施工分離方式 (ハイブリッドシステム)	コンストラクションマネジメント方式 (オーナー管理システム)	設計・施工方式 (コントラクター管理システム)
プロジェクトに対する筆者の責任	プロジェクトマネジャー (専任)	シニアプロジェクトマネジャー (工事部長兼任)	シニアプロジェクトマネジャー (現法拠点長兼任)
プロジェクトの成功	○	△	×

2.4.1　X社Gプロジェクト小括

　本プロジェクトは成功である。工期の点では，悪天候や内部の事情で若干遅れたが，生産工場プロジェクトで死守すべき生産機械の搬入開始を予定通り実現させた。利益の面では，追加利益を出し最終利益は8％となった。品質の点では，林氏が満足する出来映えを実現し，林氏の推薦によって1996年の日経アーキテクチャーに"日本式マネジメントの成功"として紹介されるなど，高く評価された。また社内では，筆者が工事長として初めて最初から最後まで担当して成功したと認められたプロジェクトであり，信頼を獲得してその後，米国南東部拠点を任される契機となった。さらに，L設計からは，1997年度にM州D市で実施されたX社米国本社ビル（工事金額約100億円）の入札案件で，入札後の交渉優先権を与えられる等の計らいを受け，当プロジェクトを受注した。

　成功の理由は，L設計に対して，林氏を中心に徹底的にフォローしたことにある。当初，工事範囲と見積もりの件に関して，L設計との間に溝ができるような険悪な仲になりつつあったが，その後の様々なL設計への提案活動，プロジェクトリスク（品質，工期，コストの不確実性）に関与する事件が発生した場合には，迅速にオーナーである，L設計，X社に報告をして，リスクに対する対応を取った。また，様々な提案活動をすることで，契約上コントラクターが関与する必要がない領域においても，その境界を越えて，よりオーナー側がベネフィットを得るような対応をし，信頼を獲得，評価を得るに至ったと筆者は考えている。その当時は意識していたかどうかは定かではないが，契約上は，設計・施工分離方式であったが，日本で行っていたと同様な，設計・施工方式的なプロジェクト対応を行ったことが成功に結びついたと考えている。

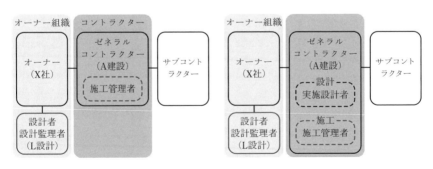

図2-4　プロジェクト実施時の契約上の関係と実態上の関係

図 2-4 は，プロジェクト実施時の契約上の関係と実態上の関係を表したものである。

2.4.2 Y 社 A プロジェクト小括

本プロジェクトは成功でもあり，失敗でもある。A 建設の内部的な評価としては成功である。予定工期通りに終わり，最終工事利益は 4%を達成した。入札時の予定利益はマイナスであったので，それを考慮すると利益改善の努力と適切な工事管理が実行されたということになる。地元下請け業社による事故に関しては，不可抗力的側面が強く，安全管理面で手落ちがあった訳ではない。A 建設においては，日本で同様な事故が発生すると，理由はどうあれ，担当者はある部署に異動となり，一種の謹慎処分となる処置がある。事故発生の理由[72]によっては，その後の昇格は失われる。海外現場での重大事故に関しては，日本と同様に扱われることはなく，現地の制度と習慣に任されることになる。

前回の Y 社 V プロジェクトの評価とは違って，オーナーである Y 社からの評価は高いものではなかった。竣工式でも，Y 社役員を始めとする関係者の方々からのコメントは，「頑張って頂いたのに，残念なことが起きてしまいました」ということに象徴されるように，Y 社から後味の悪い印象をもたれてしまった。

図 2-5 は，受注時の組織関係と契約後の実態上の組織関係を示したものである。このプロジェクトは，こういった 2 面性をもっていた。

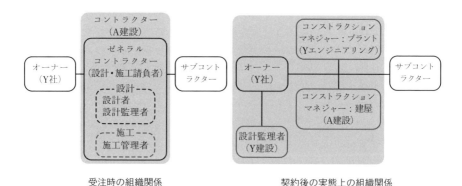

図 2-5　プロジェクト受注時の関係と契約後の実態上の関係

---

[72] 安全管理上に手落ちがあったと事後確認で明確になった場合。

2.4.3 Z社Nプロジェクト小括

　本プロジェクトは失敗である。プロジェクトのボトムラインである工期に関しては遵守したが，プロジェクト決算は，3億円という赤字[73]が発生した。顧客が求める品質に関しては，組織的に，名古屋支店，米州支店，米州支店南東部拠点が一体となって，最終段階まで精一杯対応したが，結果としてオーナーから評価をされなかった。失敗の大きな理由は，A建設内部の問題として，プロジェクト体制に統合性がなかったこと，技術的な検討が十分でなかったこと，工事費の見積もりにおいて，地元サブコンからの情報を反映させていなかったこと[74]，プロジェクトマネジャーの対応不足等々が挙げられる。総じて，日本で得意とする設計・施工方式のプロジェクトマネジメントがうまく機能しなかったことである。

　また，特命発注に見られる現象としてたびたび観察されることであるが，オーナー側のプロジェクトマネジャーの強い態度とコメントに翻弄されてしまうケースがあり[75]，本プロジェクトはそれに該当した。T自動車グループ企業からの特命発注，設計・施工プロジェクトということを原則として，Z社は，日本において，A建設名古屋支店M営業所とプロジェクトを進めるような感覚で，A建設に対して，日本的な設計・施工方式的対応[76]を求めていた。また，A建設がT自動車グループとの仕事においても，米国において十分に経験を蓄積していたと考えていた。プロジェクトが最盛期には，得意先の要請により，約半年間，筆者は，毎月のように米国と日本を往復して，面前での現場状況報告を行った[77]。Z社の期待する日本的な設計・施工対応を，取引コスト理論が主に機能する米国現地のサブコントラクター，ベンダーとの協調的な工事調整によって，ある程度実現できたものの，日本と米国という環境条件の違いから，A建設として，米国という地での日本的な設計・施工的対応には限界があった。

　一般的に，建築プロジェクトには，人の営みである以上，大小様々な問題が発生する。プロジェクト進行の要であるオーナー，コントラクター，双方の代表者であるプロジェクトマネジャー間の意思疎通が図られ，信頼関係を築きあ

---

[73] 詳細に関しては本章 "Z社Nプロジェクト関係者インタビュー記録" を参照。
[74] 同上。
[75] 入札プロセスのない特命発注工事では，オーナーの意見は絶大になる。
[76] 客先が何か指示を出せば，臨機応変に対応をする，客先に提案を進んで行う，オーナーとプロジェクトマネジャーが密なコミュニケーションを行う等々の対応である。
[77] 1999年10月から2000年7月にかけて約10ヵ月間，横山氏との直接面談のために米国と日本を1.5ヵ月に1回の割合で往復した。

第1部　事例編

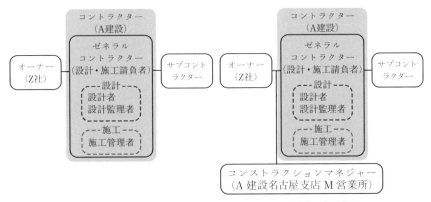

図2-6　プロジェクト実施時の契約上の関係と実態上の関係係

げることができれば，多少の問題は回避されるのだが，プロジェクト開始の当初から，A建設側のプロジェクトマネジメント体制はそれに対応するようになっていなかった。広大な米国の地で，D市・A市・NY市を結んで，複数の顧客とコミュニケーションを取りながら，数少ない熟達した社員を適正にプロジェクト配員し，米国人スタッフ，米国の設計事務所，サブコントラクター，ベンダーを相手に，複数のプロジェクト対応をすることは極めて難しいコーポレートマネジメントである。本プロジェクトは，当時のA建設が保有していた体制では，到底，対応しきれない性格をもっていたプロジェクトであったと筆者は推察する。

図2-6は，プロジェクト実施時の契約上の関係と実態上の関係を表したものである。

第3章

3 日本における設計・施工方式の発生と発展

　本章では，日本を代表する大手建設会社が江戸時代にどのように発祥し，設計・施工方式が明治以降の近代日本においてどのように環境適合的に発展してきたのか，とくに清水建設と鹿島建設（現鹿島）に焦点を当てて記述する[1]。次に，日本のある代表的建設会社が，米国進出当初にどのようにしてビジネスを展開して行ったのか，その際，設計・施工方式で培われた組織能力がどのように影響を与えたのかに関して，関係者とのインタビュー内容を記述する。

3.1 大手建設会社の発祥

　清水建設の発祥は，越中小羽（現・富山県上新川郡大沢野町小羽）に生まれた清水喜助が故郷で大工職の修行を積み，その後に日光東照宮の修理工事に参加し，1804年，21歳のときに江戸に出て大工職の道を開始したことにあるとされている。神田新石町（現・内神田3丁目）に店を出し，丹後宮津藩本庄家の御用達大工となり，1838年，江戸城西の丸造営の一工区を請け負った後，彦根藩井伊家・佐賀藩鍋島家の御用達も務めた。実績を積み重ねた後に清水喜助は神祇伯[2]の白川神道[3]の門人となり，神拝次第を伝授され，「日向」の国名を名乗ること，上棟式には，風折烏帽子に祭事用装束の着用が認められ，上野輪王寺宮から「出雲」の国名と熨斗目（のしめ）の着用，非常時の帯刀を許される[4]までに出世した。

---

[1] 三浦（1977），山本（1980），清水建設（1984，2003），菊岡（2012）を基本的に参照して記述する。
[2] 神祇伯（じんぎはく）は，日本の律令官制における神祇官の長官。
[3] 神祇伯を世襲した白川家によって受け継がれた神道の一流派。伯家神道ともいわれる。
[4] 神官に代わり自らが祭主となって神事を執り行えるようになったと同時に，厳しい身分制の下，服制も規定されていた時代，浄衣着用が許され，国名を名乗り，帯刀を許されることは，職人にとって大変な名誉とされた。

第 1 部　事例編

　大手建設会社である他 4 社の発祥[5]に関しては以下の通りである。

　鹿島の創業者といわれる鹿島岩吉は，1816 年，武蔵国入間郡小手指村上新井（現在の埼玉県所沢市）で生まれ，江戸・四谷で大工の修行後，1840 年，江戸・中橋正木町（現在の京橋，ブリヂストン美術館付近）に，「大岩」という屋号で店を構えたことが発祥とされる。

　大林組は，1864 年大阪生まれの大林芳五郎が，土木建築請負業を修行しようと上京，遷都に伴う皇居造営請負大工の下で 5 年間の修行をし，その後大阪に戻り，1892 年，27 歳で「大林店」の名を掲げ旗揚げをした。

　竹中工務店は，歴史が一番古く，江戸時代前期の 1610 年まで遡る。織田信長の元家臣であった初代竹中藤兵衛正高が尾張国名古屋にて創業し，神社仏閣の造営に携わることが発祥とされている。

　大成建設は大手 5 社のなかでも発祥が明治であり，しかも，大倉組商会という機械商社から出発した。土木工事を主体として成長し，吸収合併を経て，1917 年に前身となる大倉土木組が誕生した。

　大成建設以外は，発祥を江戸時代の大工としているが，なかでも，清水建設と竹中工務店は，神社仏閣の造営に深く関わってきた歴史をもっている[6]。

3.2　近代的土木・建築請負業の確立

　明治に入り，清水建設の前身である清水店は 3 代目満之助の時代に入る。満之助は明治の洋風化に歩調を合わせ，次々と店内の経営改革に着手した。曖昧であった店員としての仕事に責任と権限を与え，同時に「事務掛長」のポストを設けて店主の補佐役として事務処理にあたらせた。また，経理面においては金銭出入りを付ける大福帳[7]を廃止して，金銭出納の複式簿記に改め，賞与制度の設置や店員の服装を着物から背広服や詰襟の洋装に変える等，人心を一新して行った。1886 年には設計と施工が統合した請負体制の整備，施工図作成のノウハウ獲得，現場の管理技術の向上等を図り，着々と近代請負業への礎を築いていった。満之助の改革は，建築技術への向上にも向けられた。1886 年，

5　鹿島（http://www.kajima.co.jp/prof/overview/160-3.html），大林組（http://www.obayashi.co.jp/history/1_foundation），竹中工務店（http://www.takenaka.co.jp/corp/archive/years/index.html），大成建設（http://www.taisei.co.jp/about_us/corp/ayumi/1169092558063.htm），各社ホームページにおける社史の記載より（2016 年 7 月 20 日確認）。
6　新年の神前・仏前において伝統的な建築儀式であり，千年の歴史をもつ手斧始の儀式を行うのは，清水建設と金剛組だけである。
7　江戸時代・明治時代に商家にて使用されていた帳簿。

知識の交換と建築事業の改良・進歩を設立趣旨として「造家学会」(日本建築学会の前身)が誕生したが,創立メンバーは,工部大学校造家学科(現・東京大学工学部建築学科)卒業の辰野金吾,曾禰達蔵,清水組の初代技師長となる坂本復経等,清水組を有形無形に支えた人々が名を連ねた。清水満之助は,学会を支えることが日本建築界全体のレベルを押し上げる意義があると考えて,賛助会員として学会を積極的に支援した。しかしながら,満之助は,その後34歳という若さで急逝した。

　満之助急逝後,明治の元勲,渋沢栄一の後押しで,原林之助が支配人となった。建築を正式に学んでいない原は,建築現場に足を運び技術の習得に精力を注ぐと同時に,清水満之助と親交が深く,当時工部大学校助教授であった曾禰達蔵や,工部省営繕局の辰野金吾から西洋建築の指導を受けたとされる。1887年,支配人に就任した原は,渋沢の教えである"論語とそろばん[8]"を経営理念に置き,当時,下水道工事の多額の出費で経営危機にあった清水店の改革に着手した。彼の経営改革は,営業規則の制定・職制改革・工事マニュアルの整備・店員教育・専属下請け業者の組織化(清水建設の協力会社組織である兼喜会の前身)等,多岐にわたった。建設業における日本的サプライチェーン・マネジメントのルーツはここに見ることができる。また,営業網の拡大に努め,東京本店以外に,横浜支店,名古屋・京都・大阪・博多に出張所を開設し,さらにソウルにも出張所を開設した。原が支配人就任当時の店員数は20人程度であったが,1909年には店員数が150名,職人数が2,000名になり,工事受注高も1903年に68万円であったが,1912年には333万円と大幅に増加した。

　原の貢献は清水店の急成長だけではなく,日本の建築業の近代化に大きく貢献したことである。造家学会の賛助会員であった原は,1892年に開催された同会の会合で,"一式請負と分業請負[9]"というテーマで講演をしたが,当時,工学士以外では初の講演であったといわれている。原は,横河民輔,辰野金吾等の分業請負論者に対して,当時の学会員等には受け入れられなかった一式請負の優位性を主張していた。一式請負は,その後日本の建築請負方式において主流となり,原の日本の建築事業における見識の高さが証明されている。原

8　"論語とそろばん"とは,道徳と経済の合一主義に徹し,金儲けが第一ではなく,得意先が満足する仕事を親切丁寧に行い,その上で相応の利益を頂くという考えである。清水建設の社訓となっている。
9　一式請負とは建設工事の全てを建設業者が一手に請負う契約方式。これに対して,オーナーが大工,鳶,左官,建具職などの専門職別に,また,資材納入者別に契約する方式を分業請負という。

は，1909年に行われた渋沢栄一を団長とする渡米視察団にも随行し，先進国米国の建設事情，建築業界，建設会社の経営等を視察している[10]。1911年，建築業界発展のために，建築業有志協会（後の建築業協会）を発足させ，常任理事に就任し，明治の建設業界におけるオピニオンリーダーとして活躍した。

3.3 日本の設計・施工方式の確立

　日本の大工仕事の基本は木組みであり，古来より，日本の大工によって受け継がれてきたものである。木組みとは，木造建築の骨組みづくりにおいて釘や金物などに頼らず，木自体に切り込み等を施し，はめ合わせていくことにより，木を構造体としていく技術のことである。木組み技術は，前もって木の組み方を図面にて検討しておかなければならず，多少の誤差があっても，釘や金物で接続してしまう工法とは違い，図面精度と組み立て精度が一体となってその機能が発揮される。現代の建設業でいえば，設計と施工の一体化を必要とし，製造業でいえば，設計と製造の一体化，擦りあわせ技術（藤本，2004）を必要とする。プロジェクトのコントラクターとして建設の実行者である日本の大手建設会社を始めとする多くの建設会社は，上記の清水建設に代表されるように，木組み技術を生業にする大工を発祥としている。日本の建築技術は，江戸時代までに蓄積した木造建築技術が明治以降に西洋から取り入れられた近代的建築技術と融合することにより独特の発展を遂げてきたことは，周知の事実である。

　明治の初期における日本の木造建築は，伝統的に設計・施工の一式請負で発注が行われていたが，近代化とともに増加してきた欧米から導入されたコンクリート，レンガ造り等の大規模な官公庁，企業等の洋風建築は，分業請負で発注され建設が行われていた。例えば，明治期の三菱の建設事業は，基本的にオーナー直営であり，相当規模の建設工事があれば，現場事務所が置かれていた。三菱地所株式会社の建築部門の原型がこの建築所であり，当時，日本の民間土木・建築設計監理において最高レベルの技術と力量を誇っていた。つまり，現在でいえば，コンストラクションマネジメント方式に近い形態で建築工事が行われていたのである[11]。工事を調整し，生産全般を指揮していたのは，

---

[10] 米国視察の実情は，当時の経済雑誌『商業界』2月号（1910）に掲載され，原は，「米国における建築法交換所」というタイトルで報告している。建築法交換所とは，建築確認申請許可局と入札所が混合したような機関であると想定される（2016年3月18日に渋澤記念館において，原本確認）。

政府や発注側の技師と呼ばれる人であり，とくに外国人技術者や工部大学校造家学科を卒業した技師は設計者でありながら，施工技術にも精通していた。

3代目の満之助は，西洋建築においても設計・施工によって得意先の要望に応えるという，初代・2代目以来の清水の伝統を継承するために設計部門をもつことが不可欠という判断から，前述したように，1886年，工部大学校造家学科卒業の工学士坂本復経を初代技師長として招き入れた。満之助と坂本は，同年欧米を視察し，欧米流の建築生産の状況，請負業者の職制，建築材料，購買の仕組み等，土木建築事業の実態について見聞を広めた。帰国直後，満之助，翌年には坂本も急逝し，彼らの目指した設計・施工を軸とした日本の近代的請負業の志は，原林之助に受け継がれた。

1887年，清水店は，設計部門の前身である製図場を発足させた。坂本の後任に帝国大学助教授の中村達太郎を顧問に迎え，1889年，本格的な西洋建築物（王子製紙会社の煉瓦造り工場事務所）を建設業者として初めて設計・施工方式で完成させた。1890年には，工部大学校造家学科を卒業した渡辺譲を2代目技師長として招聘し，設計・施工方式を急速に拡大させて行った。1898年，製図場は技術部と呼ばれ，多くの設計技師を抱え，多くの有名な建造物の設計を手掛けた。6代目技師長である田中寛が設計し，1914年竣工の森村銀行本店は，清水建設の銀行建築のモデルになった。暖房設備，エレベーター設備，電灯設備等が描かれた設備設計図の原型が作成され，柱や梁を鉄骨で組み，柱鉄骨を鉄筋コンクリートで補強する鉄骨鉄筋コンクリートに近い，当時最先端の構造形式が採用された。設計部門は拡大を続け，1916年には正式に設計部として発足し，同時に工事部，工事長制度が開始され，分業体制が明確にされた。その後，職制の変更，機構改革を通じて設計部の組織が整備され，清水建設のほぼ現在の組織体制に近い，設計・施工体制が確立された。

3.4 戦前，戦後の建設業界

戦前において，建設業界に関する統計情報は存在しなかった。建設会社別消化高等の数値が公表されるようになったのは，日本が戦時体制に入ってからであり，国家として建設能力を知る必要から公表が開始された。表3-1は1936年から1940年，太平洋戦争開始までの年間工事消化高の平均値，並びに太平洋戦争終了前後の受注工事・施工高を示したものである。

---

11 前田（2011）にて，三菱の明治初期における建設活動が説明されている。

表 3-1 戦前，戦中，戦後の日本の建設会社の消化高，受注高

	1. 1936〜1940 年の平均年間工事消化高		2. 日本土木建築統制組合 組合員上位 10 社の受注工事量（1944 年 8 月 1 日現在）			3. 全国主要建設業者・1945 年施工実績			
	（単位：千円）		（単位：万円）			（単位：千円）			
順位	会社名	平均年間工事消化高	業者名	受注工事量	(%)	会社名	前期(1.1-8.15)	後期(8.16-12.31)	計
1	大林組	118,000	清水組	72,678	17.00	大林組	233,700	94,033	327,733
2	清水組	93,710	大林組	51,200	11.98	清水組	203,333	103,423	306,756
3	大倉土木	62,740	竹中工務店	34,642	8.10	竹中工務店	148,164	68,908	217,072
4	竹中工務店	48,340	大倉土木	24,070	5.63	鹿島組	63,438	36,803	100,241
5	間組	43,000	鹿島組	22,932	5.36	飛鳥組	45,499	40,697	86,196
6	西松組	34,710	間組	16,844	3.94	大成建設	59,038	23,426	82,464
7	鹿島組	28,000	鴻池組	13,913	3.25	銭高組	76,384	4,252	80,636
8	鴻池組	19,560	佐藤工業	13,819	3.23	鴻池組	72,801	1,454	74,255
9	銭高組	19,550	銭高組	12,088	2.83	間組	32,274	38,699	70,973
10	広島藤田組	17,870	熊谷組	11,986	2.80	鉄道建設興業	60,387	3,777	64,164

出典：古川修『日本の建設業』岩波書店，1963 年。

注：％は「大手 38 社」の受注工事量に対する比率。
出典：伊藤憲太郎『近代におけるわが国民間建設工事力とその解析とその管理について』1961 年。

出典：日本建設工業統制組合調査・「日本建設工業統制組合沿革史」。

筆者注：表中の年号は西暦に揃え，引用元を出典として記載。
出所：1. と 2. は金本（2000, pp.46-47），3. は「大林組三十年史」（https://www.obayashi.co.jp/chronicle/80yrs/t3c1s1.html，2018 年 12 月 28 日確認）から。

　清水組と大林組が抜きん出ており，竹中，鹿島，大成と続く。建設会社大手 5 社は，戦前から横並び状態を続けていた。大手 5 社という言葉が一般的になるのは，高度経済成長期からであり，建設専門新聞社が 1960 年から，完成工事高ランキングを公表したことに始まる。それ以降，各順位の変動はあるが，大手 5 社は，それ以外の企業に上位 5 社のランクを譲ったことはなく，大手 5 社，超大手という呼称が使用されるようになった。業界の団体や役員を務めることは，業界のリーダーとして認められるということである。大手建設 5 社における経営者の団体役員の就任を調査すると，1911 年に原林之助が建築業協

会[12]の創立に際して常任理事に就任し，大林芳五郎と大倉相馬[13]は同理事に就任した。竹中藤右衛門は，日本土木建築請負業者連合会会長に就任し，鹿島精一は，1915年設立の鉄道請負業協会理事に就任し，その後土木業協会の常任理事，東京土木建築業組合長，日本土木建築請負業者連合会（1944年に解散）会長，土木工業協会理事長などを歴任している。各団体の理事には5社の経営者が顔を揃えている。大手5社は，建設関連の団体活動を通じて，戦前まで業界のリーダーとして君臨していた。つまり，日本の建設業界の制度的確立の側面において，大手5社の影響が大きかったこと，なかでも抜きん出ていたリーダー格の清水建設の与えた影響度が大きかったことは想像に難くない。

3.5　設計・施工の分離一貫論争

　日本の設計・施工方式は，設計部門・施工部門の双方を保有する建設会社によって実行される。清水建設の前身によって原型が形づくられ，大正時代に正式に採用され，戦前・戦後を通じて各社に展開され発展してきた。設計・施工の分離か，一貫かに関しては，採用の是非を巡り歴史的に何度か論争が行われている。

　1925年に日本建築士会は，「建築士法案」をまとめて議会に提示した。この法案は，現行の「資格法」にすぎない建築士法とは違い，建築士の兼業禁止規定が含まれる等，明らかに「職能法」を目論むものであった。日本建築士会は，設立当初から欧米のアーキテクトを模範として日本の建築士の職能確立を目指しており，その規範の下で請負業とは一線を画するために，兼業禁止規定は必要不可欠であった。この兼業禁止に関する主張が建築業界へ投げかけた波紋は大きく，日本建築士会による法案に対する賛否を問うアンケートの結果は，設計事務所や官公庁に所属する建築士の賛成は得られたものの，建築業の建築設計者達は猛反対したことを示している[14]。建築学会の大勢も，日本建築士会の建築士法案に対しては冷淡な反応を示し，とくに学会の主導権を握る構

12　1994年に解散。
13　大倉土木社長。大倉土木は大成建設の前身。
14　アンケートに対する回答で，清水組の建築設計者達は強く反発した。「八木憲一：アーキテクトなるものを定めて建築設計者とコントラクターとを截然と分かつ事に賛成出来ませぬ。自分がそれを設計して自分で煉瓦を焼いて自分でそれを積むのが一番良いと思います。船越寛次郎：欧米諸国のまねをするより尚一歩進んだものを立案して頂きたいのです。大友弘：建築技術者の一方に偏せず一般に亘様になし施工士なる職分をも認め共に……資格と致し度存じ候。」山本（1980, pp. 162-163）。

造学者達は，これに強く反対した[15]。

1950年，現行の建築士による兼業禁止規定を含まない建築士法が制定された後，1967年，日本建築家協会によって提示された「建築設計監理業務法案」が，建築業界に大きな波紋を投げかけた。建設会社は，法案が日本建築家協会による長年の主張である「設計・施工分離論」の立法化の動きであると解釈し，猛反対をした。この法案が成立すれば，日本の建設会社は設計部門を独立させた形態で保有せざるを得ないため，設計・施工統合体制を固めている建設会社が反発するのは当然であった。

「建築設計監理業務法案」の骨子は，①設計工事監理者資格の明確化，②建築士事務所の開設は建築士に限定，③建築士による材料業や施工業との兼業禁止，④建築設計事務所を建築設計監理業務法人とみなす，というものであった。①は，設計者が設計図書に基づいた設計監理を行うためには，コントラクターでも材料提供者でもない第三者が設計監理を行わなければならないという規定である。②は，プロフェッション[16]としての建築士の意思を守るために，

表3-2　鹿島論争の経過

月日	論者	論文名
5.24	鹿島	「建設産業近代化の趨勢―設計施工の一貫性―」
5.27	JAA	「鹿島発言について」
6.1	JAA	「設計施工の一貫性問題に関する意見書」
6.19	鹿島	「再び設計施工の分離・一貫性問題について」
6.22	JAA	市浦スポークスマンの記者会見
7.16	鹿島	「設計施工一貫性の論旨の明確化について」
7.18	JAA	古沢専務理事の記者会見，「鹿島氏の設監業務法案の意見について（反論メモ2）」
8.1	鹿島	「重ねて設計施工一貫性に関する法律問題について」
8.12	JAA	古沢専務理事の発表談話
9.1	JAA	「鹿島氏設監業務法案法律問題意見書に関する反駁（設計施工一貫性問題メモ3）」
9.28	鹿島	「設計施工分離・一貫論議の結びとして」

筆者注：JAA（Japan Architect Association）は，日本建築家協会を指す。
出所：門間（2010, p.3）から。

---

[15] 『日本建築士会会報』1931年4月号に12名の委員の意見が記載され，9名が建築士法に反対をとなえた。そのなかで委員のひとりである野田によれば，「洋服屋ハ設計ト請負ヲ一手ニヤルモ世ノ中ノ人コレヲ信用シテコレニ依頼ス。アーキテクトト言ハルル程ノモノ洋服屋ノ守ル位ノ徳義ハ守レルベシ」とある。山本（1980, pp.172-173）から。
[16] 山本（1980, pp.27-47）。アーキテクトのプロフェッションに関して詳しい。

建築とは無縁の者による建築事務所経営を禁止することである。③は，依頼者の代理人として独立で公正な業務を行うために，中立な職業人として建築士を規定するものである。④は，建築士は独立して存在し，建築士事務所は，株式会社でも合名会社でもなく，組合でもない中立な立場の組織であるとして規定したものである。

1968年，これらの法案に関して，表3-2に示されるように，建設業界における当時の代表格であった鹿島建設の会長である鹿島守之助（当時参議院議員）と日本建築家協会との間で，設計・施工の一貫と分離体制に関して，約半年間にわたり，5回に及ぶ，論文発表の応酬が行われた。

これは「設計・施工分離一貫論争」として注目を浴びた[17]。鹿島守之助は，1966年，すでに当時の建設大臣に意見書を提出しているほどの設計・施工方式推進者であった。以下に，設計・施工に関する分離一貫論争の問題点をまとめる[18]。

(1)「建築設計監理業務法案」全般に関しての解釈
●日本建築家協会の主張点

狙いは，現行の資格法である建築士法から業務法を独立させ，設計監理業務を専業とする建築士の職能を明確に規定することであり，建築士法に基づく設計監理業務の一般的禁止や，建設業者による建築設計行為の法的禁止を意図するものではない。

●鹿島守之助の主張点

建設業者が建築設計行為を行うことができない結果となり，建築設計業務が設計監理業者の独占的特権となる恐れがある。住宅を始め一般建築物を自ら設計し，施工している建設業者が全国では多数存在している。この法案によって設計・施工の分離を立法化することは，彼らの既得権を侵害し，発注者の契約自由の原則はもちろん，建設業者の営業の自由をも制限することになる。

(2) 設計施工の分離と一貫性に対する見解
●日本建築家協会の主張点

設計・施工方式は建築産業の近代化ではなく，建設工事費が割高である真の原因を隠蔽するものである。発注者が注文生産である建築物を妥当な価格で購入するためには，施工業者間の競争を通じて行う方法が最善であり，そのために自由で公正な立場にある職業人としての建築士が必要とされる。設計・施工

---

[17] 三浦（1977, pp. 182-189），山本（1980, pp. 281-288）。
[18] 鹿島（1971）を参照の上，三浦（1977, pp. 190-192）より抜粋・要約。

請負の増大は世界的傾向でもなく，建設業者による設計行為の真の動機は，特命工事受注のためである。日本の全建築設計料の30％以上が施工業者の営業の手段として行われていることは，建築士の生活圏が脅かされることになる。

●鹿島守之助の主張点

設計・施工分離方式は，現在から2世紀前に発生した制度[19]であって近代的な制度ではない。第二次世界大戦後，国土開発や技術開発からの要請上，設計と施工の統合体制として，全建設プロセスに対する直接責任体制への要求が強大となってきた。設計・施工統合体制によって技術的フィードバックが繰り返され，建築の生産性が大きく向上することになった。工事の特命受注は，良品廉価に対する信用のシンボルである。熾烈な競争を繰り返し，有能さと誠実さについて信用を積み重ねた結果として，発注者の請負者に対する絶大なる信用がある。工事の特命受注と設計施工との間に直接の関係はない。

(3) 設計と施工の業務契約方式（委任と請負および商行為の関係）

●日本建築家協会の主張点

設計監理業務は委任契約によって提供され，本質的に民法の領域に属するものである。建設業者の行う設計業務は商行為であり，商法の適用を受けその法域が異なり本法案から除外される。利潤追求，営利目的は，請負業者として当然であるが，特殊な経験，知識，才能を利用して統一的な事務処理をする設計監理は，それ自体，営利的要素をもたず，委任によって行われる業務である。建築事務所が，税金対策あるいは，社会保険対策上，会社形態を取ることが多く，設計監理業務がこの企業形態との関連において，請負業であるとの批判を受けているにすぎない。建築士が社会的に自由職業人である限り，建築事務所は職能事務所であり，その建築的な職能によって社会生活を営む職能組織であって企業形態ではあるが，会社企業ではない。「建築設計監理業務法」は契約締結方式を当事者間の協議によるものとしているが，これは信頼に基づく委任契約の原則から当然のことであり，請負契約を本質とする建設業者が競争を建前とするのも，これまた当然のことである。両者の契約方法が異なることは，契約の性格上当然であって議論の対象とはならない。

●鹿島守之助の主張点

商法は民法の特別法であって，本質的に法域を異にするものではない。委任および請負はともに民法に規定されており，また委任および請負は一定の場合

---

[19] この年代は，根拠となる資料がなく疑わしい。英国の建築士協会が設立されたのが1834年である。

において，商法の適用を受ける。したがって委任だから民法上の行為であり，請負だから商行為となるとなるものではない。とくに建設請負契約は常に民法の適用を受けるものである。有償の委任である限り，請負との相違は，実費を取るか，費用にかかわらず定額かどうかの差にすぎない。設計業務は委任契約でなければならないということはなく，請負契約でも可能であり，どちらの契約方式を採用するかに関しては，注文者の意思決定による。建設業者は設計業務を委任契約で行うこともでき，その場合は商行為となることはいうまでもない。委任について信頼が要素であるというのは雇用契約との比較であり，請負も信頼が要素であり，委任だから協議であり，請負だから競争契約というような議論は論理的に誤りである。「建築設計監理業務法案」第20条は，設計監理業者の競争入札制を排しており，設計監理業務は全て随意契約をしなければならないが，建設業者が随意契約をしてはならないとする論理は理解できない。

(4) 建設業の設計業務についての見解

●日本建築家協会の主張点

建設業設計部の設計業務は建設業法において行われるものであるが，「建築設計監理業務法案」に基づき登録することは，歓迎されることである。

●鹿島守之助の主張点

建設業の設計部登録は，現在の建築士法23条1項によって建築事務所の登録を受けているものであって，建設業法に設計業務に関する規定は存在しない。

(5) 工事監理（建築士法第18条）に対する見解

●日本建築家協会の主張点

建築士法第18条第3項は，建築士が建築主の利益擁護の立場で責任を果たす規定であり，その独立性が主張される根拠である。施工業者が自分の施工した工事を自分で監理することは矛盾も甚だしく，第三者の監理として独立した立場が要求されることは当然である。さらに，施工中まで伸びる設計の延長として監理が行われることは，建築主の利益を守る最善の方法であることも明らかである。

●鹿島守之助の主張点

建築士法第18条は，建築士が業務を行う場合の準備を定めたものである。第1項は建設業法第18条に対応した訓示規定であり，第2項は建築士が設計を行う場合は，法令または，条例遵守義務があること，また第3項は建築士が工事監理を行う場合には，設計図書に対し不適切な工事についての注意義務を具体的に例示したにすぎない。しかも，同項は建築主が建築士に工事監理を委

託した場合の建築士の義務を規定するにとどまるもので，設計が当然工事監理を伴わねばならないとする見解は，曲解である。

　以上のような議論が互いに交わされてきたが，1968年9月28日発表の鹿島守之助による「設計施工分離・一貫性論議の結びとして」という意見書において「第三者の公正な判断を待つことにしたい」とのことで論争に幕が引かれることになった。

日本の設計・施工方式と米国への進出に関する関係者インタビュー：小山義人氏

泉　　　今日は宜しくお願いします。最初に小山さんに聞きたいのが，A建設が，米国で本格的なオペレーションを開始した頃のことです。米国の建設事業経営という点で，小山さんが拠点をつくり，その布石を打ったと思っています。どのようなことに腐心したのか，日本の大手ゼネコンとして先進国で何をしたかということから話してもらえばと思います。

小山　　まずロサンゼルスで営業所をつくって，正式に会社になったのが1980年代，1980年とか1981年とか，その辺りだったと思う。

泉　　　そうですか。

小山　　最初は営業所的なもの。自分達では請け負わず顧客支援の立場から米国のゼネコンを連れてきて，自分達はコンストラクションマネジャーのようなことをやっていた。1981年頃にAアメリカ社という現地法人を設立して，N州に米国本社があったSP社の新本社と配送センターを建設するということになり，建設事業が本格的に始まった。

泉　　　SP社米国本社工場ですね。私，小山さんの後に南東部拠点長だったときに，中西部，東部にあるSP社施設のメンテナンス業務で大変な苦労をしたんです。私の記憶が正しければ，土地の汚染問題が発生したとか……。

小山　　そうそう，米国の自動車会社の工場跡地をSP社が買って，プロジェクトが開始されたときのプロジェクトマネジャーが上坂さん，設計担当が佐藤さんだった。SP社は重要顧客で営業関係上特命発注となり，設計・施工方式での一式請負となった訳だ。

泉　　　それが米国での，特命受注，一式請負い，設計・施工方式での最初のプロジェクトですね。当時，請負うのか，請負わないとか議論があったでしょうね。米国で日本のクライアントに対して表向き請負にするけれども，それなりの仕組みが必要な話だから。

小山　　そのときはまだ経験がないから，自分達の下に米国のゼネコンを使ってやればいいと考えていたと思う。

泉　　　基本的にコンストラクションマネジメント方式ですね。ゼネコンの上に乗っ

	て，形はオーナーズレップかもしれない。
小山	米国のゼネコンG社と契約し，確か8%程度のマージンを乗せて結構な金額でSP社から請け負った。留学が終了して，指示があってその現場に配属された。当時，上坂さんが米国人を部下にして，プロジェクトマネジャーをやっていた。2人でもG社をコントロールすれば，できると信じていた。私は現場を見たけれども，どうもコントロールが効いてなかったように思った。何度か打ち合わせに参加した後で，G社と話がかみ合っていないと感じた。
泉	これはすごく面白い話ですね。
小山	話が全然かみ合っていなくて，プロジェクトそのものも遅れていた。
泉	それはいつ頃ですか？ 私が米国に初めて行った年が1986年だから，3年位前ですね。
小山	1982年から1983年。そこでは課題がまず2つあった。ひとつはプロジェクトそのもの。米国の大きなゼネコンが関わっているので，工事そのものはそれなりに順調だった。もうひとつは工事範囲。工事中，SP社の要望に基づいて設計変更や追加工事が発生した。A建設は，SP社のリクエストをゼネコンに対して咀嚼する役割だから，A建設が調整するという立ち位置でやっていた。
泉	コンストラクションマネジメント方式ですね。
小山	そう。だけどオーナーであるSP社に対しては違う。
泉	要は，日本の会社への顔と実際の顔というのがあり，SP社と設計・施工方式で一式請負だけれども，その実はコンストラクションマネジメント方式で，オーナーズレップとしてやった訳ですね。
小山	そう。工事の方はそれなりに進むけれども，ゼネコンであるG社から追加工事の請求がたくさん来た。工事を進めるためにオーナーに説明できない状態で追加工事を承認するから，8%の利益分なんてすぐに吹っ飛んでしまう。
泉	その結果として，取引コストがたくさん発生したって話かな。
小山	取引コストかどうか分からないけれども，SP社とA建設の間で工事範囲が不明確で，米国的に明快になっていなかった。
泉	それは，例えばどんなことでしたか？
小山	土壌汚染の件でEPA[20]の指導が生じた際に，A建設の責任範囲外だったけれども，国の規制に関わる問題となると，多方面の調整が必要となりプロジェクトがうまく進まなくなる。また，工場へアプローチするアクセス道路の件があった。一般的に縁石はコンクリートで認められるけれども，建設地は非常に厳しい基準をもっており，石が要求された。そんな訳で外構工事も簡単に許可が下りなかった。さらに建設地のカウンティ（county[21]）に建築担当者がいなくて，行政職員が兼任するために申請許可を夜中にもらったりしていた。そういう状況で我々は円滑に工事を進めることができなかった。
泉	なるほど。

---

20 Environmental Protection Agency（米国環境安全保全局）。
21 州と市の中間にある地域。

小山　そうこうしているうちに，G 州で DE 社のプロジェクトを受注したので，G 州に行けという指示が来た。結構，抵抗したけれども，行くことになった。
泉　実は，行ってよかったんですね。
小山　そう。だけど独りで行かされて誰もいなくて弁護士事務所だけ紹介された。
泉　私が Y 社の V プロジェクトを担当したときみたいですね。最初に商工会議所に行きました。
小山　うん。それで自分ひとりで始まった。上司の上坂さんは，SP 社プロジェクトが米国のゼネコンを下に抱えた設計・施工方式一式請負のため自分の方が大変だったから，G 州のプロジェクトなんて面倒をみる暇もなかった。私が，客先対応，原価管理，ネゴ，下請け契約，従業員評価等，事業のオペレーションを含め，全ての権限を行使できた。幸いなことに，誰のチェックもなく独断でプロジェクトをマネージできた。当初，米国の G 社，O 社等の大きなゼネコンを使えという指示があったけれども，SP 社の例を見て，米国のゼネコンを使うと，プロジェクトマネジメントで絶対にコントロールが効かないと思った。雇った米国人マネージャーと相談して，図面が確定するまでは，造成工事，次は基礎コンクリート工事というように，サブコンレベルで業者を決定して工事を進める方法を取った。上坂さんから，なぜゼネコンを使わないのかと言われたが，探しているけれども，金が高い上，工事範囲が未決定なので，設計図書が確定するまでは，工事ごとにサブコンを使うと返答した。
泉　それいつ頃ですか？
小山　1984 年かな。
泉　84 年から 86 年ですね，30 年前か。
小山　暫くして，私はもうこの方法しかないと本社の役員にも説明して絶対譲らなかった。上坂さんからは，指示通りにできなければひとりでやれと言われた。最終的に，役員や DE 社の会長が，上坂さんを説得してくれて，私が考えるようにやるということになり，契約金も決定して，進めることができたという次第。
泉　つまり，SP 米国本社プロジェクト実践の教訓，反省の下で，米国のゼネコンを下に抱えるプロジェクトマネジメントじゃなくて，米国流の設計・施工方式であるデザインビルド・システムを選択したということですね。
小山　そう。SP 米国本社プロジェクトは，SP 社への対面上，設計・施工方式だったけれども何のコントロールも効いていなかった。設計も含めて一式丸投げでやっていた訳だ。
泉　A 建設のマネジメント下で，米国の設計事務所が設計して，米国のゼネコンが施工したということですよね。それは大変だ。
小山　そのときに，私が上坂さんからさんざん言われたことが，「米国ではおばけが出るからゼネコンに任せなさい。ばらばらにしてトンカチで叩くと，ろくなことがない」ということだった。
泉　簡単な話で，上坂さん達は分かったつもりでいたということですね。
小山　SP 社のプロジェクトを受注したときに，日本の得意先に対して，米国で初め

て設計・施工方式での請負をやった。だから会社をつくらないといけなかった。しかし，やったことは，米国のゼネコンを下に抱えたコンストラクションマネジメント方式のやり方だった。それを経験して，コストも品質も工期もコントロールできず，本来のプロジェクトマネジメントができないと思った。

泉　　基本的にみんな機会主義的に行動するから。

小山　SP社から何を言われたかというと，「お前のところはただ金をもって行くだけだ。本当はB建設に頼みたかった」なんて言われた。

泉　　SP社内部に，B建設を推す人がいた訳でしょう？

小山　SP社現地法人の社長か副社長が，「絶対B建設の方が良かった」と言ったということを聞いたことがある。

泉　　それはそうでしょうね。

小山　それを「すみません，すみません」と謝って，なんで俺が謝るんだろうと思いながらいた。

泉　　まあ，その辺がパート1ですね。

小山　そういうことがあって，どうコントロールしたらいいか，パッケージに分けるとなると，どのように分ければいいかということを考えていた。当時B建設は，型枠，コンクリート，建具工事をバラしてたし，直接雇用の人間を使っていたという噂を聞いたことがあった。

泉　　B建設は，その頃から米国のローカル，地元の会社ですからね。

小山　そんな噂があったんで検討した。結局，直用は仕事量がたくさんあればいいけれども，仕事量が限られる場合にはうまくいかないと判断して，限定したパッケージに分けてサブコンを直に使った。そのときに建築設備もどこまで分けられるか検討したけれども，機械は機械，電気は電気で大きく分けてコントロールした。

泉　　小山さんが考えた戦略は，SP米国本社プロジェクトでの経験に基づいて，ゼネコンに乗っかっちゃいけない，自分達がゼネコンになるということですね。それで地元のサブコンを使っていくということになったんですね。

小山　そういうことをした結果，えらく儲かった訳だ。利益も予想以上に上がった。

泉　　日本の顧客と米国の実情の間に2面性をつくらないで，設計・施工方式での一式請負だったら，実態を押さえて，対応するということですね。

小山　リスクのある部分はリスク対応したし，ばらして契約する方はかなり絞ったから，利益率は高くなった。しかし，仕事が終わったら，私はM州D市の現場に行けと言われた。それも上坂さんに言われて，また抵抗した。G州A市でそれなりのキャッシュもあり，スタッフもいて，いろんなことにチャレンジする機会があった。竣工する前から営業をちょっとしており，次に何をすべきか考えていた。

泉　　小山さんが会社組織をつくり始めた頃に，そこに今度は伊藤さんが来る訳ですね。

小山　そう，SD社から小さな工場建設の案件がもち込まれた。たまたまプレゼンテーションの内容が良くて，SD社の専務に気に入られ，お願いすると言われて受

第1部　事例編

	注した。それで，誰がやるということになり，腰の手術したばかりだし，小山がアトランタに残ってやれという指示が来た。
泉	伊藤さんは，それでアトランタに行ったんですね。
小山	そう。その後すぐにNS社の案件があり，現地調査をやるということになった。だけど全然進展しなかった。営業担当が来たときに図面を見せてもらったら，建築ではなく，プロセスプラント主体のプロジェクトだった。営業担当はプラント主体の仕事をできる訳がないと言っていた。
泉	SD社，NS社どちらの件も聞いています。
小山	当時，T造船とA建設が営業的にフォローしていて，伊藤を出張させて対応していた。客先は，A建設が事務所ビルなら対応できるけどプラントは疑問，T造船はプラントをできると評価していた。私は，米国ではプラントだろうがなんだろうが，建設プロジェクトとして考えて欲しいと頼んだ。A建設は，米国人スタッフをもっているエンジニアリング会社で，建築，プラント，土木にかかわらず対応できる。頭から下のことは全部分かっていると説明した。T造船は米国で何の経験もないし，顧客のプラントを理解できるだけだと説明した。T造船もA建設も石油化学プロジェクトを扱うプラントエンジニアリング会社のようにノウハウをもっておらず，どちらの会社を使おうが，基本的に同じではないかと説明した。必要なノウハウを伝えるのは，A建設がきちんと伝えるので心配ないというスタンスで営業を仕掛けた。そうやって，いろんなことをやっていると，たまったお金も少なくなってくる，チョンボもするし。そういうのもあったけど，顧客満足も含めて，およそ，成功している訳だ。
泉	私はアトランタに92年に赴任した訳ですが，小山さんは10年も前に来ていたんですね。いろいろ経験して，米国の建設事業をどうすべきか理解されていたんですね。 　2番目に聞きたいことは，日本と米国の教育制度の違いです。例えば，日本では，建築学科と土木学科で建設関係の教育が行われます。米国では基本的にアーキテクチャースクールが独立して存在し，その他一緒で，シビルエンジニアリングスクールで教育が行われます。アーキテクチャースクールは，意匠設計を中心に建築設計を教育し，シビルエンジニアリングスクールは，ビル，ダム，道路，橋，トンネル等々の技術的教育を行うと同時に，コンストラクションマネジメント・コースをもち，マネジメント教育を行います。今もそうだと思いますが，私が留学したときにはそういう分類になっていました。例えば，建物はビルディングコンストラクション，道路やダム等はヘビーコンストラクションと分類されていました。日本では土木と建築が縦割りで，マネジメント教育のコースはありません。米国では建設関連が全て同じで，シビルコンストラクションとなっています。
小山	歴史的な経緯は分からないけど，日本の建設業のルーツは，普請，多分築城から来ていると思う。お城，お堀，石垣，橋とか，そういうものを建設することが普請で，そのなかで土木という言葉が出て来たと思う。また一方で建築というのは，西洋の建築を新しく取り込んだときに，ホテルや事務所等の建物を単

泉　独に建設するようになって，建築という言葉が広がったんじゃないかと思う。
泉　日本の近代建設業の起源は，『建設業を起こした人々』という本にいろいろと説明されています。
小山　欧米の場合，建築のアーキテクチャーというのは，意匠設計，建築意匠設計だね。私が学んだハーバードの大学院は，まさにそのとおり。
泉　美学と並ぶような学問体系だと思います。
小山　そう。だから，授業の課題は，決して実用的なことではない。いろんなことが可能だから，階段のない部屋をつくって自分のコンセプトはこれだと言えば，それで問題はない。建築のエンジニアリングというのは，構造設計などに関すること。
泉　笠原[22]さんはどちらなんですか？　アーキテクチャースクール，シビルエンジニアリングスクールどちらですか？
小山　IIT[23]のアーキテクチャースクール。ミース・ファン・デル・ローエ（Mies van der Rohe[24]）の流れを汲んで，煉瓦割をさせられたというのが印象的な話だった。西洋では，煉瓦の積み方が大事で，どういう積み方でアーチを造り，構造的に満足し，意匠的に綺麗に見せるかが重要で，イングリッシュボンドとかフレミッシュボンドとかいろんな積み方がある。
泉　小山さんはハーバード大学のアーキテクチャースクール，私はワシントン大学のビジネススクールとシビルエンジニアリングスクールで学びました。アーキテクチャースクールで教える内容は美学と同じような範疇で，シビルエンジニアリングスクールではエンジニアリングとマネジメントですね。
小山　アトランタでプロジェクトマネジメントを始めたときに分かったことは，エンジニアではなく，コンストラクションマネジャーを雇うこと。コンストラクションマネジャーで工学的知識のある人間は非常に少ない。これはアーキテクトも同じ。ハーバード大学のアーキテクチャースクールにおける構造力学の最初の講座で何をするかというと，マッチ箱もってきて，マッチでこのようにブレースをつくると潰れませんねというところから始まる。
泉　だから，日本の構造設計出身の留学生からすると，何言ってんだということになる訳ですね。
小山　だから，「ハーバードはつまらないことを教えている」と馬鹿なことをいう派遣留学生が出てくる。当時のA建設米国現地法人社長がその留学生に「おまえ何のためにハーバードに行ってんだ，東大の大学院出た奴にもっと構造のこと勉強しろなんて会社は一言も言ってない」ということになる。
泉　その社長も本当のポイントを理解していなかった。そもそもA建設が留学生を送っていたところって，アーキテクチャースクールなんでしょう？　違うんですか？　ハーバードだからエンジニアリングはないでしょう？

22　X社Gプロジェクトにおける A建設の実施設計担当。米国のアーキテクトとしての資格をもっている。
23　IITとは，Illinois Institute of Technology（イリノイ工科大学）。
24　近代建築の三大巨匠のひとり。

小山 だから、そういう人を入れること自体が間違っている。

泉 意匠設計の人間を、勉強に行かせるのは理解できますが。3番目にお聞きしたいことは、この論文で取り上げた3つのプロジェクトに対する小山さんなりの見解です。小山さんが一番知ってるのがX社Gプロジェクトだと思いますが、これは成功した。Y社Aプロジェクトが△なんです。3番目のZ社Nプロジェクトはダメだった。3つのプロジェクトマネジメント・システムに関連して、ご自分の経験に基づいた成功のポイントみたいなもので結構ですから、説明して頂けたらと思います。

小山 プロジェクトには、成功させるというひとつの目的がある。管理がうまくいって、工期通りに終了し、金も儲かって、品質も良く、事故もなく、客先が満足して、こちらも満足する。そういうのが理想とされる成功のパターンだと思う。米国のプロジェクトで成功するための要因として挙げられることのひとつに、本社側にあまり関知されないことがあると思う。本社側は、現場側の毎日の意思決定に関わらないながらも、プロジェクトを監視する必要があり、詳細な報告を求めうるさいことを言う。最近は通信技術が発達し、すぐにコミュニケーションができるようになっている。昔、私がアフリカのザンビアでプロジェクトをやったときには、予算を始めとして、全ての権限を行使することが可能で、プロジェクト管理に対して気合が入った。米国の最初のプロジェクトでは、通信技術は電話くらいしかなかった。その後ファックスが現れたけれども、それほど普及していない状態だった。そんな時代に、本社の管理部門から様々な指摘を受けたときに受け答えの方法が重要で、嘘を言わないことだった。当時、自分のコントロールで最大の効果を出せるということに対して、面白さをすごく感じた。

泉 なるほどね。プロジェクトマネジメントにおいては、2つのパーティの接点、オーナーとコンストラクターの接点が重要だと思います。この点のところに人がたくさん介在し、いろんな人の思いが錯綜すると、混乱するに決まっています。だから、オーナー側のプロジェクトマネジャーとコントラクター側のマネジャーが、会社のインターフェースとして交わる接点で、きっちりとコミュニケーションをとることが一番重要なんですね。

小山 私がプロジェクトマネジメントをやっていた時代に印象的なことがあった。NS社のプロジェクトで問題が生じたときに1週間くらい工事を止めたら、けしからんということで客先に呼ばれたことがあった。当時米国の責任者だからということで、本社の副社長が同行してくれた。あの人は謝らなかった。「現場は現場でいろいろあります。現場はちゃんとしています。こいつはきっちと会社を代表してやっています。私はこいつのいうことを支持させて頂きます」と言ってくれた。そうすると向こうは何も言えない。

泉 同じことを、小山さんが私に言ってくれたことがありますね。それは副社長がそういうふうに示してくれたんですね。

小山 そう。副社長はどのくらいマネジメントのことを考えていたのか、それとも考えていなかったか別にして、私はそれが一番の救いだった。ところが、時代が

経つにつれて、客先に対して、表面に立っていい顔みせるプレーヤーばかりがたくさん増えて来た。

泉　それがまさしく、取引コスト理論の基本である、限定合理性と機会主義ということなのかな。人間っていうのは完全合理的ではなく、限定合埋的で、しかも情報を全て把握ができない。だから、認識するのに 100 の知識が必要なのに、30 くらいの知識で判断しなくちゃいけない。そういう場面にいつも遭遇している。そうであるが故に、自分のポジション、自分の利益を基本的に守るため、いわゆる、機会主義に走る。機会主義っていうのは得意先との取引でへりくだってやった方がいいと思えば、やるということなんですね。

小山　そういう機会主義が、露骨に発生しないときは、おおよそ自分として正しい方向に進められる。そうするとプロジェクトは成功する。ところが、A 建設でエンジニアリング本部に所属したときのあるプロジェクトでは、意思決定できる立場でなく、支援する立場でプロジェクトに関与した。プロジェクトマネジャーと相談して対処していったけれども、プロジェクトに関与するいろんな部門の社員が、保身のためにいろんなことを言い、行動し、結局ぐちゃぐちゃになってしまったという経験がある。

泉　なるほどね。プロジェクトには、受注段階から竣工までのなかで、オーナー、コントラクター間に取引コストが存在します。プロジェクト進捗に伴って発生する 2 社間の取引コストがオーナーにとって予想より削減されていけば、プロジェクトの成功に結び付くと基本的に考えています。プロジェクトの成功の定義っていうのが、小山さんがいつも言ってるように、まずオーナーに褒められることですね。そして、内部的には工期を守って利益が上がること。3 拍子揃えば、成功だと思われます。

小山　X 社 G プロジェクトの例でいうと、L 設計の林先生（所長）が X 社の副社長とつながっていて、米国現場におけるプロジェクトマネジメントに対しては、優位に立っていたから、客先が 100%満足したかっていうのは疑問だけど、X 社のトップは満足したと思う。X 社のプロジェクトマネジャー、現場の責任者にとって面白くない場面は、たくさんあったと思う。

泉　A 建設としては、林先生から評価を受けて、次のプロジェクトにつなげたいと考えていた。ところが、プロジェクトの当初に、うまくいくような兆しはなかった訳です。基本的に擦りあわせのところがうまくいってなかったと思っています。

小山　応札時に、他のプロジェクトでしていたように、設計・施工ベースの観点でプレゼンテーションをした。その観点で提案すれば、客先は能力を評価するだろうと思っていて、それが普通だと思っていた。ところが、林先生を始めとして、L 設計の応札時に対応した方々は設計者で、「設計は私がやるんです」と言った。さらに、「あなたは私の作品を見たのか？」と質問された。その 2 つの指摘は、ショックだった。

泉　そうでしたよね。私はあのときプロジェクトは受注できないんじゃないかと思った。現場が始まってからも、松の木事件、見積もり漏れ、大雨発生とか、

取引コストに影響を与えるような事件が次々と発生して，2社間の関係がおかしくなりそうになった。北田さん（L設計設計技師）とは外構工事の件で揉めたんです。確か，芝蒔工事がA建設の工事範囲かどうかの議論で険悪になったんです。

小山　あのときは，確かどうだったかな？

泉　いやもう，小山さんはプロジェクトマネジャーじゃないですからね。

小山　そうね。私は何に徹してたかというと，林先生が喜ぶこと，設計事務所が苦労することを手伝うようにしていたように思う。例えば色選びとか。林先生は，必ず，ちらちらとこちらを見て反応を確かめていたことを覚えている。

泉　設計・施工者の反応を確認していましたよね。

小山　設計は私がやるって最初に言っちゃったから，やらないといけないという感じだった。しかし，設計・施工者としてのA建設の反応を見ていた。

泉　同年代の人が，泥臭いことを平気でやってくれることに魅力を感じたって言ってくれたんですよ。そうじゃないとA建設よりも，E建設の方がいいと言ってた。

小山　社員それぞれが，現場とその管理上にいて，私は管理側で事務所にいたけれども，重要なときは現場に行って，林先生が設計施工者としてのA建設の反応を見るときにいろいろ察知して，泥臭いところをやった。

泉　だから日本の設計・施工方式でやるように動いていたんですね。

小山　日本の設計・施工方式と同じだよ。要は，細かいところに対しては日本的にみなやりましょうということだった。

泉　でしょうね。でも設計・施工分離方式なんですよね。設計・施工方式じゃないんです。設計はL設計がやったことになっていた。林先生と北田さんがどう言うか，北田さんは間違いないと言うと思うんです。でも本当はL設計が設計・施工分離だっていうのなら，オーナーに対して米国のことが分かっていて，「こうなんですよ」とビシッと言わなくちゃいけない。でも，そういうことはできなかった訳です。A建設は米国の事情を分かっていても，余計なことを言わないで，Y社に対しては「L設計の先生方のご指示を頂いて実行しています」と説明していた。

小山　こうして欲しい，ああして欲しいというような，林先生なりの指示はたくさんあったように記憶している。それを実現するために，A建設は皆，ベクトルを合わせたように思う。それがうまく合っていないときには，例えば，渡り廊下のカットが大騒ぎになったりして，問題になった。

泉　私が一番びっくりした事件は，外壁パネルですね。林先生がほぼ竣工時に出張して来られて，建物外観検査をしたときに，「これは違う，光ってないじゃないか」と言われて，あのときは参った。同行の雑誌記者が「本当だ，光ってない」と追い打ちをかけるし。「いや，北田さんから言われた型番で，選んだんですよ」と説明しましたが，その日は次に来る悪いことを予想してか，暗澹とした気持ちになったことを記憶しています。まあ翌日，「太陽光の下で見ましょう」ということで，再度検査になったんですが，「太陽光の下ではいいじゃな

いですか」と言われて，胸を撫でおろしました。
小山　林先生は，設計監理はするけど，ディテールデザインの方は，設計・施工者としてのA建設を頼りにしていた。
泉　そうですね。林先生はプロジェクトの最後の段階でA建設を信頼していたと思います。自分がないものをもってる人達が，林先生を皆慕い，頭を垂れ，指示に答えて一所懸命やる訳だから，気持ちが良かったと思います。
小山　泥臭いことをやったということが，好かれた理由だと思うよ。最初に，「設計はあなた方がやることじゃない」と言ったけれども，設計・施工的なアプローチを継続していた訳で，「こんなもんでどうでしょうか」と腰を折っていろんなことを提案していた。プロジェクト応札時は，腰を折ってた訳じゃなかったから。
泉　ところが，M州D市のX社米国本社プロジェクトのときには，拠点長が小山さんから古山さんに代わって，すごく評判が悪かったんです。設計はインターフェースが岡田でした。岡田は岡田で評価されていたんです。きちんとフォローするから。
小山　柱のピン角がどうこういうことと，柱を壊してやり直したことを聞いている。
泉　事情はいろいろあったんでしょうが，L設計とのやり取りのなかで，L設計の本意ではないのに古山さんは「やり直せ」と言って，柱を壊してやり直したと聞いています。結局，コミュニケーションを直接密に取らない訳です。古山さんは林先生が来ても，部下に任せるだけだった。インターフェースの役割があるのに，林先生の代理で出張で来た人達も無視される訳です。林先生が期待している現場の意思決定者は古山さんだったんです。出張者は伝令役で来ている訳です。コミュニケーション取らずに，何で意図を汲まないで，独断でやってしまうのかということです。
小山　そこでひとつ言えるのは，自分の立ち位置ではないけれども，設計に対する考え方の違いではないかと思う。
泉　古山さんは古山さんで，恐らく正しいんです，やっていたことが，客先にフィットしなかったということであると思います。
小山　しかし，設計要求がある訳でしょう？
泉　そうです。設計要求に合致していなかったんです。それで，壊してやり直すというのはひとつの答えじゃないですか？
小山　壊してやりましょうという前に，仕様が設定されたら，基本的にできるかできないかを報告する義務がある。コントラクターは，設計の意図を組んで施工的に可能かどうかを意匠設計者に伝えなくてはいけない。
泉　コミュニケーションに難点がある訳ですよ。
小山　コミュニケーションなのかね。ものごとの考え方の根本に間違いがあるんじゃないかなと思う。
泉　いや，その後に発生したことは皆同じです。Z社Nプロジェクトの件に関しても，コミュニケーションの問題がほとんどだった。
小山　他国の例だけれども，フィリピンの例がある。設計・施工方式でのプロジェク

第1部　事例編

　　　　トだから，本社側からいろいろなスタッフが来た。日本から建築設備担当の管
　　　　理者が巡回して来たときに，施工箇所がA建設の基準と違うということで指摘
　　　　を受けた。私は，「A建設の基準が何か知らないけれども，設計仕様書の順位
　　　　があるはずだ。フィリピン基準があり，ブリティッシュ基準もある。米国基準
　　　　も入っているが，A建設の基準は一言も設計図書に入ってない」と言って全部
　　　　排除し，設計にも確認した。A建設の思想，社内基準っていうのは，海外工事
　　　　において何の意味もなしていないし，客先に対しては，A建設の設計・施工の
　　　　考えをもって行っても意味がない。
泉　　　設計・施工の間違った考え方を刷り込まれているんですね。
小山　　そうそう，刷り込まれていて，他のアジアで起こっているトラブルの多くがそ
　　　　れに起因している。当時，海外工事の経験が初めてだった担当者に繰り返し伝
　　　　えた。「お前はアーキテクトでもエンジニアでもない，現場管理者だ。エンジ
　　　　ニアだったらエンジニアのライセンスが要るし，アーキテクトだったら，アー
　　　　キテクトのライセンスがいる。正しい意味で，現場管理者なんだ」と言った。
泉　　　いわゆる契約上のコンストラクションマネジャーじゃなくて，現場の管理者と
　　　　いう意味ですね。
小山　　杭工事に関しても，全部データを取って本社のエンジニアの許可を全部受け
　　　　た。私がプロジェクトマネジャーを交代するときに，「1cmや2cmをなんで増
　　　　し杭するんだ」と言われたが，「構造エンジニアがしなさいっていうからしな
　　　　くちゃいけない。データを改ざんするのはもってのほかだ」と答えた。何か処
　　　　置をする場合，決定はアーキテクトだということを徹底していた。古山さんが
　　　　日本の一級建築士の感覚で「俺はエンジニアであり，アーキテクトだ」という
　　　　考えで設計に立ち向かうと，トラブルを起こす。だから，当時の我々はそうい
　　　　うアプローチをしていない。日本で一級建築士をもち，米国留学して高いレベ
　　　　ルの教育を受けて，構造も意匠も分かると，自分はアーキテクトやエンジニア
　　　　レベルだと誤解してしまう。日本では，そういうつもりで働くことは必要かも
　　　　しれないが，海外プロジェクトではトラブルの原因になる。
泉　　　その認識は，海外プロジェクトでは重要なことですね。
小山　　だから，海外で設計・施工方式をやり始めるときにプロジェクトは失敗する。
　　　　日本で設計・施工をやっていると，自分はアーキテクトでありエンジニアレベ
　　　　ルにあると誤解をしてしまう。だから，設計部がいろんなことを言うと，現場
　　　　の人間は，「何をおまえらこんな設計やってんだ」と言って怒る訳だ。それは，
　　　　日本の設計・施工方式の世界で許容されるだけ。
泉　　　日本の設計・施工方式中心の建設業界で回ってるから，それはそれで許容され
　　　　るんですね。それが好結果を生む。
小山　　しかし，設計部の人間だって，「これはやってもらわなくちゃ困ります。クラッ
　　　　クが入ってしまうから駄目です」と主張する。例えば，構造設計なんかとくに
　　　　そうだと思う。
泉　　　X社Gプロジェクトの成功は，きちんと2面性を理解したことです。米国では
　　　　米国の商習慣，サプライチェーンに適合するように動き，L設計に対しては，

98

コミュニケーションを取り，日本の設計・施工方式的対応のカスタマーリレーションで立ち振る舞った訳です。根底にあることを理解して林先生が言われたことを一所懸命にやった。

小山　プロジェクトマネジメントの基本のひとつは，設計に相談して納得する接点を見つけることだと思う。ピン角のことも，そんなものはできないから，面つければいいんだっていうことではない。できないのであれば，どの程度までできるのか，この程度の収まりじゃないかとか，いろんなことをして設計的に納得してもらわなければならない。

泉　日本の大学教育を受けて，しかもゼネコンの設計・施工方式を通じて現場教育で鍛え上げられ，海外プロジェクトに従事したときに，そのまま頑張ろうとすると失敗することが多いということなんですね。米国だけじゃなくて他国に行っても同じですね。

小山　いやまあ，そんなんところかな。

第 4 章

米国におけるコンストラクションマネジメント・システムの発生と発展

本章では,まず米国の建築生産制度を特徴づけるコンストラクションマネジメント・システムが米国においてどのようにして発生,発展してきたのかに関して,

① 発生,発展の歴史的背景を説明する文献
② アーキテクトの立場からコンストラクションマネジメント・システムを開始し,発展させたジョージ・ヒーリー(George T. Heery)の自伝[1]
③ コントラクターの立場から,コンストラクションマネジメント・システムを開始し,発展させたターナー建設(Turner Construction Company)の社史[2]

を主に参考することによって記述する。

次に,日本におけるコンストラクションマネジメント方式の現況を知るために,関係者に実施したインタビュー記録を併せて掲載していく。

4.1 米国におけるコンストラクションマネジメント・システム発生の背景[3]

米国においては,1857 年に AIA が設立されたことによって,設計と施工の職能が完全に分離されたといわれている。それ以降,オーナーが発注する建築物に対して,アーキテクトがオーナーとコントラクターの間にオーナーの代理人として介在し,設計を担当する体制が確立されてきた[4]。米国では,設計の

---

1 Heery(1975, 2010).
2 Wolf(2002).2000 年以降に関しては,ターナー建設のホームページにおける社史を参照した。http://www.turnerconstruction.com/about-us/history (2016 年 8 月 13 日確認)。
3 本節は,A 建設コンストラクション・マネジメント部(1990 年設立)の「欧米出張報告書:コンストラクション・マネジメント(CM/MC)の実態調査報告書」,および CMAA(Construction Management Association of America)(2007)"An Owner's Guide to Construction Management" を参考にして記述。
4 設計・施工分離方式(デザインビッドビルド・システム)である。3 者分立の理由に関しては,背景にある宗教,商道徳,文化等,様々な観点で説明することが可能である。山本(1980)において詳しい。

組織体としては設計事務所が最も適した形であるとされ，これが設計，監理の主体となり，民間および公共工事の双方に対して，設計・施工分離方式（デザインビッドビルド・システム）が建築工事の基本的なプロジェクトマネジメント・システムとして発達してきた。施工業者の機会主義的行動に対して，設計と施工を分離することにより設計者によるチェック機能を働かせ，契約に準拠した法手続きに従って紛争を解決するというガバナンスが，設計・施工分離方式（デザインビッドビルド・システム）において備わっていた。

1890年以降，特に1920年代後半から30年代にかけてニューヨークのマンハッタンでは高層ビルの建築ラッシュとなった。現在のニューヨークで最も高い82のビルのうち，16のビルはこの時代に建造されている。マンハッタン銀行（Bank of Manhattan Trust Building），クライスラービルディング（Chrysler Building），エンパイアーステートビルディング（Empire State Building）等は，完成時世界最高の建築物であった[5]。第二次世界大戦後の1950〜60年代，米国は急激な経済成長期にあり建設需要が拡大した。好景気に刺激され，建設業者の数は増加し競争は激化したが，60年代後半に至り，米国経済はインフレが昂進して悪化の傾向を示し，強力なユニオンの存在による労働争議が頻発した。このような環境の下で，大規模プロジェクトには建設費の大幅な超過や工期の遅れが多発するという状況が生じた。設計・施工分離方式を採用した場合，投資に対する最大利潤を求めるオーナーと，最低見積もりを提出し，かつ適正な利益を得ることを求めるコントラクターは，根本的に利害が対立する立場にあり，紛争が頻発する要因となった。

時代の進展とともに建築プロジェクトが大規模・複雑化していくなかで，オーナーとコントラクターの双方から，設計・施工分離方式（デザインビッドビルド・システム）から生ずる負担し切れない品質，コスト，工期の不確実性に対して，新しいプロジェクトマネジメント・システムを求めるニーズが出て来た。オーナーが設計完成を待つことなくコントラクターのノウハウを設計に反映し，設計が段階的に終了した部分から施工に着手し，施工管理の専門家による効率的なマネジメントによって，コストダウン，建設期間短縮，クレームを巡る紛争の減少が実現され，また，コントラクターがリスクの少ない状況で安定したフィー収入を得られることによって，不確実性が少しでも解消することである。以上のようなオーナーとコントラクター双方のニーズからコンストラクションマネジメント・システムが発生，発展してきた。

---

5 Skyscraper.org から。http://www.skyscraper.org/ （2016年12月1日確認）。

第 4 章 米国におけるコンストラクションマネジメント・システムの発生と発展

建築業界では，1960 年中頃にターナー建設によって建設されたニューヨークのマジソンスクエアガーデン（Madison Square Garden[6]）が，コンストラクションマネジメント・システムが採用された最初の建築工事であったといわれている。その後，ジョンハンコックセンター（John Hancock Center[7]），ワールドトレードセンター（World Trade Center[8]），ニューヨーク市立大学等がこの方式によって建設され，これらの成功によってコンストラクションマネジメント・システムが普及していった。コンストラクションマネジメント・システムは，建築業界だけでなく，複雑な重工機械装置および化学プラント装置等，多くのユニットを秩序立てて建設していかねばならないプラント建設業界においても，同様に採用されていった。また，連邦政府の調達部門である GSA[9] は，70 年初期に公共工事の建設にコンストラクションマネジメント・システムを積極的に採用していった。これにより州政府や他の地方公共団体も同方式を採用するようになり拡大していった。コンストラクションマネジメント・システムを本業とする事業に参入する企業も増加し[10]，1970 年代前半には，AIA と AGC[11] が，コンストラクションマネジメント・システムに対してそれぞれ，標準契約約款を作成した[12]。

4.2　ジョージ・ヒーリー

4.2.1　コンンストラクションマネジメント・システムの発生

第二次世界大戦中，米国では戦争目的のための建設工事を除いて実質的に建設工事は行われなかった。大戦後 1950 年代に，戦前レベルにキャッチアップすべく建設工事が増加した。地方の学校，病院の増設工事，個人住居，公共インフラの補修や増設，中規模の商業・産業の公共施設等である。50 年代の半ば過ぎには全米で多くの大規模な施設建設計画が発生し，多くの巨大な新規医療施設，大規模教育施設，トンネル，橋梁，高速道路，工業・商業施設，軍事施設等の工事が開始された。60 年代になると，多くの大規模プロジェクトに

---

[6]　ニューヨークにあるスポーツアリーナ，エンターテイメント会場。
[7]　シカゴにある 100 階建て高層ビル。
[8]　ニューヨークにかつてあった高さ 417m，110 階建てのビル。
[9]　General Service Administration（米連邦政府一般調達局）。
[10]　米国には 100 億円以上の売り上げを挙げるコンストラクションマネジメント専業会社が 10 社存在する。2013 年度コンストラクションマネジメント専業会社リストから。https://www.bdcnetwork.com/top-construction-management-firms-2014-giants-300-report（2016 年 11 月 10 日確認）。
[11]　Associated General Contractors of America（米国建設業協会）。
[12]　米国ではこのような協会が，契約書の標準フォームを作成し，一般に提供している。

おいて入札が行われ建設が実行されるようになった。それまで，オーナーのために大規模プロジェクトの全般的マネジメントを行う専門的職業は存在しなかった。60年代は戦時下と同様なインフレーション経済下にあり，信用市場の頂点を突くようなコスト高に見舞われた[13]。そのような状況の下でオーナーは，設計・施工分離方式による大規模プロジェクトにおいて設計作業終了後に入札をして建設会社を決定するというプロセスのために，予算を超過する予期しない入札価格の上昇や不完全な設計情報による建設コストの増加，工期遅延の発生に遭遇した。

当時，公共・民間のプロジェクトを問わず，オーナー，アーキテクト，エンジニアにとって共通の関心事と議論は，上記問題の原因追及であった。オーナーにとって，予期しない高額の入札価格や追加工事費用の発生原因の多くが，ゼネラルコントラクターにあるとみなされていた。ゼネラルコントラクターが全ての原因ではないものの，一連の事実によって，大規模で複雑な建設プロジェクトに対しては，請負契約ベースではなく，時間ベース，コストベース，またはフィーベースを基本にして，オーナーのために専門的な設計と施工のサービスを提供する職能が，ゼネラルコントラクターにとって代わることが望まれた。いわゆる専門的なコンストラクションマネジャーが，オーナーのためにアーキテクトとともにトレードコントラクター（trade contractors）やベンダーをマネージしてプロジェクトを実行するという考え方である。オーナーは，オーナーの代理人として指定されたコンストラクションマネジャー，アーキテクトを介在して，トレードコントラクターやベンダーと直接契約を締結する。この契約関係は，実施設計完了以前に専門工事や納期がかかる発注等が必要であれば，オーナーにとっては非常に有効であった。

これらの考え方は，伝統的なアーキテクト主体の設計思想との間に摩擦を生じた。米国の南東部は保守的であり，米国の他地域に比べて伝統的な建築設計とプロジェクトの進め方である設計・施工分離方式を捨て去り，現実のビジネスに対して改善を図るという近代的な考え方をもつことに対してためらいがあった。しかしその例外もあり，それは，製造・物流関連企業のマネジャー達であった。当時南東部は，企業が北東部・中西部から産業施設を移転・拡張するに際して魅力ある地域となっており，彼らの商売にとって施設納期は重要であった。ヒーリー等はそのような状況に鑑み，専門的デザインとアドバイザー

---

[13] 当時，第二次世界大戦終了から，10年以上が経過し，大戦中に抑えられていた消費者の需要が爆発的に増加した。需要の爆発的増加に対して供給が追い付かないという状態が1960年代に出現した。年率2ケタのインフレの状況が数年継続した。

的役割を果たしたバウハウス（Bauhaus[14]）の理念を捨てることなく，建築，エンジニアリングの設計サービスだけではなく，建設におけるマネジメントサービスも提供する必要があると認識し，施設の設計と建設を，低コスト・短工期で実施するアプローチを追究していくことを決定した。その後，コントラクターの立場から低コスト・短納期実現を目指し，デザインビルド方式を提唱するデザイン・ビルダー[15]と競合したが，オーナーの建物をより短納期で，予算内に完成させるアーキテクトとして，地域ではかなりの名声を確立した。ヒーリー達は，実行していた上記のサービスを，"AE and CM[16] サービス" と呼んだ。

4.2.2　コンンストラクションマネジメント・システムの実施

　建築・構造・設備設計と建設マネジメントを結合させるアプローチは，アトランタ・ブレーブス（Atlanta Braves）のためアトランタ・フルトン地区に 1 年以内で秘密裏にスタジアムを設計・建設するプロジェクトを実施する際に役立った。フィンチ（Finch），アレキサンダー（Alexander），バーンズ（Barnes），ロスチャイルド（Rothschild）そしてパスカル（Paschal）等の設計事務所とともに，ヒーリーの事務所が指名を受けた。第二次世界大戦以降，大リーグのスタジアム建設を 2 年以内に成し遂げたという前例はなかった。当時，プロジェクトマネジャーとして働いた 36 歳のヒーリーは，アトランタ市長，アトランタ最大の銀行頭取，コカ・コーラ（Coca-cola）社長，アトランタ・フルトン地区のリクリエーションセンター会長等々に対して，コンンストラクションマネジメント方式の成果を堂々と報告した。ヒーリー等のマネジメントによって，アトランタ・ブレーブスが着工後 11 カ月と 3 週間でプレーをすることが可能となった上に，建設工事は約 40 億円という当初予算とスケジュール内で完了させることができたのである。

　評判は次の仕事へと結び付き，すぐにアトランタ・マリエッタにあるロッキード（Lockheed）社から要請がありジョージア工場の施設建設に従事することになった。プロジェクトは，30,000 ㎡の広さをもつ米国空軍 C5A 軍用輸送機設計スタッフの事務所であり，軍用飛行機の設計・製造工程上，ロッキー

---

[14]　1919 年ドイツ・ヴァイマルに設立された，工芸・写真・デザインなどを含む美術と建築に関する総合的な教育を行った学校。また，その流れを汲む合理主義的・機能主義的な芸術を指すこともある。学校として存在し得たのは，ナチスにより 1933 年に閉校されるまでのわずか 14 年間であるが，その活動は現代美術に大きな影響を与えた。
[15]　第 5 章 5.5.1 "設計施工方式" を参照。
[16]　'Architectural, Engineering and Construction Management Service' の略語であると思われる。

第1部　事例編

ドが軍と契約後100日以内で建設されなければならなかった。しかし、ロッキードが国と契約をするまでに実施設計は完了しておらず、建設も開始されていなかった。ヒーリー等はプロジェクト工期を何とかするために、SCSDシステム[17]と呼ばれる、設計不要なモジュラー型ユニットシステムを採用した。これは、1.5mグリッドの軽量鉄骨フレーム・天井ユニット・空調・照明システムが予め設置・調整された設計および現場加工が不要な建築設備ユニットである。SCSDシステムは、アーキテクトであるエズラ・ユーレンクランツ（Ezra Ehrenkrantz[18]）が発明し、教育者であるハロルド・ゴア（Harold Gores）博士により主導され、ニューヨークの教育施設開発センターにおいてフォード財団からの財務支援の下で開発されたものである。

ロッキード・プロジェクトに進捗が見られた頃、ユーレンクランツ夫妻が現場を訪問し、彼らの開発製品がロッキード・プロジェクトに採用されたことに対して謝意を表した。夫妻は、ヒーリー等のSCSDシステム採用を契機として、ロッキードの他のプロジェクトへ採用を期待したが、彼らの要求を満足することは難しかった。ロッキードの購買プロセスは、非常に厳格なものであり、ロッキードの客先に対する信義の観点において、ビジネス倫理に適っていなかったからである。ロッキード・プロジェクトは、SCSDシステムを使用して工期通りに進捗し完了した。その後すぐにハロルド博士から、短工期予定のミネソタ州にある大学施設建設に対して、コンストラクションマネジメントをフィーベースで実施できないかという打診を受けた。ヒーリー等は快諾し、短納期でプロジェクトを成功させるために支援することを約束した。これがヒーリーアンドヒーリー（Heery and Heery[19]）が、1966年にアーキテクトとしてではなく、コンストラクションマネジャーとしてコンンストラクションマネジメント方式を提供した最初のプロジェクトである。

4.2.3　コンストラクションマネジメント・システムの発展

小さい会社であったAMR（Advanced Management Research）は、当時、節税、人材マネジメント等で広くセミナーを実施していたコンサルタント会社であった。彼らがコンストラクションマネジメント・システムという言葉を聞いたのは1960年の中頃であった。AMRの社員が、まだ十分に理解されて

---

[17] School Construction Systems Development（学校用建築部材開発システム）。
[18] 米国の著名設計事務所イーイーアンドケイ（EE & K）の創始者メンバーのひとり。
[19] ヒーリーによって経営されていた設計事務所。後にヒーリーインターナショナル（Heery International）となる。

いなかった分野のビジネスに広範囲な人々の興味が存在することを発見し，コンストラクションマネジメントという主題でセミナーを開催することを決定した。当時，CRS[20]のコンストラクションマネジメント部門のトップで後に3DI[21]の会長・社長を務めたチャック・トンプソン（Chuck Thomson），ターナー建設のボブ・マーシャル（Bob Marshall），比較的新しかったコンピュータベースのクリティカルパス理論の専門家であるジム・オブライアン（Jim O'Brien），バリューエンジニアリングの先導者であるアル・デソラ（Al Dell's Asola），建設コンサルタントであるフランク・ミューラー（Frank Mueller），GSA[22]のワリー・マイソン（Walley Meisen）とバート・ベルベ（Bert Bellebe），そして，ヒーリーが講師を務めた。

このセミナーはその後何年も継続され，ヒーリー アンド ヒーリーの同僚で友人でもあるヴィック・マルーフ（Vic Maloof）も講師を務めた。彼らは，建設業界，関連コンサルタント業界，そしてGSAの公共ビルサービス部門の著名人であり，あらゆる建設関連の課題に関して討議を行った。AMRは，6〜10週間ごとに各地でセミナーを開催，2〜3日間の有料セミナーで各講師がテーマごとにプレゼンテーションを行った。講師は通常，開催前夜にホテルに集まり意見交換をしたが，セミナー参加者だけでなく，講師の全てが学習するよい機会であった。AMRセミナーにおいて最初に行われる，"従来のゼネラルコントラクターを専門のコンストラクションマネジャーに置き換えるコンストラクションマネジメント"というタイトルのイブニングセミナーにおいては，講師のメンバーがこの比較的新しい職業のアプローチと提供されるサービスに関して積極的に意見を交換した。

やがてヒーリーは，"工期とコスト管理の問題を解決するためには，あらゆるステークホルダーとの設計・建設プロセスに関わるプログラムを扱わなければならない"ということを，AMRのコンストラクションマネジメント講師陣に対して主張するようになった。建設プログラムとは，オーナーが実施しなければならない事前の設計計画，プログラミング，行程計画，予算計画，全体設計プロセス，建設購買プロセス，建設，設備／備品計画，財務および法規関連承認プロセス等々，建設プロジェクトに関する管理項目である。AMR講師陣は当初，"ヒーリーはずれている"と認識していたが，チャンク・トンプソンを含む他の講師陣は，最終製品としてオーナーから要求される建築品質を達成

---

20 米国の建設会社。
21 米国の建設会社。
22 General Service Administration（米国連邦政府一般調達局）。

するには，工期・コスト管理を徹底することに加えて，オーナーに対して広範囲なサービスを提供するコンストラクションプログラムマネジメントが必要であるという考え方に同調してきた。何年かが経過して，コンストラクションマネジメント方式は，幾つかの異なった意味とサービスをもつようになった。

今日，コンストラクションマネジメント（CM）方式は，正確には，以下の内容を意味している。

① エージェンシー CM（CM agency）：ゼネラルコントラクターを報酬ベースのコンストラクションマネジャーで代替する当初のコンセプト。
② オーナー代理人としての CM（CM as the owner's rep）：設計段階のコンサルタント業務等々で，建設中にオーナーの代理人として機能する。
③ アットリスク CM（CM at risk[23]）：設計段階は，オーナー側でコンストラクションマネジャーとして機能するが，設計が確定した段階で，総コストを保証して，フィーベースのゼネラルコントラクターとなる。
④ 管理型 CM（CM as contract administrator）：オーナーのために契約管理者として，期限付きのコンストラクションマネジャーとなる。

4.2.4　プログラムマネジメントとディベロップメントマネジメントの発生

コンストラクションマネジメントとコンストラクションプログラムマネジメントは，別々に発展してきた。建築・エンジニアリング設計事務所やコンサルタントが，プロフェッショナルサービスを提供するコンストラクションマネジメントやコンストラクションプログラムマネジメントを扱う方向に移りつつある一方で，多くのゼネラルコントラクターが徐々にコンストラクションマネジメント・アットリスク・システム（CM at risk）を採用するようになってきた。コンストラクションプログラムマネジメントという言葉がプログラムマネジメントという言葉に変わったのは 1976 年頃である。ヒーリーアンドヒーリーはオーナーに対して建築・エンジニアリング設計事務所として機能しサービスを提供したが，個別の関連会社を設立し，"ヒーリー アソシエイツ・コンストラクションマネジメント（Heery Associate Construction Management）"と名づけた。ある日，悪天候のためヒーリーが同僚達とアトランタ空港で足止めされたとき，その名前のぎこちなさが話題になり，より簡潔なものにしようということになった。議論の末，その部門を率いていたヴィック・マルーフが，"ヒーリープログラムマネジメント"と命名する案を出し，皆が異口同音

---

[23] 第 8 章 8.3.4（2）"米国の建築制度の進化と経路依存性"を参照。

に同意した。それが，コンストラクションプログラムマネジメントに対して，プログラムマネジメントという用語が使われるようになった経緯である。オーナーのために企画・基本・実施設計，建設プロセス全てを扱うことによって，オーナーの利益を確保することに結び付くのである。その様な理由で，それまで，コンストラクションプログラムマネジメントを提供していた多くの会社とオーナーが，ヒーリーが使用していた言葉を使用するようになった。

　プログラムマネジメントの重要な役割は，プログラムマネジメントチームがオーナー組織の一部として機能することである。プログラムマネジメントチームは少なくとも2人だが，大規模なコンストラクションプログラムの場合には多数のスタッフを必要とし，設計，建設契約，コストと工期において専門スタッフが支援する。プログラムマネジャーにとって非常に重要なことは，アーキテクトやエンジニアが実際の仕事に従事する前に選定されることである。なぜならば，プログラムマネジャーは建築生産プロセス全体を扱うからである。プログラムマネジャーの最初の仕事は，一般的にかなり詳細で量も多いが，客先要求事項の詳細なプログラムを確認してオーナー組織内関係者の同意をもらうことである。次に予備費を含めて，ソフト・ハード両面であらゆるコストを検討して全予算を把握することであり，加えて，十分にマスターデザインと建設工期を理解することである。これら3種類の書類（予算・設計・工期関係）は齟齬があってはならず，整合性が取れて一致していなくてはならない。不備があれば，プログラムマネジャーが是正する必要がある。次の仕事はアーキテクト・エンジニアとオーナーを契約させることである。基本的な形態として全てを備えた設計事務所1社か，建築設計事務所とアライアンスを組むエンジニアリングコンサルタントと契約を締結する。プログラムマネジャーは，オーナーとアーキテクト・エンジニア間のプロジェクト契約を準備し，オーナーに対して交渉と契約締結に関する支援を行い，契約後設計作業が開始されることになる。プログラムマネジャーは，設計開始からプロジェクト工程全体を通じて，プロジェクトに関与する会社が契約に従って義務を全うし，オーナーが不利益を被ることなく予算内で全体工期の遅れが生じないように，プロジェクトをマネージするのである。

　当時のヒーリーアンドヒーリーにおける優秀な専門家達が，プログラムマネジメントの発展に貢献した。初期段階の専門家を挙げると，ひとりはヴィック・マルーフで，彼はジョージア工科大学で建築，構造の両方を専攻した後にヒーリーに入社，後にヒーリー アンド ヒーリーの社長となり，会社が吸収合併されるまで会長としてヒーリーをサポートし，プログラムマネジメントの

最先端をリードした。もうひとりがデイブ・ケリー（Dave Kelly）であり，同様にジョージア工科大学の構造エンジニアリングの出身である。ニューオリンズのオシュナー病院（Oschner Hospital）病院の拡張工事に代表される初期段階のプログラムマネジメントの任務を遂行した。エニス・パーカー（Ennis Parker）やマービン・パウエル（Marvin Powell）も同様に重要な貢献をした。他にも重要な貢献者としてオールラウンドな能力をもつアーキテクトのブリントン・スミス（Brinton Smith）がいる。彼は，ヒーリーインターナショナルとブルックウッドグループ（Brookwood Group，以降ブルックウッド）で数年間ヒーリーと一緒に働いたことがある経験豊かなアーキテクトであり，プログラムマネジャーであった。また，アーミーコープスオブエンジニアズ（Army Corps of Engineers[24]）の出身でブルックウッドのトップであるボブ・バンカー（Bob Bunker）とビル・レイ（Bill Ray）は，多くの知識を提供した。ジョージ・ヒーリーの長男であるシェファード・ヒーリー（Shephard Heery，以降シェファード）もそのひとりである。シェファードは，コーネル大学卒業後ペンシルバニア大学ウォートンスクールでMBAを取得し，ジェラルド・ハインズ（Gerald Hines[25]）に入社し，サンフランシスコベイエリアでの不動産開発に従事した。その後いくつかの会社で経験重ね，2007年，ブルックウッドの役員として入社し，2010年にブルックウッドの総帥でありCEOとなった。ブリッジングメソッド（Bridging Method[26]）によって実施されるプロジェクトにプログラムマネジメントのサービスを提供することについて，ヒーリー親子は何度も議論を積み重ねた。

1989年に設立されたブルックウッドは，90年代当初，会社の主要メンバーであるシェファード，ローラ・ヒーリー（Laura Heery，シェファードの妻），ジョージ・ヒーリーとともに，ディベロップメントマネジメント・サービスの提供を開始した。今日，シェファードにより主導されるブルックウッドの提供するディベロップメントマネジメント・サービスは，①プロジェクトビジョンの構築，②市場調査を含んだ包括的なマネジメント，③敷地調査，④デューディリジェンス，⑤敷地購入，⑥コミュニティ調整，⑦権利調整，⑧プログラ

---

[24] 米国陸軍工兵隊。米国政府の機関のひとつであり，下記の業務を含むエンジニアリングを行う。ダムなど土木工事プロジェクトの計画，設計，施工および運転。米国陸軍と米国空軍の軍事施設の設計と施工監理。他の国防部局など連邦政府の施設の設計と施工監理の支援。放射能汚染地域の管理である。
[25] 米国テキサス州ヒューストンに本社をもつ不動産会社。
[26] デザインビルド・システムのひとつで，企画・基本設計はオーナー側，実施設計はコントラクターの管理下に入り設計をする手法である。

ミング，⑨スケジューリング，⑩総開発費用モデリング，⑪財務分析，自己株式化，負債化，⑫許可申請，⑬広報，マーケティング，⑭リース／セールス業務，⑮タイトル取得，⑯報告書作成，⑰法的および保険業務，⑱設計および建設マネジメント，等である。

　アーキテクトやコンストラクションマネジャーがディベロップメントマネジメントを学ぶ一番良い方法は，開発行為のリスクを実際に経験することであった。ブルックウッドの誕生間もなく，シェファードとジョージは個人としてアトランタ・バックヘッドエリアの主な不動産開発を請負った。契約内容は，開発物件がアトランタエリアのマンション市場価格以上で売れるように，開発・設計・建設・売却を行うことであった。ブルックウッドは，開発プロジェクトの顧客に対して，総合的な開発および設計マネジメントを提供した。開発プロジェクトのマンションは，地鎮祭開始前に3分の2が売却されていた。アトランタ事務所における経験を積み，新たに会社に加わった不動産開発を経験した専門家達とともに，民間・公共を問わず，多くの顧客に対してディベロップメントマネジメント・サービスを提供するビジネスをリードしている。ブルックウッドがディベロップメントマネジメント・サービスを提供して建設した施設は，カリフォルニア・ポリテクニック州立大学，ジョージア工科大学施設，メキシコのユアレーツにあるシスコシステム（Cisco Systems）の製造施設，東京にあるアフラック本社ビル等々である。

　図4-1に，ディベロップメントマネジメント，プログラムマネジメント，コンストラクションマネジメントの相互関係を示す。

図4-1　ディベロップメントマネジメント，プログラムマネジメント，コンストラクションマネジメントの相違
出所：Heery（2011, p.9）。

(1) ディベロップメントマネジメント (development management)

プロジェクトビジョンの構築，市場調査を含んだ包括的なマネジメント。

敷地調査，デューディリジェンス，敷地購入，コミュニティー調整，権利調整，プログラミング，スケジューリング，総開発費用モデリング，財務分析，自己株式化，負債化，申請許可，広報，マーケティング，リース／セールス業務，タイトル取得，報告書作成，法的および保険業務，設計および建設プログラムマネジメント

(2) プログラムマネジメント (program management)

オーナーのための設計および建設のプログラムマネジメント。

設計開始以前に要求事項プログラム作成，プロジェクト予算，マスターデザイン，建設工期，オーナーとの契約下に専門設計チームの選定，設計プロセスのモニタリング，オーナーによるレビューと承認プロセスのマネジメント，建設購買，建設，竣工，オーナーのための竣工書類作成業務

(3) コンストラクションマネジメント (construction management)

オーナーのための建設購買と建設のためのマネジメント。

4.3 ターナー建設

4.3.1 ターナー建設の概要

ターナー建設 (Turner Construction Company) は一般建築物の建設を行う分野で米国最大手の建設会社[27]であり，20世紀の最も有名な歴史的建造物の多くを建設してきた。建造された代表的建築物は，国連本部ビル，マジソンスクエアガーデン，ジョンF.ケネディ国際空港施設，ニューヨーク・ラガーディア空港施設等々，多くの，商業，産業，スポーツ施設がある。国内外に40の拠点をもち，世界のトップ100超高層ビルのうち，19を建造している。ターナー建設は，1999年にドイツのホヒティエフ (Hochitief) によって買収されている。

後に詳述するが，主たるプロジェクトを中心にした設立からの年譜は次のとおりである。

1902年：ヘンリー・ターナー (Henry C. Turner，以降ヘンリー) が，ター

---

[27] 第5章 表5-4を参照。ターナー建設より売り上げ規模が大きい，ベクテル (Bechtel)，フルアー (Fluor)，キーウィット (Kiewit) 等の会社は，EPC (Engineering, Procurement and Construction) 会社 (エンジニアリング設計・機器調達購買・建設会社) と呼ばれ，プロセスプラント，発電所等の産業施設を対象としている。

第 4 章　米国におけるコンストラクションマネジメント・システムの発生と発展

     ナー建設を設立。
1903 年：ニューヨーク市地下鉄駅の階段室とプラットフォームの建設を開始。
1919 年：米国海軍事務局ビルの建設。
1952 年：4 社ジョイントベンチャーで，国連本部ビルを建設。
1967 年：ニューヨークのマジソンスクエアガーデンを建設。
1977 年：年度売り上げが 2,700 億円（1 ドル =270 円）。
1996 年：ノースキャロライナ州シャーロットにエリクソンスタジアム（Ericson Stadium）を建設。
1999 年：ホヒティエフがターナー建設を買収。
2004 年：台湾の台北にて当時世界一の高さをもつタワー，台北 101 のプログラムマネジメントを実施。
2010 年：アラブ首長国ドバイにて，世界一の高さをもつ，ブリュジュ・ファリファ（Burj Khalifa, 828.9m）のプログラム・マネジメントを実施。

　会社のポリシーとして，創始者であるヘンリーによる顧客中心主義が掲げられている。"ゴールを達成しようとベストを尽くしている顧客に対して，率先して解決策を見出すことが必要である。顧客との関係を継続することが我々のビジネスの血液であり，当社社員が顧客の社員以上に努力していると顧客が認識するようにならなければならない。個人として顧客に配慮すること，顧客に尽力する事である"という考え方が引き継がれている。

4.3.2　ターナー建設の発祥と発展初期

　ターナー建設の生みの親であるヘンリー・ターナーは，1871 年メリーランド州で生まれた。ペンシルバニアのスワースモア大学に学び，シビルエンジニアリング（civil engineering）を専攻した。彼の子孫の多くがスワースモア大学に学んでいる。学位取得後すぐに，ヘンリーのキャリアにインスピレーションを与えた鉄筋コンクリート技術の初期段階で先駆的な技術者であった，アーネスト・ランサム（Ernest Ransom）の下で働き始めた。ヘンリーは辛抱強く，約 10 年間，鉄筋コンクリートの長所を評価してランサムと働き続けた。彼は建設における鉄筋コンクリートの材料としての耐久性，保証性を信じており，1902 年に信念の証として 2 万 5,000 ドルの初期投資を行い，ターナー建設を設立した。彼は，ニューヨーク・マンハッタンのブロードウェイ 11 番地に会社を設立した当初から，建設業界で名だたる会社に成長させようという抱負をもっていた。中途半端な野望で起業家的キャリアを始めたのではなく，大

113

企業の顧客のために大規模なビルを建設しようとする強い意志をもっていた。

　ターナー建設の最初の仕事は，ニューヨーク・ブルックリンにあるスリフト銀行（Thrift Bank）のコンクリート金庫を687ドルで建設したことであった。ヘンリーが思ったほどの規模ではなかったがすぐに多くの大規模な仕事が舞い込んできた。会社設立1年後の1903年には2つの契約を受注し，ニューヨークの建設業界において傑出した会社となった。その後，紙製品製造会社を経営するスコットランド出身の実業家，ロバート・ゲア（Robert Gair）が，ブルックリンに新工場プラントを建設する際，ターナー建設と契約を交わした。1904年に終了した施設は，18,000 ㎡の広さをもち，当時米国で最も広い面積をもつ鉄筋コンクリートづくりの建物であった。ターナー建設がその工場の拡張計画を行っている間に，ニューヨーク市地下鉄入口の階段室工事が開始された。階段室は当初鉄骨づくりで考えられていたが，ターナー建設はコンクリート構造がコスト的に有利と考えており，公開された入札記録を見直し，入札価格を下げて応札して幾つかのコンクリート構造の階段室工事を受注した。ターナー建設の代替案は広く受け入れられ，工事も成功し，インターボロー急行鉄道（Interborough Rapid Transit）における，50以上もの階段室とプラットフォームの建設契約に結び付くことになった。

　地下鉄施設の建設はターナー建設に他の重要な契機をもたらした。地下鉄の階段室建設は，ニューヨークという大都会エリアにおいて同時に建設する必要があり，プロジェクトを完成させるために多くの現場監督と技術者を雇い入れることが必要であった。ターナー建設は，成功裡に大規模な建設プロジェクトを完成させる為，来るべきときに必要となる組織づくりを行った。組織を確立した後の大きな挑戦は，仕事量に合わせて組織を拡張させて行くことだった。1907年にフィラデルフィア事務所を開設したのを皮切りに，活動範囲を拡張するために支店が設立された。1908年バッファロー事務所，1916年ボストン事務所が開設され，20世紀末までに支店設立が相次ぎ全米を網羅するようになった。第一次世界大戦が勃発した翌年，ターナー建設は米国で最も成功した建設会社の1つになっていた。会社設立後15年で，米国の大企業であるウエスタン・エレクトリック（Western Electric），スタンダード石油（Standard Oil），コダック（Kodak），コルゲート（Colgate），スクイブ（Squibb）等々の会社の建物を建設し，同顧客からの受注が継続され，総受注額が3,500万ドル相当となった。

　ターナー建設の最初の業績落ち込みは，国家的な危機に見舞われた時期に相応していた。第一次世界大戦の勃発から大恐慌の初期まで会社の売上高は，

第4章　米国におけるコンストラクションマネジメント・システムの発生と発展

1,200万ドルから，ほぼ4,400万ドルまで膨らんだ。全米中のあらゆる産業が，1929年に始まった経済不況によって患らう期間，建設業界も同様にひどいダメージを被った。新築ビル建設は一時停止され，受注額が1933年には250万ドルまで落ち込んだ。その後会社は，建設業界が以前の活力を取り戻すにつれて徐々に回復し始めた。1937年までに，売り上げは1,200万ドルまで回復したが，第二次世界大戦に入り全米が経済回復するまで大恐慌の影響から逃れることはできなかった。建設は，商業施設が大戦中停止され，軍事施設，工場，政府の施設に集中した。

4.3.3　ターナー建設の発展

　戦時中の大きな変化は軍事施設へのシフトだけではなかった。ヘンリーが70歳のとき，第二次世界大戦が始まり，同時に40年続けた社長の座を彼の弟であるアーチ・ターナー（Archie Turner，以降アーチ）に譲り会長の座へと退いた。スワースモア大学でヘンリーと同様にシビルエンジニアリングを学んだアーチは，第二次世界大戦の間会社を率いたが，病気となり社長の在任期間は僅かであった。1946年10月，ヘンリーは会長の座を病気の弟であるアーチに譲った。ターナー建設は，第二次世界大戦中に活躍した建設大隊シービーズ（Sea Bees）[28]を組織したベン・モーレル（Ben Morell）提督を招聘して社長に選任した。しかし，アーチの会長としての期間も僅かであった。会長就任1カ月後，アーチは心臓病で急死した。4カ月後，ベン・モーレルは別会社の役員として転出し，会長，社長がターナー建設に不在となった。

　リーダー不在のなかで，ヘンリーの長男であるチャン・ターナー（Henry Chandller Tuener Jr.，以降チャン）が社長に選任した。彼も，父親と叔父同様，1923年にスワースモア大学を卒業しターナー建設に勤務していた。チャンの社長就任によって，ターナー建設は，必要とされた経営リーダーシップによる安定性を取り戻した。チャンは，その後25年間社長として経営を指揮し，在任期間中に10倍以上の売り上げを達成させた。チャンのリーダーシップ期間中に達成された実質的な財務的成長は，多くの著名な建設プロジェクトを通じて成し遂げられた。1951年に売上高1億ドルの達成以降，ターナー建設は，1952年に国連ビル，1956年にチェースマンハッタン銀行（Chase Manhattan Bank）ニューヨーク本社ビルを建設した。1960年代における著名プロジェクトは，60年代初頭のリンカーンセンター（Lincoln Center）美術

---

[28]　米国海軍の建設工兵隊。戦線上における基地や道路の建設，防衛が任務である。

館，1967年完成のマジソンスクエアガーデン等，会社の代表作品として紹介されるプロジェクトである。

第二次世界大戦後10年間に会社の規模は拡張した。1954年オハイオ州シンシナティ，1964年カリフォルニア州ロサンゼルス，1966年オハイオ州コロンバス，1968年カリフォルニア州サンフランシスコに支店を開設した。全米中に支店網を設け，多くの著名プロジェクトを実行することによって，ターナー建設は，全米でも屈指の建設会社の1つになった。1972年にターナー建設は，ニューヨーク証券取引所に上場を果たした。それ以降，ほぼ40年間にわたり，投資家はターナー建設によって実行され注目を集めるプロジェクトに対して，間接的に参加する機会を与えられることになった。

1973年ミシガン州デトロイト，コロラド州デンバー，1976年ペンシルバニア州ピッツバーグ，ジョージア州アトランタ，1977年ワシントン州シアトル，1979年フロリダ州マイアミ，オレゴン州ポートランドに支店が開設された。この期間中の著名プロジェクトは，1974年バンダービルト大学医学部附属病院，1977年ジョンF.ケネディ図書館であり，その年，売上高は，10億ドル（約2,700億円）を達成した。

創立75周年を祝うまで，リーダーシップはチャンに任されていたが，1965年，チャンの社長退任時に，アーチの3人の息子のひとりであるホワード（Howard Turner）が次の社長として任命された。1970年ホワードは会長となり，同様にスワースモアの卒業生であるワルター・ショー（Walter B. Shaw，以降ショー）に社長の座を譲った。ホワードは，ターナー家一族で最後の社長に就いた人間であり，1978年まで会長職を務めた。

4.3.4 ターナー建設のガバナンスの変化

ショーは，ターナー家以外の最初のリーダーであった[29]。第二次世界大戦直前にターナー建設に入社し，太平洋でモーレル提督率いるシービーズで働き，戦後ターナー建設へ戻ってきた。ショーは，ニューヨーク本社で役員に上り詰める以前，主にシカゴ事務所で采配を振るった。1984年，ショーは退職する1年前に，ターナー建設のために34年間尽力してきたベテランのハーバート・コナート（Herbert Conant）を社長に任命し，会長に就任した。

コナートが指揮を執った際，社内構造改革を実施し，ターナー建設にホール

---

[29] 前述したように，第二次世界大戦後，シービーズのモーレル提督が5ヵ月間社長を務めた期間は特別である。

ディング・カンパニー制度を適用した。ターナー建設は，ターナーインターナショナル (Turner International) や，ターナーディベロップメント (Turner Development) のような会社と同様に，ホールディングカンパニー下の関連会社となった。ターナー建設は，ターナーグループの主要会社となり，中核を担った。この新しい段階においてターナー建設は更なる拡張を進めた。1980年コネチカット支店の創設，1983年カリフォルニア州に更に3つの事務所を開設し，1984年フロリダ州オーランド，1986年アリゾナ州フェニックス，テネシー州ナッシュビルに支店を開設した。1987年カリフォルニア州サンホセに別の事務所が開設され，1988年テキサス州ダラス，1989年ミズーリ州カンザスシティ，イリノイ州アーリントンハイツに事務所が開設された。その10年間で完成したプロジェクトのなかで著名なものは，テキサス州ヒューストンに建造された75階建て高層ビル，ヒューストンテキサス商業タワー (Houston Texas Commerce Tower)，シカゴ国際空港増設工事，ロサンゼルスに建造された75階建て事務所ビルであるファーストインターステートワールドセンター (First Interstate World Center) 等である。

1980年代における積極的な地理的拡張とは対照的に，ターナー建設にとってその10年間は，苦難な時期だったと認識されている。1985年に社長，1988年に会長となったアル・マックネイル (Al Mcneill) は，ひどい財務危機に直面することを余儀なくされた。いくつかの海外プロジェクトが，その財務危機の原因であるが，責任の所在はターナー建設ではなく，ターナーディベロップメントにあった。ターナー建設の財務的問題は，ターナー建設の経営成果が多くのプロジェクトの成功によって顕著になるにつれて顕在化した。アルは，深刻な問題を免れると信じていたが，ホールディングカンパニーの財務内容は，彼の後継者，ハロルド・パーミリー (Harold J. Parmelee) そして，エリス・グラビット (Ellis T. Gravette) が1996年に社長の座を引き継ぐまで回復することはなかった。

財務的問題に直面しつつも，ターナー建設は，幾つかの印象的なプロジェクトを実行していた。商業および産業施設における会社の実績は，長期的，伝統的であり，1990年代に公表されたスポーツスタジアムの建設において傑出していた。ターナー建設による最初の主たるスポーツ施設は，ハーバード大学におけるフットボール競技場で，1910年に完成した。1925年にはピッツバーグ大学の6万2,000人収容のフットボールスタジアムを建設し，1960年後半におけるマジソンスクエアガーデンの建設は，スポーツ施設建設における会社の地位を確かなものにした。1990年代と21世紀初めにおけるターナー建設の努

力によって,その地位はさらに確固としたものになった。ターナー建設は,1995年オレゴン州ポートランドにおいて,2万席のスポーツ施設であるローズガーデンアリーナ(Rose Garden Arena),1996年ノースキャロライナ州シャーロットにおいてNFLキャロライナパンサーズのために7万2,000席の観客席をもつエリクソンスタジアムを建設した。2001年,NFLデンバーブロンコのために,コロラド州デンバー,マイルズハイに7万6,125席をもつインベスコスタジアム(Invesco Stadium)[30]を完成させた。ターナー建設がスポーツ施設建設に名声を固めて行くとともに,新しい組織づくりが行われた。

4.3.5 ターナー建設の新たな展開

1999年,西ドイツのエッセンに本拠地をもつホヒティエフが,ターナー建設の最終的な親会社になった。ホヒティエフは,国際的なコンストラクションビジネス拡大のために,1999年8月に,ターナー建設を約3億7,000万ドルで買収した。1999年,8月23日づけグレインデトロイトビジネス(Grain's Detroit Business)とのインタビューにおいて,デトロイト地区の責任者が,"ホヒティエフによるターナー建設の買収は,敵対的買収ではない"と語っている。ホヒティエフは,125年の歴史ある建設会社であり,オーストラリアや英国において多くの実績をもつ世界で第5位に位置する建設会社である。ホヒティエフは,ターナー建設が扱っていなかった,ダム,トンネル,橋等の土木分野を得意としていた。吸収合併は,会社のサイズや業務範囲において適したものであった。

125年の歴史があり,67億ドルの売り上げをもつ会社が,41億ドルの売り上げをもつ会社を買収した。ホヒティエフにとって,米国における41の拠点,中近東におけるプレゼンスの存在が,国際展開にとっての大きな利点だった。ターナー建設にとっては,市場の拡大によってオーストラリアや英国へのアクセスが得られ,一番重要なことは,土木分野への進出が果たせることであった。ターナー建設は,2002年に100周年を迎え,歴史的に大規模プロジェクトを建設し経営していくハイレベルな能力を示してきたと同時に,21世紀の国際的な建設ビジネスにおいてリーダーとしての役割を果たしている。2004年には,台湾の台北において台北101タワーを完成させた。550mの高さは当時世界一である。また,2009年には,中近東のドバイにおいて,現在,

---

[30] 米国の投資ファンド会社。マイルハイスタジアム(Miles High Stadium)に対して,当初命名権をもっていた。

第4章　米国におけるコンストラクションマネジメント・システムの発生と発展

世界一の高さのビルと言われている地上828mのブリュジュ・ファリファを完成させた[31]。

4.3.6　コンストラクションマネジメントによるビジネス展開

　1977年サンフランシスコ地区におけるモスコーネコンベンションセンター（Moscone Convention Center，以降モスコーネ）での成功が，ターナー建設によるコンストラクションマネジメント・システムの成功例と言われており，将来への布石となった。サンフランシスコベイエリアにおける広大なコンベンションセンターであり，地域の価値ある資源となった。ほとんどが地下街であるが，都市開発の批評にも耐えうる景観のよいリクリエーションエリアと低層の地域密着型ビルから構成されている。モスコーネは，HOK（Hellmuth, Obata and Kassabaum[32]）とT. Y. リン（T. Y. Lin）という才能豊かなアーキテクトと構造エンジニアによる，訴求力をもつ素晴らしい作品である。人造池の下につくられた7エーカーにわたる無柱地下スペース，地震の揺れ，異常時の負荷に耐えるロングスパンの鉄筋コンクリートアーチを備えていた。

　ターナー建設にとって，全てを兼ね備えたプロジェクトであるモスコーネは，コンストラクションマネジメント・システムによって実行された究極のプロジェクトともいうべきもので，ターナー建設がコンストラクションマネジャーとして機能する多くの将来的な仕事のモデルとなったものである。ダグ・マイヤー（Doug Meyer）が，モスコーネのためにデンバーのプロジェクトから引き抜かれ，コンクリート打設の工程から始まり，プロジェクトに対する履行保証，法的問題のような非建設的問題を含めて，あらゆることがターナー建設のマネジメントの責任範囲であった。アーキテクトが選任される以前から関与し，ターナー建設は，実際の工事が開始される以前のほぼ2年間，建設プロセスのあらゆる要素のスケジューリングとコンサルティングに従事した。最終的には，30以上の個々のトレードコントラクターの工事の発注とマネジメントを実施した。後にターナー建設の全西部地区におけるゼネラルマネジャーとなったディック・ドリス（Dick Doris）は，当時若いエンジニアで，モスコーネプロジェクトで働いた最初の人間であり，工事完了の1982年にプロジェクトを去った最後の人間でもある。

　サンフランシスコにおけるターナー建設は，1982年までモスコーネプロジェ

31　どちらのプロジェクトも，ゼネラルコントラクターとして請負うのではなく，オーナー側の立場で，プロジェクトマネジメントやコンストラクションマネジメント・サービスを提供した。
32　米国セントルイスにある世界で4番目に大きな設計事務所。

119

クトを基盤として，コンストラクションマネジメント・システムによるアプローチを効率的なマネジメント手法として据え，シアトルとポートランドに営業所を設置し，更に北部へと進出を図った。ロサンゼルスにおいても西部地区の主要な建設会社を目指して，新たなターナー建設への成長へと向かっていた。1960年代から70年代にかけてカリフォルニア州南部では，継続的な建設が困難であるほどのペースで高層ビル建設ラッシュが進み，眺望のよい都市部や郊外での大規模プロジェクトを受注する期間が続いた。コンストラクションマネジメント・システムによるアプローチが，カリフォルニア州南部で数少ない民間オーナーと公共機関によって最初に展開した時期であった。

モスコーネのマネジメントモデルは，もちろん，確信的なマネジメントモデルであったが，真価が問われないままでいた。全ての建設関係書類を完成させ，低コストの入札者を決定する従来のプロセスである設計・施工分離方式が，当時，多くの地域で採用されていた。実際には，従来の建設契約である設計・施工分離方式（デザインビッドビルド・システム）とコンストラクションマネジメント・システムと呼ばれるものの線引きは曖昧だった。ターナー建設内部でも，コンストラクションマネジメント・システムは，"会社が直用の労働力（一般管理を除いて）で実際の建設を行わず，建設契約は，オーナーとコントラクターの間で直接行われるという方法"として定義されていた。法律によって，一般的に要求される公共的な入札方式が実施され，コンストラクションマネジャーはリスクをもつことはなかった。時折，コンストラクションマネジメント・システムの本当に意味するものの解釈に皮肉が込められていた。ジョーンズマンビルカンパニー（Johns Manville Company）のケースにおいては，会社がターナー建設の提唱したコンストラクションマネジメント・システムに対して，プロジェクトに従事させる優先権を先に与え，後に会社を直接リスクに晒す最高保証限度付き契約にて発注したのである。

しかし，コンストラクションマネジメント・システムに対する抵抗にもかかわらず，設計開始から建設終了までの時間を短縮させる外的要因（スピードに対する要求を強めた2ケタのインフレ発生）は，ターナー建設による新しいアプローチに対する説得力を強めることになった。1975年に南カリフォルニアのベンチュラ・カウンティで計画されていた新しい複合施設における悲惨な入札状況[33]が公になったとき，バリー・シブソン（Barry Sibson）が公共工事プロジェクトに対するコンストラクションマネジメント・システムの適用必要性を明確に把握した。シブソンが全ての設計・建設プロセスをオーナーのためにマネージする提案を示したときに，カウンティは，アーキテクトとコンサル

タントとの契約を破棄し，提案された道を模索した。ターナー建設は，すでに設計作業を行っていたジョンカール・ウォーネックアンドダニエル・ドウォールスキー（John Carl Werneck and Daniel Dworsky）建築事務所と仕事をしたことがあり，最初に，設計段階における事前建設サービスを提供し，後に建設プロセスをマネージした。プロジェクトマネジメントは成功し，その後，カウンティの一連の追加工事を受注することになった。シブソンによれば，1980年代のコンストラクションマネジメント・システムの広範囲にわたる実質的な受入れが，ターナー建設の成功に貢献をしたということである。ほぼ同時に，ターナー建設が東部で一緒に仕事をしたことがある設計事務所，キャボットアンドフォーブス（Cabot & Forbes）が，ロサンゼルスのウィルシャー通りに新しい高層事務所ビルの設計をすることになり，ターナー建設がコンストラクションマネジャーとして参加することになった。ターナー建設が1970年初期にロサンゼルスにおけるセキュリティバンク（Security Bank）の仕事をして以来の高層ビル建設参画であった。西部におけるターナー建設による高層ビル建設の，新しくも，より素晴らしい時期の始まりを示していた。

4.3.7　ターナー建設の日本市場への参入[34]

1989年，ターナー建設は，日本の民間セクターの建設プロジェクト，建設不動産ビジネスに参入した最初の米国の会社となった。日米で不動産ビジネスを展開する日本の秀和不動産は，第三セクターの再開発プロジェクトにおいてターナー建設と熊谷組のジョイントベンチャー（ターナー建設10%，熊谷組90%）に発注をした。プロジェクトは，東京の浅草橋に建設された複合用途ビルCSタワー（32階建て，事務所部18階・住居部14階，建設費約125億円）である。ターナー建設のハロルド社長（Harold J. Parmelee）は，熊谷組と組んで，秀和不動産のプロジェクトに参画していくことは日本市場への道を切り開く第一歩であるが，今後もジョイントベンチャーを進めるものの，単独で参画していくことはないと言明した。米国商務省は，熊谷組とターナー建設とのジョイントベンチャー契約に関して，歓迎の意を示した。米国を始めとする国々の高まる批判の下で，日本は公共工事を海外のコントラクターに限定的ながら開放することを誓約した。米国政府は，今後も日本市場を広く海外のコントラクターに開放することを要求していくと伝えた。

---

[33]　コンサルタントによる数年にわたる計画と設計の後，入札価格が6,000万ドルの予算をはるかに超えるものとなった。
[34]　UPIのニュース記事（1989年3月23日）から。

第 1 部　事例編

日本のコンストラクションマネジメントに関する関係者インタビュー：中川　満氏

泉　　今日は，国際的な設計事務所で活躍をされている中川さんに，20 年前米国で一緒に実行したプロジェクトを始め，現在行っているコンストラクションマネジメントやプロジェクトマネジメントに関して，ヒアリングをさせて頂きたいと思います。ほぼ 20 年前に，米国で代表的な 3 つのプロジェクトマネジメント・システムで建築プロジェクトを実行するという仕事を経験しました。設計・施工分離方式で実施した X 社 G プロジェクトは○，コンストラクションマネジメント方式で実施した Y 社 A プロジェクトは△，設計・施工方式で実施した Z 社 N プロジェクトは×と評価しています。X 社 G プロジェクトにおいては，そもそも，設計に関する区分をその当時はどのように考えていたのか，基本設計は L 設計，実施設計は A 建設でしょうか，この辺のところからお願いします。

中川　そうですね。L 設計はアーキテクトとして米国のライセンスをもっておらず，設計行為ができないのでそうせざるを得なかった。あの時，向こうの事務所と契約しましたね。

泉　　一期・二期が Stone & Webster[35] で三期が Stevens & Wilkinson[36] ですね。

中川　そうですね。確か実施設計は米国でやっていただきました。デトロイトの X 社米国本社ビルの場合にはパブリックヒアリングなんかも必要だった。

泉　　L 設計さんは設計・施工分離方式だと言ってましたね。

中川　そうです。企画・基本設計は L 設計だったけれども，実施設計は A 建設にお願いした。米国でいうところのデザインビルド・システムみたいなものだと思います。

泉　　どちらにもとれるような感じですね。設計事務所としては，設計・施工分離方式と明快に位置づけたいけれども，基本設計に関わる申請行為や，実施設計は，ゼネコンに任せているので，米国でのデザインビルド・システムと言えるかもしれません。その辺の解釈は，日本的な曖昧さですね。

中川　そうです。仕様決定に関しても，実施設計をしていないのでうまく逃げられる。あくまで基本設計しかしてないですから，お金は決まってるとはいえコントロールできる部分もある。

泉　　これはなかなか面白い事実です。互いに解釈上，良いとこ取りをしたということでしょうか。A 建設としては，L 設計さんは基本設計，我々が実施設計をしたのでデザインビルド・システムなんだと言える。基本的な条件は示しても

---

[35]　米国の著名設計エンジニアリング会社。http://www.stoneandwebster.com/（2016 年 8 月 16 日確認）。
[36]　Y 社 A プロジェクトの設計事務所でもある。

らったけど，実施設計，つまり詳細設計はA建設がやったんでデザインビルド・システムと言えます。

中川　海外でやる場合はそうですね。

泉　まあ，そうですね。今，同じようなやり方を日本でやるとしたら，どう伝えるんですか？基本設計はX設計，実施設計はZ建設みたいにするんですか？

中川　今，我々の会社のやり方では，基本設計で終了することはなく，その後，実施設計図面を作成し，より深く伝えようとします。X社プロジェクトの当時，米国でのやり方を知っていればそうしたと思いますが，時間的制約の上，ノウハウもないので，基本設計だけ行い，実施設計図を貰ってきて，日本でチェックしたということでした。今だったら，もっと深く関与します。

泉　日系企業が米国に進出し始めたのは1980年代後半で，当時，まだ5〜6年しか経っていなかった。あの当時，A建設だけが日本人が深く関与したマネジメントを行っていたことを分かっていませんでした。

中川　やはり，各社の出方が違っていましたね。

泉　そうだと思います。

中川　現地会社を抱えていた会社もあり，頭だけ日本人だけで，体は全部現地会社みたいな会社もあったし，もうちょっと半々の会社もあった。A建設さんはかなり日本人がたくさん向こうに行かれて，コントロールしてましたね。

泉　元上司の小山さんにインタビューしていますが，日本と同じように米国のサブコンを直接使用した方が良いと考えて，意図的に日本人中心の組織をつくり上げたと説明しています。私は，それが可能だったのはスタッフに米国留学者が多かったことがあると思います。米国で学んだことを実際に生かして，日本人主体でやってみたい，やれるという意識をもっていました。私も30代，若手で派遣された人は皆，留学した人でした。まあ，金がかかったと思いますけどね。

中川　そうでしょう。

泉　実際，経営的には人件費をどうするかということが課題で，なかなか難しい状況に追い込まれました。今になって過去の色んなことが分るということです。だから，尚更そういうことをきちんと書いて，後進に理解してもらおうと思っています。

中川　なるほど。

泉　ビジネスは基本的に取引コスト理論で動いていると思いますが，日本の場合，信頼に非常に重きが置かれていて，この取引コスト理論を前面に出すと，色んな人が嫌う側面がある。日本では信頼があるから，取引コスト理論を中心に解釈してはいけないと主張する，著名な経営学者もいます。しかし，取引コストと信頼というものをうまくミックスして説明する必要があると思います（取引コスト理論をここで中川氏に説明した後の会話）。

中川　オーナーは，明記されないことをうまく処理することを評価しているから，日本的な設計・施工方式が成り立っているのだと思います。その部分がだんだん変わってきて，取引コストとしてかかるものを明記しようとして，マネジメン

泉　　そうですね。日米の建設摩擦が起こるまでは，米国で行われていたことなんて，留学した人か日本の著名な建築家ぐらいしか知らなかった。日本では設計・施工方式がまかり通っていた訳です。ところが，1990年以降は，日本の建設市場開放ということで米国のプロジェクトマネジメント・システムが紹介され，設計事務所や建設会社が日米間で相互に行き来するようになり，お互いの様々なやり方が分かるようになってきた。

中川　もうひとつあるとすれば，会計基準だと思います。会計基準が日本的なものではなく，世界基準に合致させるような影響力をもってきている。

泉　　ええ，国際会計基準でね。

中川　日本の基準もそれに準拠しなくてはなりません。建設業の会計は，とくにベースとなる見積もりとなると中身はグレー，ブラックの部分がある可能性もあり，そこを公にしなければなりません。全ての数字の根拠はなんだということになる訳で，訳の分からない数字があることは容認されません。

泉　　そうすると，建築家の果たす役割やサービスをきちんと理解してもらうということになりますね。

中川　そうです。見積もりのオーバーヘッド部分です。つい昨日，今回のケースとは逆のケースで，米国のオーナーのプロジェクトで面白い例がありました。

泉　　それは聞きたいですね。

中川　米国のオーナーは，プロジェクトに世界基準を適用しようとしますが，日本のゼネコンからの見積書には，理由の分からない項目がたくさんあります。彼らは，オーバーヘッド，諸経費，なんとかの何％という日本の見積もりスタイルを基本的に承認しません。最近，そういう傾向があり，問題が生じています。日本の建設業の商習慣上では，従来のやり方でほぼ承認されてきたので，日本のゼネコンとしては，一体何が問題なのかがわからないという状況です。

泉　　中川さんは，米国の設計事務所に所属しているから，そういう事に遭遇される訳ですね。国際会計基準の具体的な内容はさておき，そういう流れのなかで，より明確に説明すると，問題点は，透明性とか説明責任のことだと思います。しかし，私の米国での経験では，米国の建設業者は，ゼネコン，サブコンに限らず，入札の場合，金額だけで明細も何も出してこなかった。状況によって，交渉が進捗する段階で明細を出して来ましたが，ちょっと違和感を感じます。しかし，基本的には理解できるし，日本の建設業界の商習慣には曖昧なところが多くありすぎます。

中川　日本企業は，かつて曖昧で良かった部分を今説明し始めています。ICTの進展によって忙しくなってきた結果，面倒で手間がかかることをやらなくなって来ています。曖昧なままで良かったこと，それ自体を避けるようになり，ならば，ドライでいいじゃないかなという風潮が見られます。

泉　　日本のゼネコンは，私がA建設に入社した当時の1970年代末から1990年代において，主として，設計・施工方式で客先にアプローチをしていましたが，最

第 4 章　米国におけるコンストラクションマネジメント・システムの発生と発展

　　　　近ではそれが変わりつつあり，そのきっかけは外資系会社ということでしょうか？米国の建設会社は日本市場に入って来てないから，それほどでもないと思いますが…。
中川　米国の建設会社が日本に入って来ている，来ていないというより，世界基準が入って来ているということです。
泉　　企業を通じて，世界基準が入って来ているということですね。
中川　小泉首相の頃，2000年に入った頃からだと思いますが，様々な観点で日本は特別で世界基準と違い，世界の基準に合致させないと競争できないという風潮がますます強くなってきた。要求されていることが，日本の体質に合ってないのかもしれません。
泉　　それは言えるかもしれません。しかし，結局，米国の主張するグローバリゼーションは米国にとって都合の良い考え方であるとも言われています。だから，それに右倣えする必要もないし，必要であれば，交渉だということになりつつある。実際，中川さんが説明したように，日本の土壌として受け入れるのは難しいと思いますが。
中川　やったけれども，うまく行かずに，米国企業は出て行ってしまった。
泉　　ただ，1980年代末から1990年代，ちょうど私が米国に留学していた頃ですが，米国は，あれだけ日本にプレッシャーかけて，市場を解放しろと言った訳です。まあ，日本だから，慣れればやれるようになるだろうということで，公共工事をある程度開放しました。ベクテル（Bechtel）やフルアダニエル（Fluor Daniel）を始めとする米国の建設会社は進出してきたんですが，結局は，何年か過ぎると，皆誰もいなくなったという感じになってしまった。
中川　そうですね。
泉　　それ以前に，米国の製造会社が日本で生産施設やビルをつくるとか，そういうことが頻繁に起これば変わったのかもしれませんが，米国は，製造業中心からビジネスの業態を変えたことと，建設というのは，その国の様々な制度や文化に非常に結び付いているから，なかなか難しいと思います。
中川　特に，サブコンを中心とするサプライチェーンが違う訳ですね。
泉　　そうです。ところが，米国のビジネスというのは，私の仮説ですが，理論的にできているので，日本の建設会社が進出して行ってやれるんですね。これは別に日本人のレベルが高いという訳ではなくて，やはり，やりやすい土壌があるからだと思います。
中川　日本人は賢いから，すぐに分かって適応できるんです。
泉　　そうでしょうか？日本は特殊だと思います。だから本書で，日本の設計・施工方式は特殊なものとして提示しています。1つの会社のなかに設計部門と施工部門を保有して，1兆5,000億円以上の売上をあげるような企業が，4つも5つもあるのは特殊です。欧米のビジネス倫理の観点では，警察と泥棒が一緒にいるようなものですから。
中川　自分で取り締まれる訳がないからね。
泉　　そう思います。一方で現実はというと，米国のデザインビルド・システムは，

日本の設計・施工方式と対比されますが，実は 1980 年代に生まれて，1990 年代から伸びて来ています。米国のデザインビルド・システムのルーツがどこにあるかというと，日本の建設会社の成功に由来するということが理由として挙げられていますが，定かではありません。そもそも，かなり昔からあったようですが，日本の典型的な，建設会社 1 社による設計・施工方式と違って，設計事務所と建設会社のコラボレーションなので，契約上，相当気をつけてやっていたようです。

中川　私もちょっと調べましたが，土木の公共工事みたいなところに普及しているようですね

泉　ええ。そうです。公共工事です。

中川　一番の目的は工期を短くすることですね。

泉　やはり，利点は，責任の一元化（one responsibility），取引コストの節約だと思います。実際に取引コスト理論を適用した建設経営学の様々な研究があり，高速道路の建設をデザインビルド・システムとデザインビッドビルド・システムで行った事例を比較したら，デザインビルド・システムを適用した方が，オーナーである州政府側の取引コストが安くなったという実証研究があるんです[37]。この場合，公共工事なので，調査対象はメリーランドかどこかの州の建設課（building department）なんです。実際にデザインビルド・システムで発注したら自分達の仕事が減ったというのは，我々の経験上，当たり前のような気がします。

中川　当然，減りますよ。

泉　まず，デザインビッドビルド・システムで設計者を決めて，建設会社を何社か呼んで，入札で 1 社を選んで，設計者に建設会社の監理をさせて，云々という方法でやっていたのを，デザインビルド・システムで設計と施工のコラボ組織に任せる訳で，かなり仕事は減ると思います

中川　米国で，デザインビルド・システムは増えたけれども，また減ったと聞いています。やはり，うまくいかないみたいです。

泉　アーキテクトの専門職能とエンジニアの専門職能を，きちんと機能させなさいということだと思います

中川　透明性とか説明責任の観点で，ステークホルダーの関係を曖昧な形にしておくことはありません。日本的な設計・施工方式と米国のデザインビルド・システムとはまったく違うものなんです。

泉　ええ。そうですね。だから，契約で様々な縛りをかける訳です。例えば，基本設計をやった会社は，実施設計の段階では，ゼネコンの下に入らなくてはならないとかね[38]。そのままゼネコンの下に入らないでいたら，自分の責任問題になりますからね。

中川　そこが重要な問題だと思います。

---

[37] 第 6 章 6.1.3（3）"プロジェクトマネジメント実行方式"を参照。
[38] 第 8 章 8.3.4（2）"米国の建築生産制度の進化と経路依存性"を参照。

第 4 章　米国におけるコンストラクションマネジメント・システムの発生と発展

泉　　米国のビジネスでは，どんなに長年付き合った会社同士の間でも，私の知る限り，きちんと入札が行われていました。これはこれ，それはそれ，という原理原則がきちんとしていました。ただ，談合だったかどうか判明しませんでしたが，談合らしきこと，下請け提出見積もりが，3 社ともほぼ同じ高値ということを 2 回ほど経験しました。そういうことはあったものの，きちんと必ず入札を行って，競争原理を働かそうとするのは，やはり，素晴らしいことであると思います。そういうシステムの前提として取引コスト理論が機能しているので，日本の建設会社は米国でも対応できる。しかしながら，米国の建設会社が日本でやろうとすると，難しい問題に遭遇する。

中川　全くその通りですね。

泉　　結局，ケースバイケースなんですよ。

中川　総合的に，どう結論づけるんですか？

泉　　日米建築業界において，日本は日本，米国は米国，それぞれ制度があって，独自に機能しているということは明解なこと。何度も言うように，米国の建設会社は，取引コスト理論だけで機能しない日本の建設業界に入って来ない。対して，日本の建設会社は米国の建設業界には入って行ける。色々な説明ができると思いますが，米国は取引コスト理論という論理で動いているので分かりやすいけれども，日本では取引コスト理論と信頼が果たす役割というものが双方機能して，独特の制度ができ上がっている，そんなことが言えると思います。

中川　なるほどね。でも，最終的にはお客さんじゃないですか？そのためにどんな方法論が一番いいのかを結論としてもって来てほしい気がしますけどね。

泉　　まあ，そうですね。客あっての話ですから。

中川　そうそう。客にとってベストな方法を選べばいい訳だから。

泉　　私は本書で，ビジネスシステムという概念に言及しています。単純にバリューチェーンというときには，単一会社に焦点を当てますが，ビジネスシステムという用語は，自社と客先の関係を包含した概念です。とくに建設業の場合は，コントラクターだけに焦点を当てても意味がないので，オーナー，コントラクターという 2 つのパーティに焦点を当てて考える必要があります。そういう意味で，日本であれ，米国であれ，中川さんが説明されたように，客先がどう思うのか，客先がどう判断するのかで決定されると思います。そのポイントが取引コストです。したがって，米国のオーナーが日本で何か建設をする場合，米国的な対応をしなければならないということです。

中川　そうです。まさにそうだと思います。

泉　　そのときに，日米建築業のビジネスシステム上の違いを前提にして，米国の客先が納得するようなビジネスシステムを構築して対応することは難しいから，インターフェース的対応をするということだと思います。

中川　そうです。日本の企業は米国に行ってもビジネスができるように，米国の企業が日本に来たときに米国の顧客が満足するように対応することは，日本の企業にとって簡単なことだと思います。

泉　　ええ，そうですよね。設計も施工も全部やってあげられるということですから。

第1部　事例編

中川	日本のシステムはこうだからというような説明はダメで，米国のシステムはこうで，日本のシステムはこうで，ここにこのようなインターフェース，仕組みを設ければ機能するという柔軟さで対応する必要がある。それができるのが日本企業の素晴らしいところだと思います。それで利益を上げて，オーナーであるお客を喜ばせることができると思います。ただ，最近，対応がへたくそになっていて，形だけ米国のやり方を導入して，日本的特徴が無くなってしまっていると思います。最近，建設会社による工事ミスが多いと思いますが，そういうことにも起因していると思います。
泉	基本的に信頼関係でやらなきゃいけないことも，変にドライになってやらなくてもいいと勘違いしている可能性がある。
中川	勘違いしている，まさにそのとおりです。それがちょっとおかしい。
泉	信頼，客先のためにするということが変な米国的な誤解ですよね。
中川	そうです。米国の場合，信頼に対して信頼度合はお金で決まっている。
泉	そうですね。
中川	日本の場合，信頼度合はお金に関係ありません。
泉	関係なく存在しています。
中川	最近は，お金が減ったら，信頼度も減っていいと思っている節がある。
泉	中川さんの指摘されたことは，非常に重要なことだと思います。
中川	最近，特にまずいと思われることが多発している。
泉	そうですね。日本では，お金と信頼の相関関係はないと考える。グローバリゼーションの世の中だと関係させなきゃいけない訳ですね。
中川	そうです。
泉	日本の場合，変に信頼，信頼と誇張される。確かにお金と関係ないと言ってみたりしているけれども，本当のところは嘘くさい。
中川	確かにそうです。実は，どこかにお金はかかっているんです。かかっているところが見えにくかったということでしょう。
泉	なるほど。または，力関係で押し付けられてきたとかね。
中川	その辺りの利益，不利益の事情が日本にはある。ある部分が削減されて，お金が減っても，信頼度は変わらないという考え方だった。今は，お金が削減されれば，信頼度も落としていいという風潮があることがまずいと思う。
泉	そういう意味で，変な米国的誤解があるということですね。
中川	世界基準はこうだから，いいだろうみたいなことになっている。政治的，社会的，更には教育的にも当たり前みたいになっている。でもそうではないと思う。
泉	コミュニケーション手段が発達するのに従って，間違いなく色んなものが平準化し，差がなくなってきていることを理解できますが，それが本質的な誤解の下で行われているということですか？
中川	コミュニケーション手段が向上したことにより，実際のコミュニケーションの質が落ちています。この人が考えていることが本当は何か，何を求めているのか，とは考えていない。表面上の対応しかしないので，コミュニケーションの密度が落ちて，すれ違いが生じる場合が多くなっていると思います。コミュニ

ケーションレベルが上がってるように見えて，実は，下がっていると思うんです。

泉　コミュニケーションレベルが下がって，結局，成果に結び付いていないということでしょうね。それは，プロジェクトマネジメントにおいてはどういうことでしょうか？

中川　コミュニケーションレベルの低下を補完するためにプロジェクトマネジメントとコンストラクションマネジメントが必要だということです。日本のゼネコンはプロジェクトマネジメント，コンストラクションマネジメントの役割を自らやって来ました。できなければ，その部分を今後も，組織的に確保していくことだと思います。

泉　それは面白いな。役割ね。

中川　最近思うのは，プロジェクトマネジメント，コンストラクションマネジメントを担う人がいなければ，オーナーとコントラクターがうまく結び付きません。日本で行われ始めたプロジェクトマネジメント，コンストラクションマネジメントは，まだへたくそだからうまく機能していません。それがないと今後，プロジェクトが機能しない可能性があります。

泉　性善説，性悪説という言葉がありますが，取引コスト理論が前提とする限定合理性，機会主義というのは性悪説に近く，人はもともと自分の利益しか考えませんよということが前提です。ところが日本の場合，取引コスト理論と信頼が関与して，性善説の考え方に近く，放っておくと自分のことしか考えないということではなく，放っておかれても人のことを考えなければならないことが，前提だったと思います。

中川　そうですね。

泉　だったという言い方は変ですけどね。そういうことが暗黙に求められていたのだと思います。

中川　ええ。

泉　なるほどね。これは面白い。オーナーと日本で建設を行うゼネラルコントラクターの間に，コンストラクションマネジャーがいて，インターフェースの役割をする必要があるということですね。

中川　そうですね。対応がドライになっていくなら，そうせざるを得ない。透明性も必要だし，説明責任もあるし。

泉　その提案は非常に説得力があり，重要だと思います。米国と日本は違うというよりも，制度の根幹にある基本的考え方は同じで，信頼と取引コストであり，その間を取りもつのはインターフェースという考え方ですね。取引コストと信頼は相補うことは分かっているけれども，実際にプラクティカルな仕事，ビジネスをする時に，それが対局ならそれらをつなぐ何かがインターフェースとして必要であるということだと思います。それが，建設業界において，プロジェクトマネジメント，コンストラクションマネジメントで，舞台が変わって米国，日本でやるとなったときには，お互いそれぞれのことを分かっている人がその間に入って，インターフェースをやるということだと思います。

第 1 部　事例編

中川　最近，我々設計事務所は，設計するよりも，オーナーのためにプロジェクトマネジメントに従事する方が業務の割合で多くなっていると思います。オーナー，コントラクターが，お互いドライに出れば出るほど，相手のことを考えず自分のことしか説明しないので，それを互いが分かる言葉で説明せざるを得ない。間に入ってインターフェースをやり，設計するよりも，インターフェースとしてのプロジェクトマネジメント，コンストラクションマネジメントの仕事の方が増えつつあるんです。

泉　それは日本も，欧米的になりつつあるということですかね。最近のプロジェクトは，様々な形態でグローバルに色んな人が関与するので，そういうことになるんでしょうね。なるほどね。このまま行くと，どんどん話が展開していきそうです。今日の話での合意点は，アーキテクトとゼネコン間のコミュニケーションとインターフェースのことでしょうか。これをインターフェース説と名づけたいと思います。

第2部

理論編

第5章

日米建築業における生産制度

　本章では，研究対象とする日米建築業における生産制度に関して，とくにプロジェクトマネジメントに関する情報を経営学視点で整理し，定型化された事実（stylized fact）として提示する。主として，1）建築ビジネスの経営単位であるプロジェクトマネジメント，2）建築プロジェクトの品質とリスク，3）日米建設業のビジネス環境，4）建築プロジェクトのマネジメントにおける日米の相違点，5）日米の建築生産制度に関係する諸制度，に関して焦点を当てる。

5.1　建築プロジェクトのマネジメント

5.1.1　建築物の特徴

　本書の研究対象は，建築物を実現するための組織的活動のプロセス・システムとしてのプロジェクトマネジメントである。まず，その実現される建築物に関して情報を整理する。建築物と言っても多種多様に存在し，橋，ダム，道路，海岸・河川防壁，防波堤等々，土木構造物とは異にする人工物としての建造物である。

　法的には建築基準法に定義[1]が存在し，次のような土地に定着する工作物である。①屋根，柱または壁を有するもの。②工作物に付属する門，または，堀。③観覧のための工作物。④地下，または，高架の工作物内に設ける事務所，店舗，興行場，倉庫その他これらに類する施設。⑤建築設備（土地に定着し建築物に設ける工作物）：電気，ガス，給水，排水，換気，冷暖房，消火，排煙，汚物処理設備，煙突，昇降機，避雷針等。構造体に加えて，付随する設備も包含される。

　用途では，住居系，教育系，情報系，宗教系，福祉系，公衆施設建築物，医

1　建築基準法，第1章第2条第1号から。

療系，公共施設系，生産施設系，交通系，スポーツ施設系，娯楽施設系，宿泊施設系，店舗系，業務系，倉庫・物流系，集会・ホール施設系，等々の建築物が存在する[2]。これらは，我々が日常的に目にするものであり，外観は違うが認識できるものである。

　構造，材料，技術等の面では，コンクリート，鉄筋，鉄骨，木造等，ハードなイメージが強いが，細部には，石材，木材，鉄鋼材，非鉄金属材，ガラス材，粘土焼成材，高分子材，植物繊維材等々，様々な材料が使用される。更に，建築物に組み込まれる設備は，重機械・電気設備から，通信，CPU，制御機器等，ハイレベルな技術の産物であり，ありとあらゆる人工物が適用され，組み込まれると言っても過言ではない。したがって，建築物に対する経営学的なアプローチは，まずは，「ものづくり論」からのアプローチが適切であると考えられる。

　藤本（2015）は，建築物を「大地に根を張った人工物」と解釈し，建築物を製造業やサービス業の製品とは違ったものとして以下のように説明している。

（1）膨大な数の構成要素が，複雑に相互依存関係をもつ

　地形という不確実性が高い境界面をもつ自然物との設計要素の擦りあわせを必要とし，標準品の大量生産ではなく，一品一様の特注生産となりやすく，事前の詳細設計には限界があり，多様な設計図と仕様書を必要とし，また事前の製作や組み合わせが困難であり，現場合わせと調整が生じやすい。

（2）完成品は移動せず，生産された場所に定着し顧客に引き渡される

　生産と消費が「同地点・異時点」である。製造業の生産と消費が「異地点・異時点」，サービス業の生産と消費が「同地点・同時点」であることに対して，製造業とサービス業の2面性をもっている。また，定常ベースの生産ではなく，日々の生産活動が変動し，日々変化していく。

（3）顧客システムが複雑である

　製造業で生産された製品は，一般的に製品の購入者と使用者が一致しているが，建設業の場合，製品の購入者と使用者が同一でない場合がある[3]。建築物は，構造設計情報が建材に転写された人工物であるが，建築物から発信される機能設計情報，サービスを最終的に受信するのは建築物の利用者である。

（4）顧客および供給者の分業関係が複雑である

　購入者（オーナー）は構造を所有し，利用者（エンドユーザー）は機能を享

2　建築確認申請の建築物用途区分から。
3　例えば，工場，住宅等は購入者と使用者が同じであるが，公共建造物は同一でない。

受する。設計事務所（設計・施工一括の場合はゼネラルコントラクター）は，主に機能設計と基本構造設計を行い，サブコントラクターが詳細設計（施工図または製作図）と施工の大部分を行う。ゼネコンはその間に入って構造設計要素間の配置調整（取り合い，擦りあわせ）や建設作業の調整（施工管理）を行い，工期や施工品質を保証する[4]。

以上から建築物は，"複雑性，非定常性，不確実性"という言葉で象徴されると言えるだろう。また，筆者の経験から判断して，建築物は"非合理性，非可分性，非可逆性"[5]という言葉で表現される特徴をもっている。

●非合理性：建築物自体は，物理的な存在を実現するために建築技術が必要であり，それは数理上の論理に支配されている。建築物の実現プロセスは，多くの組織，多くの人間が複雑，不確実，非定常的な環境のなかでネットワークを構成し，情理も含めた道理上の倫理に支配されている。製造業は，技術的，組織的に複雑であっても，不確実性，非定常性が建築業に比べて格段に低いため，製造プロセスに常識的な合理性の追求が可能である。しかしながら，建築業では，複雑性，不確実性，非定常性が高いため，常識的な合理性の追求のみでは，建築物が実現できない可能性が高い。例を挙げれば，天候の異変，地中物障害，サブコンの突然の倒産，不可抗力の事故，予測不可能な条件変更等々への対応，意図しない現場合わせの対処や調整である。これらが生じた場合には，最終的な建築物実現のために，ときとして非合理な対応をしなればならない場合に遭遇することが多い[6]。

●非可分性：建築物は建築物自体，非可分である。機械製品や電気製品に比較して，どこでどのように分割されるのかが明確でない。例えば，機械製品である自動車は，完成品が一体化されているが，サブシステムレベルに分割が可能である。建築物はいったん建造されれば，分割はできない。もちろん，意図して分割されているものもあるが，基本的には統合度が高く一体化している。

---

[4] 施工図はゼネコンによっても作成されている。建設業の外注比率は85％という高い比率である（日本建設業連合会，2017）。
[5] 三品（2004）は，経営戦略の3要件として，"非合理性，非可分性，非可逆性"を挙げている。経営戦略は，合理性の観点で，数理上の論理と道理上の倫理の間で折り合いをつけるような，常識にとらわれない非合理的なものであり，非可分性の観点で，絶えず全体の一体性を保証するものでなくてはならず，分業にすることは，矛盾に等しく，非可逆性の観点で，取り消しや，やり直しが可能なものではなく，後戻りができない選択であると説明している。戸部他（1984）は，"戦略は不確実性への対処である"と解説しているが，建築物の実現は不確実性への対処であり，戦略を必要とする。
[6] 建設業界は，3K（きつい，汚い，危険），最近では新3K（給料が少ない，休暇が少ない，格好が悪い）が加わり，6Kと言われているが，これらは非合理性の証であると思われる。

製品アーキテクチャーの観点では，モジュール化しにくくインテグラルな部分が多い。組み合わせというよりも，擦りあわせ能力を必要とする（藤本，2001，2015）。建築プロセスも同様に非可分である。企画設計，基本設計，実施設計，施工，完成に至るまで，言葉の上では段階を示すことは可能であるが，実際の作業は，あらゆる部分で連続し，密接な相互関係にある。綿密な相互連関の工程調整を必要とし，必要作業はネットワーク化されている。また，建築物の実現プロセスにおいては，設計と施工は基本的に分割されているのが一般であるが，木造建築に代表される日本の建築は，設計と施工の統合度が高い。

●非可逆性：建築物は，製造業の製品に比較して，極めて非可逆性が高い製品である。製造工場で生産される機械製品は，半製品の状態で，従業員のミスや不可抗力により，設計通りの仕様でなく製造されたことが分った場合に，その時点で，または後戻りして製造し直しをすることが可能である。製品に決定的なダメージが与えられる訳ではない。ところが建築物の場合，何らかの理由で設計図や仕様書通りでない施工がされてしまった場合，部位，材料によるが，一般的にコンクリートや鉄筋，鉄骨等の構造体が絡む場合に，やり直しが簡単ではない。関連する部分を壊して除去し，新たに鉄筋を施して，コンクリートを打設し，鉄骨柱や梁の再製作，再設置をしなくてはならない。これらのコストは規模によるが，膨大なものになる。もちろん，そのようなことが起きないように，日々の施工管理や設計監理が行われるのであるが，前述した様に，複雑性，不確実性，非定常性という実現プロセスであるが故に，発生確率は決して低くはない。

5.1.2　プロジェクトマネジメント

　建築業のビジネスを特徴づけるのは，経営単位であるプロジェクトマネジメントである。前述の様に，建築物の生産は，他の製造物のように固定された施設にて，継続的な生産活動を行うのではなく，限定された場所と期間内に個別に生産が実行されるために，その仕事そのものが一般的にプロジェクトと呼ばれている。米国の非営利団体であるプロジェクトマネジメント協会（Project Management Institute：PMI）は，プロジェクトおよびプロジェクトマネジメントに関して，以下のように定義している[7]。

　"プロジェクトとは独自の成果物，またはサービスを創出するために，関連

---

[7] Project Management Institute（2004）.

するタスク（ひとつの組織，グループ，個人が実行する短期的な活動）から構成され，多くの組織が参画して実施される期限ある活動である。"また，"プロジェクトマネジメントとは，プロジェクトの実行にあたり，ステークホルダーのニーズと期待を満足するために，知識，技能，道具，技法を適用することである。プロジェクトの範囲，期間，コスト，品質に関して，ステークホルダーの異なったニーズと期待，そして，確認されたニーズと確認されていない期待を常に満足するために，競合する要求のバランスを取る必要がある。"

プロジェクトマネジメントにはフレームワークとして，**5つの基本的プロセス**：①プロジェクトの立ち上げ，②プロジェクトの計画，③プロジェクトの実行，④プロジェクトの管理，⑤プロジェクトの終了と，**9つの知識領域の管理活動**：①統合管理，②スコープ管理，③スケジュール管理，④コスト管理，⑤品質管理，⑥人的資源管理，⑦コミュニケーション管理，⑧リスク管理，⑨調達管理，が存在する。

プロジェクト活動は，①正確に定義された目標，②開始時点と終了時点が永続的でない一時的な組織が担当，③リーダー（プロジェクトマネージャー）と複数のメンバーから構成，④達成のための予算，⑤幾つかの工程，⑥ライフサイクル各段階での必要資源の変化，⑦予期できない事態の発生，⑧後工程ほど変更・修正の困難度が増加，等の特徴をもつ。

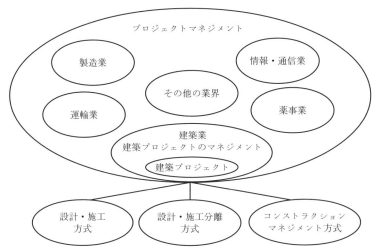

図5-1　プロジェクトマネジメントと建築プロジェクトのマネジメントの関係

プロジェクトマネジメントは，総じて上記のような特徴をもち，各産業で様々に存在する。プロジェクトマネジメントと建築プロジェクトのマネジメントの関係は，図5-1のように表される。

建築プロジェクトのマネジメントは，プロジェクトマネジメントの一種である[8]。本書では，プロジェクトマネジメントの一形態として，建築プロジェクトのマネジメントを扱う。建築プロジェクトのマネジメントには，3つの方式として基本的モデルが存在する。設計・施工方式，設計・施工分離方式，コンストラクションマネジメント方式である。

5.1.3 建築生産プロセスとバリューチェーン

5.1.1にて示された，住宅，商業ビル，学校，病院，生産施設（工場），発電所，生産プラント，等々の建築物は，日常的に我々の目に触れるものであるが，それら建築物の生産（建設）プロセス，生産に関わるステークホルダー，取引構造となると，一般的に知られてはいない。図5-2は，製造業のバリューチェーン[9]と典型的な建築物のプロジェクトマネジメント・プロセスを，建築物生産のバリューチェーンとして，製造業のバリューチェーンと比較して，単純化し明記したものである。

プロジェクトは，企画，設計，施工，メンテナンスの順番で，大きく4段階のプロセスで進行するが，実際には，それぞれの段階は互いに重なり合い，相互に関連し，様々な建設関連協力会社が関与し，ネットワークを構成して，プロジェクトが進行していく。製造業において，様々な製品に対して独特の生産プロセスがあるように，建設業の製品である建築物にも多様な生産プロセスが存在[10]し，工期，コスト，品質，人的資源，コミュニケーション，調達，工事範囲，更には建物の複雑さに応じて，統合的な管理統制活動が必要とされる。また，製造業において，一企業の生産プロセスがバリューチェーンと呼ばれ，上流のサプライヤー，下流のカスタマーのバリューチェーンと連なって，バリューシステムを構築するように，建設業においても，建築物の関連のなか

---

8 建設業界において，プロジェクトマネジメントという言葉は一般的であるが，経営学においては，プロジェクトマネジメントという言葉が，IT業界を想起させる傾向がある。したがって，ここでは，自明のことであるように思われるが，混乱を避けるために，改めて定義した。
9 バリューチェーンとビジネスシステムの違いと定義については，井上（2010）において詳しい。バリューチェーンは，ビジネスシステムにおける1社のコスト，マージン面を表したものであると説明されている。本書でビジネスシステムを使用する理由は，建築プロジェクトのマネジメントの場合，オーナー，コントラクターという一対の図式が常にあるからである。
10 建設業における建設行為が生産行為と解釈される。

第 5 章 日米建築業における生産制度

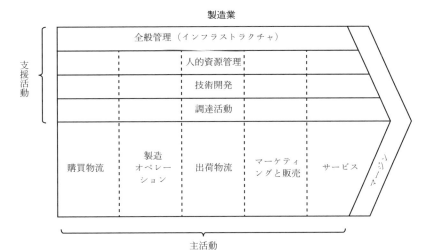

図 5-2 製造業と建築業のバリューチェーン
出所：製造業のバリューチェーンは，ポーター（1985, p.46）を参考にして筆者加筆。

で，一建設会社の経営単位であるプロジェクトマネジメント・プロセスが，バリューチェーンのように上流の建設関連協力会社，下流のカスタマーおよびクライアントのバリューチェーンと連なって建設業独特のバリューシステム，バリューネットワークを構築している。

5.1.4 建築生産における企業間取引関係

建築業における取引行為の主体は，オーナーとコントラクターである。図5-3は，建築プロジェクトのマネジメントシステムに関わる企業間関係を単純化して表したものである[11]。建築業のバリューチェーンとして示された建設プロセスにおいて，オーナー，ゼネラルコントラクター（元請建設会社），サブコントラクター（躯体工事会社，仕上げ工事会社，設備工事会社等の専門工事会社），資材会社（鉄骨製作，コンクリート等の建設資材を供給する会社），機械リース会社（ブルドーザー，クレーン等建設機械のリース会社）等多くの企業が，複雑なネットワークを形成したビジネスシステムによって協同作業を行い，建造物を完成させる[12]。この多数のネットワークを束ねるのが，ゼネラルコントラクター，通称ゼネコンと呼ばれる建設会社である。

ゼネラルコントラクターは，28種類におよぶ建築専門工事の業者であるサブコントラクターをまとめる役割を担っている。前述した様に建築物は非可分であり，個々のサブコントラクターの役割は縦割りであるが，実際の仕事はネットワーク化し，細部で複雑に関連している。サブコントラクターの縦割りの仕事と細部との調整を行うのがゼネラルコントラクターの主たる役割である。施工管理という言葉は，表層的な現場管理の印象が強く誤解を招きやすい。建築物が大型になり，複雑になればなるほど，業種は増え，ネットワークの調整は大変な仕事になる。ゼネラルコントラクターは，あらゆる設計の意図を理解することはもちろんのこと，施工に関わる細部調整のあらゆることを知った上で，時間が前後するネットワークの調整を行わなければならないのである。

建設行為のなかでは，建設会社だけではなく，設計者や設計監理者も重要な役割を果たしている。発注者はオーナー，設計・設計監理者はアーキテクト，エンジニア[13]と一般的に呼ばれ，本書では，以降，それぞれ，オーナー，アー

---

11 最も基本的なプロジェクトマネジメント・システムである設計・施工分離方式を示した。
12 日本の建設業法では，工種別に28種類の工事に分類されている。建設工事に関わる場合には工種ごとに建設業の許可を受けなければならない。
13 ここで，アーキテクトは意匠設計者，エンジニアは構造設計者，設備設計者を指す。

第5章　日米建築業における生産制度

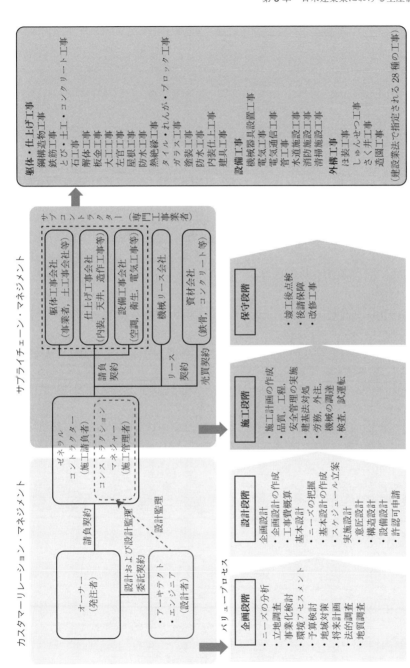

図5-3　典型的な建築プロジェクトの企業間取引関係とバリューチェーン（典型的に設計と施工が分離している例）

キテクト，エンジニアと呼ぶことにする。請負者であるゼネラルコントラクター，並びにサブコントラクターに関しては，総じてコントラクターという言い方を使用するが，以降，必要に応じて適宜に説明を行う。建設会社における建築プロジェクトは，大小にかかわらず，上記のような生産プロセス，取引関係をもっており，これら建築プロジェクトのひとつひとつが，建設会社の経営単位となっている。大手建設会社では，国内外において大小含め，1,500～2,000件の建築プロジェクトが，時期をひとつにせず動いている。

5.2　建築プロジェクトのマネジメントシステム類型化

5.2.1　建築プロジェクトのマネジメントシステム

　米国建築士協会（American Institute of Architects：AIA）は，建築プロジェクトのマネジメントシステムを類型化するにあたり，購買（procurement），契約（contract），実行（delivery）を3つの主たる要因として定義している。日本でも2001年に発足した日本コンストラクション・マネジメント協会が，AIAの定義と同様に，建築プロジェクトの購買方式[14]，契約方式，実行方式の組み合わせからなるものとして定義している。

　購買方式とは，発注に際し，設計者や工事会社を選択する方法である。指名競争，一般競争，2段階競争等の方法があり，公共工事で一般的に用いられる。民間工事では，特命発注という入札を実施しない方法も存在する[15]。契約方式は，プロジェクトの実行プロセスにおける，オーナー，コントラクター間のガバナンス，工事金額の支払い方法を規定するものである。契約方式には，一式請負契約[16]，最高限度額保証付き契約[17]，単価契約[18]，コストプラスフィー契約[19]等々があり，請負金額，支払方法，責任範囲等々に関して条件設定を行う。実行方式は，プロジェクトの設計段階，生産段階をオーナー，コントラクター間でどのような関係で実行し，プロジェクトを進めていくかを規定するも

14　購買方式は入札方式と呼ばれることもある。
15　特命発注工事は民間工事においてのみ存在する。
16　一式請負とは，当事者の一方（請負人）が相手方に対し仕事一式の完成を約し，他方（オーナー）がこの仕事の完成に対する報酬を支払うことを約束することを内容とする契約を意味する（民法632条から）。
17　GMP（Guaranteed Maximum Price）契約とも呼ばれる。当初，コストプラスフィー契約で実行していたプロジェクトに対して，実施設計図面が確定した段階で，工期保証，工事完成保証をする。
18　工事ごとに，単価と数量を決めて契約する。追加工事に関して対応がしやすい。
19　コストとそれに対するフィー（間接費，一般管理費，利益等含んだマージン）を定める契約。

表5-1 建築プロジェクトマネジメントの類型化要因

購買方式 （procurement）	契約方式 （contract）	実行方式 （delivery）
特命発注	一式請負契約	設計施工方式
指名競争入札	最高限度額保証付き契約	設計施工分離方式
一般競争入札	単価契約	コンストラクションマネジメント方式
2段階競争入札	コストプラスフィー契約	

のである。表5-1は，以上をまとめたものである。

　建築プロジェクトのマネジメントシステムは，オーナーニーズ，プロジェクトの特徴，プロジェクトの様々な背景と環境条件が考慮され，購買方式，契約方式，実行方式における様々な方式が選択され，その組み合わせで決定される。購買方式，契約方式は，選択する実行方式から，ほぼ規定されるため，日本の建設業界では，プロジェクトマネジメントの発注・生産方式に対して，実行方式を使用した呼称が使用されることが一般的となっている。設計・施工方式，設計・施工分離方式，コンストラクションマネジメント方式が，そのような呼称である。ところが，これらの業界における用語は，建築業界を離れて内容を理解させるような呼称になっていない。とくにコンストラクションマネジメント方式という呼称は，和訳すれば建設管理方式という意味合いもあり混乱を招きやすい。そこで，オーナーとコントラクターの関係を基本にして，どちらがプロジェクトを主にマネージ，管理するのかという経営学的視点で呼称を考えると，設計・施工方式に対しては「コントラクター管理システム」，設計・施工分離方式に対しては「ハイブリッドシステム」，コンストラクションマネジメント方式に対しては，「オーナー管理システム」という呼称を使用すれば，理解がしやすくなる[20]。

　また，ビジネスにおいては，ビジネスモデル，ビジネスシステムという言い方が使用される。加護野・井上（2004）は，ビジネスにおけるビジネスシス

20　この呼称を適用するにあたり，神戸大学経営学研究科の三品教授，丸山教授（2017年退官）からアドバイスを受けた。

表5-2 ビジネスシステムとモデルの相違

	システム	モデル
定義の違い	結果として生み出されるシステム （意図せざる結果を含む）	設計思想
学問視覚	現実のもの 経営学的視点に特化　個別企業の収益性	理念型 経済学的視点も含む 社会的効率
競争優位	模倣困難 独自性 持続的優位を重視	模倣可能 標準性 一時的優位にも注目
鍵概念	システム 要素還元を超えて全体の設計と分析 経路依存	モデル 要素還元のアプローチ 部分の設計と分析 文脈を切り離す

出所：加護野・井上（2004, p.48）。

テムとビジネスモデルの相違を表5-2のように表している。この相違点の解釈をそのまま建築プロジェクトのマネジメントシステムに適用すれば，建築プロジェクトのマネジメントが，ビジネスシステムとビジネスモデルのフレームワークで捉えられると考えられる。

5.2.2　基本的な建築プロジェクトのマネジメントシステム

本書においては，日米建設業界の様々な側面に関して比較することになるので，基本的な条件を揃えておくことが必要となる。したがって日本の建設業界で使用されている用語と米国で使用されている用語の統一を図る必要がある。日本の建設業界では，方式として記述しているが，英語では'method'，'system'，'model' 等々が使用されている。'method' と 'model' は，それぞれ，理論化と典型化の側面，'system' は現実的な機能面のニュアンスが強い。

建築プロジェクトにおけるマネジメントの理論的基本形は，前述したように3つである。システムの代わりにモデルを使う場合には，プロジェクトマネジメントの理論的側面や考え方を表し，システムがそのまま使用される場合には，より，現実的側面を表す場合に使用されると考えられる。また，第2章の事例で記述されたプロジェクトマネジメントは，現実には様々な環境条件から，結果として生み出される多種多様なパターンが存在する。そのニュアンスを強調する場合にもシステムという言葉の使用が適切であると考えられる。これらから，建築プロジェクトの3つの基本的なマネジメントシステムは，日米共通用語として表5-3のように表すことができよう[21]。

第5章 日米建築業における生産制度

表 5-3 プロジェクトマネジメント・システム名称の対応表

建設業界用語：日本語	建設業界用語：英語（略称）	本書でのオーナー中心の実態的解釈
設計・施工方式	デザインビルド・システム Design-Build System（DB）	コントラクター管理システム
設計・施工分離方式	デザインビッドビルド・システム Design-Build-Bid System（DBB）	ハイブリッドシステム
コンストラクションマネジメント方式	コンストラクションマネジメント・システム Construction Management System（CM）	オーナー管理システム

(1) 設計・施工方式（コントラクター管理システム）

設計・施工方式の取引主体間の関係，機能，バリューチェーン[22]を図5-4に示す。

設計・施工方式は，コントラクターが設計と施工の両方を請負い，双方を統合して管理するシステムである。

① オーナーは，市場を通じて設計と施工を実施するコントラクターであるゼネラルコントラクターを選定し，請負契約を締結する。プロジェクトによっては企画段階，設計段階にも関与する。

② ゼネラルコントラクターは，設計を実施する設計事務所と契約を締結して，設計を実施する（この場合コントラクター組織は，デザイン・ビルダーと呼ばれる）。

③ デザイン・ビルダーとして建設プロセス全体を実施する。ゼネラルコントラクターとアーキテクト間の調整で設計と施工の同時進行が可能である。

④ ゼネラルコントラクターは，実際の工事を実行するサブコントラクター，材料を提供するベンダー等と各種契約を締結し，施工管理[23]を行う。購買，入札，契約方式は一式請負が基本的な組み合わせであるが，入札を行わずに，特命発注，随意契約が採用される場合もある。

---

21 本用語の適応にあたっては，厳密に概念が一致することはない。日本の設計施工方式と米国のデザインビルド・システム（Design-Build System）は，基本的に違いがある。本章5.5参照のこと。日本語と英語で著されているプロジェクトマネジメント・システムは，それぞれの国のコンテキストにおいて，厳密には理解されるものである。
22 この場合，日本の建築業界では「工程」と呼んでいる。
23 建築物実現のための品質，コスト，工期，安全（Q.C.D.S）に関して管理を行う。

第2部　理論編

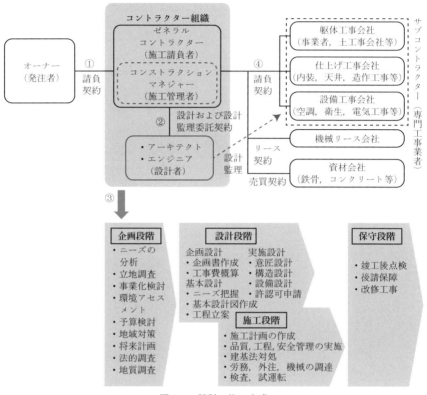

図 5-4　設計・施工方式

(2) 設計・施工分離方式（ハイブリッドシステム）

設計・施工分離方式の主体間の取引関係，機能，バリューチェーンを図 5-5 に示す。

① オーナーは，組織にて設計を実行し（設計と設計監理を自社で行うか，設計事務所と委託契約を締結する），市場を通じて施工を実施するコントラクターであるゼネラルコントラクターを選定して請負契約を締結する。プロジェクトによりオーナーは，企画段階，設計段階に関与する。

② ゼネラルコントラクターは，施工部門（コンストラクションマネジャー）を会社内部に保有する。

③ オーナー組織がバリューチェーンの企画・設計段階を担当し，ゼネラルコントラクターがバリューチェーンの施工・保守段階を実行する。設計が

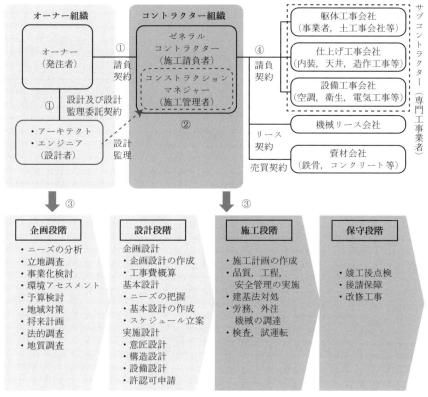

図 5-5 設計・施工分離方式

終了しないと施工が開始できない。

④ 実際の工事を実行するサブコントラクター,材料を提供するベンダー等に対してゼネラルコントラクターが各種契約を締結し,施工管理を実施する。購買,入札,契約方式は一式請負が基本的な組み合わせであるが,設計作業終了後に,特命随意契約や,入札後にコストプラスフィー契約等になる場合もある。

(3) コンストラクションマネジメント方式（オーナー管理システム）

コンストラクションマネジメント方式の主体間の取引関係,機能,バリューチェーンを図5-6に示す。

① オーナーは,組織にて設計と施工を実施する（設計と設計監理を自社で行うか,設計事務所と委託契約を締結する。施工管理を自社で行うか,コ

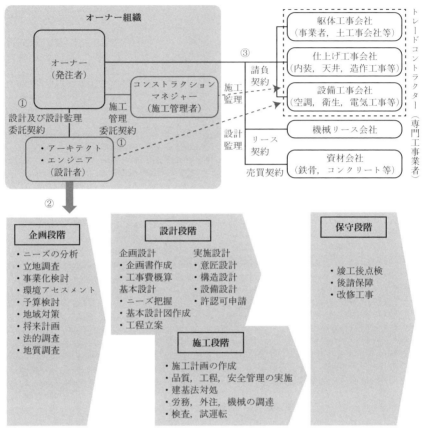

図 5-6　コンストラクションマネジメント方式

ンストラクションマネジメント会社と委託契約を締結する)。
② オーナー組織がバリューチェーン全体を実行する。オーナー主体で設計と施工を調整することで同時進行が可能である。
③ オーナーは，実際の工事を実行するコントラクター（この場合，一般にサブコントラクターではなくトレードコントラクターと呼ばれる），材料を提供するベンダー等に対してアーキテクト，エンジニア，コンストラクションマネジャーからの支援を受けて各種契約を締結する。コンストラクションマネジメント方式においては，オーナーにとってあらゆる建設行為がガラス張りになる。このシステムは，オーナーの立場で，オーナーの要

望を具体化し，オーナーの利益を守り，プロジェクトを推進させ完成させることであり，目標は，オーナー，アーキテクト，エンジニア，コンストラクションマネジャーが建設チームを編成して参画し，プロジェクトを事業予算内のコストで，予定期間内に，期待された品質で完成させることである。

設計はオーナー範囲であるが，施工はコントラクターが請負う設計・施工分離方式，設計と施工をともにコントラクターが請負う設計・施工方式とは，オーナーとコントラクター間で利益が相反しないという点で明確な違いが存在する。日本では，コンストラクションマネジメント方式が日本に紹介されるまで，主たるプロジェクトマネジメント・システムは，指名競争または一般競争により選択された業者と一式請負契約を締結し，設計・施工分離発注を行うか，もしくは設計・施工統合発注を行うかの，2種類の選択しかなかった時代が長く続いてきた。1990年代に入り，コンストラクションマネジメント方式が導入されるに至って，米国と同様に基本的な建築プロジェクトマネジメント・システムが3つ揃うことになったのである[24]。

5.2.3 建築プロジェクトのマネジメントモデル

これまで3つのプロジェクトマネジメント・システムを説明したが，図5-7は建築プロジェクトのマネジメントシステムをモデル化して表したものである。

オーナーとコントラクターという，主たるステークホルダー間で企画，設計，施工，保守段階から成る建築プロジェクトの工程であるバリュープロセスをどのように分担するかということで3つに分かれる。設計・施工モデル（コントラクター管理モデル）では，コントラクター組織がバリュープロセスの全段階を実行し，設計・施工分離モデル（ハイブリッドモデル）では，オーナー組織が企画・設計段階を，コントラクター組織が施工・保守段階を，中間組織にて実行し，コンストラクションマネジメント・モデル（オーナー管理モデル）では，オーナー組織がバリュープロセスの全段階を実行する。

---

[24] 日本コンストラクション・マネジメント協会（2011）。

第 2 部　理論編

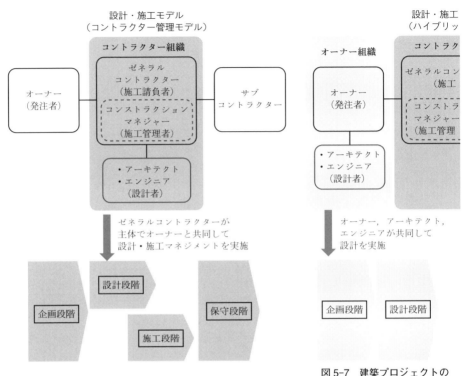

図 5-7　建築プロジェクトの

5.3　建築プロジェクトの不確実性と品質

5.3.1　建築プロジェクトの不確実性

　建築プロジェクトを経営学的に検討する際に重要な視点として，5.1.1 においても説明されたが，不確実性への対応が挙げられる。オーナー，コントラクター双方が，過去のプロジェクト実績に基づいて，取り組む建築プロジェクトのリスク判断を行うが，前述したように，建築プロジェクトは，常時固定された施設にて継続的な生産活動を行うのではなく，建設時に特定された場所と期間内に個別に生産を行うために，多くの，未知で予測できない状況の変化に継続して遭遇する可能性があり，不確実性[25]が高い。

25　不確実性の定義に関しては，Courtney, et al.（1997, pp.67-69）を参照。

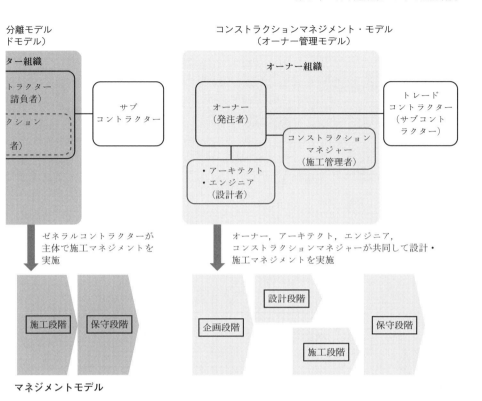

リスク[26]に対して，Moavenzadeh（1976）は，経済的損失のみを考慮しているが，Perry & Hayes（1985）は，リスクを建設プロセスに関与する経済的利益や損失の実現とみなしている。Bufaied（1987）は，リスクを建築プロジェクトの最終コスト，工期，品質のばらつきが不確実な変数として定義している。一方で，Ashley（1977），Kangari & Riggs（1989）等は，このような状況は建設業に限ったことではなく，あらゆるビジネスにおいて共通した基本的特徴であると説明している。

建築プロジェクトのリスク要因に関しても様々な議論が行われている。Perry & Hayes（1985），Mustafa & Al-Bahar（1991）は，建設行為に関係するリスク要因として，物的要素，環境，設計，物流，財務，法律，建設，機能を

---

[26] リスクの定義に関しては，木下（2003），橘木他（2007）において詳しい。ここでは，不確実性とリスクはほぼ等しいと考える。

挙げている。これらのリスク要因は，工期，コスト，品質の観点でプロジェクトの遂行に影響を与えるので，個々に評価され，リスクプレミアムが考慮されるべきであると主張している。建築プロジェクトにたびたび使用されるリスクプレミアムは，偶発対応予備費（contingency allowance）として認識されている。Dey, et al.（1994）は，石油化学プロジェクトにおけるリスク一覧と偶発事項に対する予備費の関係を建設の観点でプロジェクトリスク分析を行う系統的手順を説明している。Yeo（1990），Dey, et al.（1994）は，ハイリスクのプロジェクトに対する偶発事項に対する予備費を，プロジェクトの目的を実行するために必要とされる，管理予備費（management contingency と技術予備費（technical contingency）として説明している。

　Stillman & Tomlinson（1998）は，プロジェクトマネジメント・システムの決定に際し影響を与える要素として，コスト，工期，品質，複雑さ，工事範囲，経験，バリューエンジニアリング能力，財務能力，プロジェクトのユニークさ，リスクマネジメント能力，ステークホルダーからの同意，プロジェクトの規模，企業文化を挙げている。これらの要因に基づいて，Dai, et al.（2007）は，オーナーがプロジェクトマネジメント・システムを選定する場合の意思決定システムを構築している。

　建築プロジェクトのリスク，および，関連する議論に関しては，リスク要因の解釈において，定量的要因，定性的要因，更に次元が異なる要因が混在しているため，より議論が必要である。本書では，混乱を避けるために，建築プロジェクトのリスクは，基本的にコスト，工期，品質の3次元で説明され，オーナー，コントラクター間で負担されるものとして考慮する。

5.3.2　品質の概念と定義

　建築プロジェクトを経営学的に検討する際に重要な視点として，本章5.3.1ではリスクを取り上げて説明したが，本節では，コスト，工期，品質に関与するリスクのなかでも，その実現される価値として重要な役割を果たす品質について整理をする。

　Garvin（1988）は，品質概念を，普遍的概念（transcendent），製品ベース（product-based），顧客ベース（user-based），製造ベース（manufacturing-based），価値ベース（value-based）の5つの観点で説明し，更に，製品，サービスに対する品質の分析枠組みとして，性能（performance），特徴（features），信頼性（reliability），準拠性（conformance），耐久性（durability），保守性（serviceability），美的外観（aesthetics），知覚される品質（perceived quality）という8つの次元と範疇について説明している。8つの次元の分析枠組みは，様々な要素から成り立っており，それぞれの枠組みにおける要素のウェイトや，トレードオフ等が品質を特色づける。またこれらの枠組みは，先に説明した品質の概念，定義と相互排反的ではないが，関連している。製品ベースの定義は性能，特徴，耐久性，保守性の次元に，ユーザーベースの定義は美的概観，知覚される品質の次元に，製造ベースの定義は適合性，信頼性の次元に基づいている。

Parasuraman, et al.（1985）は，特にサービス品質に対して，無形性（intangibility），非均一性（heterogeneity），非分割性（inseparability）の3つの特性を挙げて，信頼性（reliability），対応性（responsiveness），組織能力（competence），アクセス性（access）礼儀（courtesy），コミュニケーション（communication），信用性（credibility），安全保障性（security），顧客の理解（understanding and knowing the customer），実体性（tangibles）の10の決定要因を説明している。サービスの品質は，上記10項目のサービス品質決定要因の観点で，期待するサービスと実際に受けたサービスのギャップが，認知され，判断されるものとして解釈される。

5.3.3 建築物の製品・サービスとしての品質

品質の一般的な概念，定義，分析枠組みに関して説明をしたが，建築物に対して，それらをベースとしてどのような解釈が行われているのかを説明する。米国建設工学会[27]（American Society of Civil Engineering : ASCE）は，建築物の品質を，ステークホルダーの要求事項に対する合致性，準拠性という観点で次のように説明している（Ferguson & Clayton, 1988）。

① 施主の要求事項：機能的に妥当性をもっており，予定工期に予算内で完了し，ライフサイクルコスト，稼働そして保守コストも満足されること。
② 設計者の要求事項：資格をもつ訓練された経験のあるスタッフを使用し，設計に先立ち適切な建設地の情報を入手して施主，設計者によるタイムリーな意思決定および適切な時間配分をもって公正な報酬で必要な業務を遂行できること。
③ 生産者の要求事項：生産者からの価格提案をもって競争入札を実施するに際し，詳細に準備された契約図，仕様書，その他の書類が揃っているこ

---

27 一般に，米国土木工学会と訳されているが，ビルディングコンストラクションも含まれるので，米国建設工学会とした。

と，追加変更の承認とプロセスに関して施主や設計者によりタイムリーな意思決定がされること，現場の設計監理者からの公正でタイムリーな追加変更の解釈，そして適正利益を確保する適正工期での工事遂行に関する契約等々が満足されること。
④ 許認可局の要求事項：公共の安全，衛生，環境への配慮，公共財産の保護，適用法規，基準，規定等で満足されること。

Arditi & Gunaydin（1997）は，建築物の品質をプロジェクトの法的，外観美的，機能的要求を満たすものとして定義している。建築物を製品として考慮した場合の最も基本的な品質の考え方である。法的観点では，専門家が商行為や業務を，責任をもって行う事を規定する専門家責任法（Professional Liability Law）に準拠しているかどうか，外観美的の観点では，建築物の外観が，意図された意匠設計通りに，周囲の環境，風景，隣接する建築物等に適合しているかどうか，機能的観点では，設計図書の理解しやすさから始まり，設計図と仕様書の食い違いの少なさ，建設の経済性，稼働性，保守性，省エネルギー性等々まで，様々に包含する。

Yasamis, et al.（2002）は，Garvin（1988）による製品の品質に関する解釈を建築物に適応し，下記のように解釈している。
① 性能（performance）：顧客（エンドユーザー）のニーズと意図に合致している施設の基本的機能。
② 特徴（features）：施設の基本的機能を補足する特徴。
③ 信頼性（reliability）：使用者が間違いなく施設を使用する事が出来る信頼度。
④ 準拠性（conformance）：施設が予め決められた基準に準拠しているかどうかの度合い。
⑤ 耐久性（durability）：交換が必要とされる以前に使用者が施設を使用できる期間。
⑥ 保守性（serviceability）：メンテナンスのしやすさと速さ。
⑦ 美的外観（aesthetics）：使用者が判断する施設の見栄えと感触に対する満足度。
⑧ 知覚される品質（perceived quality）：使用者が判断する施設の印象に対する満足度。

また，建築物のサービスプロセスの品質に関しては，Arditi & Lee（2003），Delgado & Aspinwall（2008）は，Parasuraman, et al.（1985）によるサービスプロセス品質の決定要因を適用して次のように説明している。

① アクセス性（access）：建設会社に対する顧客からのコンタクトしやすさ。望むべき部署等に遅滞なく，簡単にアクセスできる。
② コミュニケーション（communication）：顧客に対して建設プロジェクトに関する情報を周知させる能力。
③ 礼儀（courtesy）：顧客に対する会社の個々人の謙遜さ，丁重さ，親切さ，配慮レベル。
④ 信用性（credibility）：意図したことを実行する会社の能力。
⑤ 信頼性（reliability）：設計基準，法規等に則って，建設行為が正しく行われた度合い。
⑥ 対応性（responsiveness）：プロジェクト段階で生起する問題への対応能力。
⑦ 組織能力（competence）：顧客が期待し，必要とするサービスを実行する会社の能力。
⑧ 安全保障性（security）：顧客情報の秘匿，物理的安全の確保，財務的保障の確保能力。
⑨ 実体性（tangibles）顧客から判断される会社の社員，施設双方の外観。
⑩ 顧客の理解（understanding and knowing the customer）：顧客ニーズを理解し，顧客に対して個人的な気配りができる会社としての能力。

以上，建築物の品質に関して，様々に説明をしてきたが，藤本（2015）が指摘しているように，建築物は製造業とサービス業の2面性をもっており，結論として，建築物の品質は，製品としての品質とサービスプロセスとしての品質という2つの側面をもっている。図5-8は，その2面性を表したものである。

建築プロジェクトがコントラクターによって請負われる場合には，オーナーに対しては，サービスプロセスとしての品質，エンドユーザーに対しては，製品としての品質を提供することになる。具体的な建築物の例を挙げれば，工場等の生産施設は，オーナーとエンドユーザーが同一である。しかしながら，集合住宅，マンションなどは，開発主であるオーナーと住居者であるエンドユーザーは，異なっており，品質の提供先が異なっている。

第 2 部　理論編

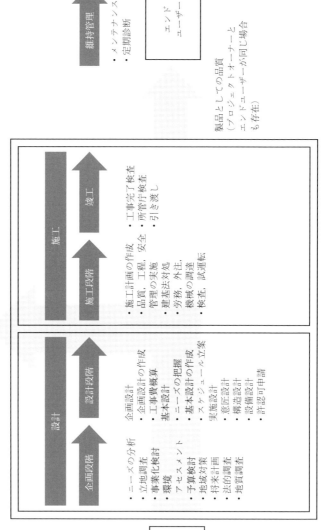

図 5-8　建築物の品質における 2 つの側面

5.4 日米建設業の比較

建築業は，一般的に土木業と一緒に経営されていることが多い。建築業単独で経営されていることは稀である[28]。経営に関するデータも建築と土木が一緒になっているケースが多く，建築単独で入手することは難しく，本節では，建築と土木を一緒にして建設業として扱う[29]。ここでは，細かく業界データを調査することが目的ではないので，日米建設業の違いを，市場規模の違い，業界の特徴の違い，収益性の違いに絞って説明する。

5.4.1 建設市場

〔日本〕

日本の建設投資のピークは，1970年度において，全GDPの約20％を超える割合[30]であったが，1990年代から減少を始め，図5-9に示されるように2000年度においては，約14％となり，2017年度においては，見込みとして約10％程度であろうと推定されている[31]。

バブル崩壊後の民間設備投資の減少と日本社会の成熟化に伴うインフラ整備の頭打ちによる公共投資の減少により，全投資額は92年度のピーク時の約83兆円から，2010年度には，約42兆円まで半減しており，その後は50兆円前後であることが分かる。本書の対象となる民間の非住宅建設投資額は2017年度見通しで15.9兆円，全建設投資額の30％を占める。

〔米国〕

米国の建設投資は，2008年に発生したリーマンショック後に減少したが，2010年度に底を打ち上昇基調にある。図5-10は，米国の2008年度から2013年度までの建設投資の推移を表したものである。

2013年度においては，9,183億ドル，円換算（1ドル＝100円）で約92兆円で日本の建設投資の約2倍であり，米国でのGDP比率は5.5％となってい

---

28 竹中工務店は，建築業単独の会社である。
29 有価証券報告書を詳細に調べて，建築業と土木業からの売り上げ，利益等を判別することは可能である。米国の大手建設会社は，建築，土木に加えて，エンジニアリング・プラント事業も含めた総合建設業の業態となっている。
30 建設経済研究所（2015a）から。
31 2013年度内閣府「国民経済計算」によれば，2012年度においては，建設投資はGDP比で9.5％，機械設備投資は10.7％である。

第 2 部　理論編

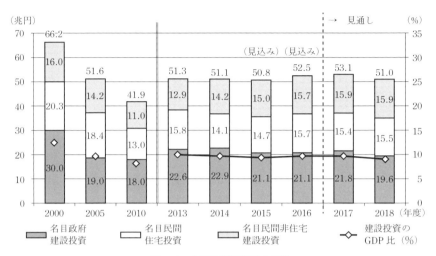

図 5-9　名目建設投資額の推移
出所：建設経済研究所（2017a）。

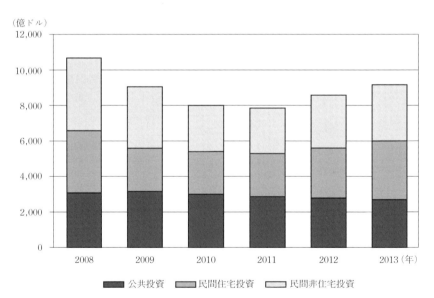

図 5-10　米国の建設投資の推移　米国商務省統計局　2015
出所：建設経済研究所（2015b）。

る[32]。日本と比べて，GDP比率が低いことが分る（2013年度における日本のGDPは，480兆円であり，米国のGDPは16兆6,632億ドル，1ドル＝100円換算で1,666兆円である）。同様に，本書の対象となる民間の非住宅建設投資額は2013年度で31.2兆円，全建設投資額の34％を占める[33]。

5.4.2 建設業界の特徴
〔日本〕

　日本の建設業界は，図5-11に示されるように，ピラミッド構造（多重階層型）を成していると言われている。それは基本的に総合請負建設会社，ゼネラルコントラクター（以降，ゼネコン）と呼ばれる企業を中心に考えた構造である。頂点部にあるのが，主に国内外に建築および土木工事，開発事業を行う，清水建設，鹿島，大成建設，大林組，竹中工務店（非上場）に代表される5つの大手ゼネコンであり，売上高が1兆円を超える。その下部に，同様に国内外に事業展開をする売上高よ1,000億円以上8,000億円以下の準大手，中堅ゼネコンと言われるゼネコンが20数社存在する。加えて，その下部に地方ゼネコンと呼ばれる，売上高10億円以上1,000億円以下の地方拠点のゼネコン（約2万5,000社）や中小・零細規模の工務店と呼ばれるゼネコン（売上高10億円以下，19万5,000社），更に最底辺部に，土木，建築リフォーム，設備関連の零細建設関連会社（売上高数百万円規模，約30万社）が存在し，底辺部を構成している[34]。

　そのゼネコン群のピラミッド構造に付随する形態で建築物や生産施設の設備工事一式を請負う，設備工事会社グループが存在する。高砂熱学，新菱冷熱，三機工業，大気社等の機械設備工事会社，関電工，きんでん，協和電設等の電気設備工事会社，日揮，千代田化工，東洋エンジニアリング等のプラント設備工事会社，そしてその下請けとなり，実際の設備工事を担当する地方の中小・零細設備工事会社が，設備工事会社グループを成す。

　更に戸建住宅やアパート建設を中心に賃貸住宅事業まで展開する大和ハウス，積水ハウス等のハウスメーカー，パワービルダー[35]と呼ばれる住宅ゼネコンが，独自の規模をもつ戦略グループとして建設業界に存在する。これらの

32　建設経済研究所（2015b）から。
33　民間非住宅建設投資は，日本同様，民間土木も含むと推定される。
34　野村総合研究所（2008, p.25）を参照。このレベルの業種になると，土木，建築，設備等の区別がなくなる場合がある。
35　パワービルダーとは，一般に床面積30坪程度の土地付き一戸建て住宅を2,000万円から4,000万円程度の価格で分譲する建売り住宅業者を指す。

第 2 部　理論編

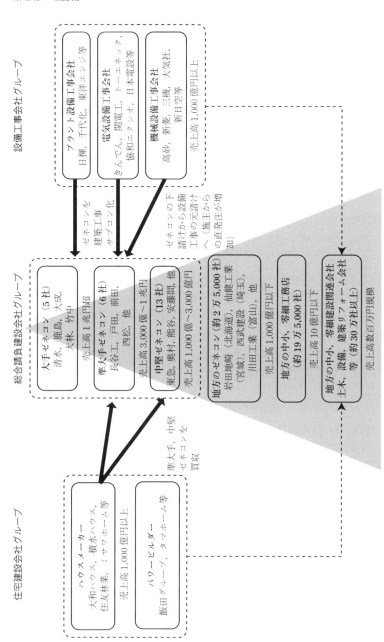

図 5-11　建設業界の構図

出所：国土交通省資料等を基に筆者作成。

様々な企業が，約48兆円（2013年度）と言われる公共工事や民間工事の国内建設需要をシェアしながら満たしているというのが日本の建設業界の構図である。

〔米国〕

　米国の建設会社を売上高規模で，2004年度から2015年度まで調査すると，表5-4のように示される。ベクテル（Bechtel）とフルアー（Fluor Corp.）は，ほぼ9年間にわたり，1位と2位を不動の地位としている。2015年度のトップ10にリストアップされている会社を見ると，ターナー（The Turner Corp.）とワイティングターナー（The WhitingTurner）は，ビル建築を得意としているゼネコンであるが，それらを除いた8社は，日本のゼネコンのように建築・土木が主体ではなく，エンジニアリングおよび産業機器（プラント）敷設等も含めた，エンジニアリング・調達・建設（engineering, procurement and construction：EPC[36]）企業である。

　また，10社のうち，半分の5社は，上場企業ではない[37]。米国の建設会社の特徴のひとつは，1社で扱う業務範囲の広さである。とくにベクテルやフルアーは，日本の大手建設会社である鹿島や清水建設と，大手プラントエンジニアリング企業である日揮や千代田化工建設が合併したような会社である。表5-4に示されるように，対応する施設は，一般建築，製造施設，発電所，上水・下水道施設，石油化学プラント，道路，危険物施設，通信施設等，多岐にわたっている。次に，海外建設工事割合であるが，2012年度において，9社が1,000億円以上の海外工事売上高をあげている。とくにベクテルやフルアーの売上は，それぞれ，1兆6,700億円，1兆3,500億円（1ドル＝100円）であり，それぞれ，全売上高の67％，72％となっている。日本の建設会社にとっては，2007年度が海外受注高のピークであり，全建設業で1兆7,000億円弱となっている。ちょうどベクテル1社の海外工事売上高に匹敵する[38]。

36　プラント施設の設計，資機材調達，製作，建設工事の一連の流れを指す。
37　上場企業は，Fluor Corp., CB&I, AECOM, Skanska, Jacobs，非上場企業は，Bechtel, The Turner Corp., Kiewit, PCL, The Whiting Turnerである。
38　2009年度において，鹿島，大林組，大成建設，清水建設の海外売上高比率は，有価証券報告書の調査によれば17.9％，15.5％，14.7％，11.1％である（各社のアニュアルレポートから調査）。

第 2 部　理論編

表 5-4　米国における建設会社の

順位		会社	2011年売上高（百万ドル）		2011年受注高（百万ドル）
2011年	2012年		総計	海外工事	
1	1	Bechtel, San Francisco, Calif.	25,005.0	16,700.0	47,216.0
2	2	Fluor Corp., Irving, Texas	18,684.7	13,526.8	26,900.0
3	3	Kiewit Corp., Omaha, Neb.	8,477.0	2,533.0	9,249.0
4	5	The Turner Corp., New York, N.Y.	8,014.7	38.8	9,005.7
5	4	KBR, Houston, Texas	7,071.5	5,382.5	10,128.4
6	6	PCL Construction Enterprises INC., Denver, Colo.	5,607.7	3,939.2	7,925.1
8	7	Skanska USA, New York, N.Y.	5,307.8	321.4	6,327.8
11	8	Foster Wheeler AG, Hampton, N.J.	4,480.7	3,710.7	4,285.8
15	9	Tutor Perini Corp., Sylmar, Calif.	4,404.0	177.8	2,606.7
9	10	Clark Group, Bethesda, Md.	4,276.9	0.0	3,201.0

順位	2003年	2003年受注高（百万ドル）	2004年	2005年	2006年	2007年	2008年
1	Bechtel	9,688	Bechtel	Bechtel	Bechtel	Bechtel	Bechtel
2	Fluor Corp.	7,796	Centex	KBR	Centex	Fluor Corp.	Fluor Corp.
3	Centex	7,112	KBR	Centex	Fluor Corp.	The Turner Corp.	The Turner Corp.
4	Turner	6,246	Fluor Corp.	Fluor Corp.	KBR (Kellogg Brown & Root)	KBR (Kellogg Brown & Root)	KBR (Kellogg Brown & Root)
5	Skanska USA	5,875	The Turner Corp.	The Turner Corp.	The Turner Corp.	Skanska USA	Kiewit Corp.
6	KBR	5,741	Skanska USA	Skanska USA	Skanska USA	Bovis Lend Lease	Skanska USA
7	Peter Kiewit	3,745	PeterKiewit	Kiewit Corp.	Bovis Lend Lease	Kiewit Corp.	Bovis Lend Lease
8	Bovis	3,230	Bovis	Bovis Lend Lease	Kiewit Corp.	PCL	PCL
9	Wasington Group International	3,055	Foster Wheeler	Clark Construction-Group	Jacobs	Jacobs	Perini Corp.
10	Shaw Group	3,018	Shaw Group	Wasington Group International	PCL	The Shaw Group Inc.	Jacobs

注：CM＝コンストラクションマネジメント。
出所：ランキング推移は ENR（2015）から各年ごとに調査し筆者作成（ENR は，毎年，世界のトップ 400

第 5 章　日米建築業における生産制度

売上高ランキングと業務内容

一般建築 (%)	製造施設 (%)	発電所 (%)	上水・下水道施設 (%)	石油化学プラント (%)	道路 (%)	危険物施設 (%)	通信施設 (%)	CMアットリスク方式 (%)
0	0	17	0	54	22	5	2	54
13	1	5	0	65	10	4	2	12
6	1	19	9	26	33	3	0	7
77	6	0	0	5	6	0	5	86
19	1	9	4	50	13	0	0	61
59	1	3	4	18	14	0	0	33
42	6	7	9	4	21	0	7	47
0	0	24	0	74	0	0	0	0
57	0	2	5	1	33	0	1	26
80	0	2	0	0	12	0	0	49

2009 年	2010 年	2011 年	2012 年	2013 年	2014 年	2015 年	2015 年受注高（百万ドル）
Bechtel	Bechtel	Bechtel	Bechtel	Bechtel	Bechtel	Bechtel	28,302
Fluor Corp.	Fluor Corp.	Fluor Corp.	Fluor Corp.	Fluor Corp.	Fluor Corp.	Fluor Corp.	16,925
The Turner Corp.	KBR (Kellong Brown & Root)	Kiewit Corp.	Kiewit Corp.	Kiewit Corp.	Kiewit Corp.	The Turner Corp.	10,796
KBR (Kellong Brown & Root)	Kiewit Corp.	KBR (Kellong Brown & Root)	The Turner Corp.	The Turner Corp.	The Turner Corp.	CB&I	10,317
Kiewit Corp.	The Turner Corp.	The Turner Corp.	KBR	CB&I	CB&I	Kiewit Corp.	10,165
Skanska USA	Skanska USA	PCL	PCL	Skanska USA	PCL	PCL	7,233
PCL	Jacobs	The Shaw Group Inc.	Skanska USA	PCL	Skanska USA	AECOM	7,095
Jacobs	PCL	Skanska USA	Foster Wheeler	Tutor Perini	KBR	Skanska USA	7,025
CB&I	Tutor Perini	Clark Group	Tutor Perini	Foster Wheeler	The Whiting Turner	The Whiting Turner	6,347
Perini Corp.	Foster Wheeler	Jacobs	Clark Group	Clark Group	Jacobs	Jacobs	5,104

の建設会社を分野別にランキングしている）。

5.4.3　建設業の収益性

〔日本〕

　日本の建設業は，先進国のなかでも成熟した産業で需要停滞が見られ，産業集中度が低く，地場産業的な特性から企業数が多く，典型的な競争産業の条件を備えている。図 5-12 は，建設業および製造業の売上高営業利益率の推移である。1990年代中ごろまで，建設業における経常利益率および営業利益率は，全産業に比較して，それらを上回る傾向を見せていたが，1990年代後半以降

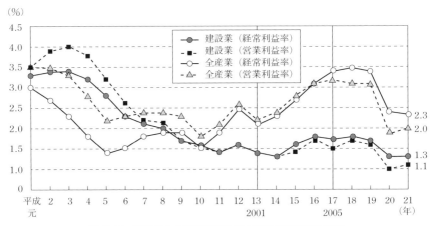

図 5-12　建設業および製造業の売上高営業利益率の推移
出所：財務省（2010）。

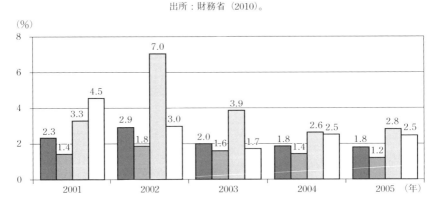

図 5-13　米国建設会社の売上高税引き前利益率の推移
出所：CFMA（2005, p.17）から筆者邦訳。

は，全産業平均を下回る傾向を見せており，長期的な低収益性の問題が浮かび上がっている。

〔米国〕
　一方で，米国においても，事情は同様な傾向を見せている。図5-13は，米国建設財務経営協会（Construction Financial Management Association: CFMA）が，2006年に実施した調査によると，加入する660社の2001年から2005年までの経常利益率の推移は，2％前後となっており，日本より，僅かに多めではあるが，同水準である。

5.5　日米における建築プロジェクトのマネジメントシステム比較

　日米の建築プロジェクトマネジメント・システムにおいて，3つの基本的モデルが存在することは共通しているが，日米双方でそれぞれ特徴があり，相違点が存在する。ここでは，3つの基本的なプロジェクトマネジメント・システムの相違点を説明する[39]。

5.5.1　設計・施工方式（コントラクター管理システム）

　図5-14は，日米の設計・施工方式の違いを示したものである。

〔日本〕
　日本の設計・施工方式は，設計部門と施工部門の双方をもつ建設会社（ゼネラルコントラクター）によって実施される。巨大な設計組織をもつ日本の大手建設会社によって実施される設計・施工方式は，世界的に見ても特殊である[40]。設計・施工方式は，大手建設会社になるほど採用割合が大きくなり，2014年度において，清水建設では，53.4％，鹿島では55.1％，大成建設では49.1％となっており[41]，大手建設会社が実施する建築プロジェクトの半数は，

---

[39] 日本コンストラクション・マネジメント協会編（2011），並びに，清水建設コンストラクションマネジメント部（1990）から。
[40] 2012年度に日建連（日本建設業連合会）「設計委員会設計部会　設計部門年次アンケート」結果によれば，日建連参加企業149社のうち55社が設計部門を保有している。清水建設の設計部門の社員数は1,000人弱，大手設計事務所である日建設計，日本設計の社員数はそれぞれ1,400人強，880人弱であり，日本のゼネコンは巨大な設計組織を抱えている。
[41] 2015年度各社からの決算説明会資料から。

第 2 部　理論編

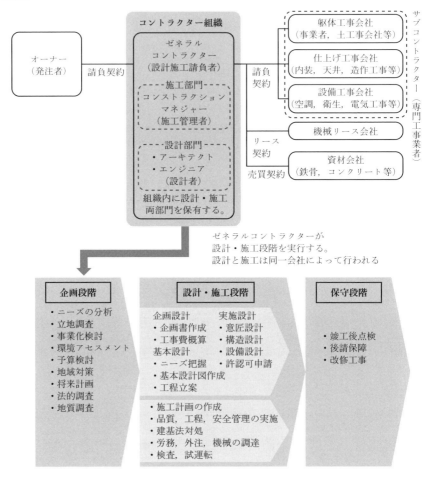

図 5-14　日本と米国に

設計・施工方式によって実施されているのが特徴である。

〔米国〕
　米国での設計・施工方式は，前述しているが，建設会社（ゼネラルコントラクター）と設計事務所（アーキテクト）という 2 つのパーティーが契約を締結

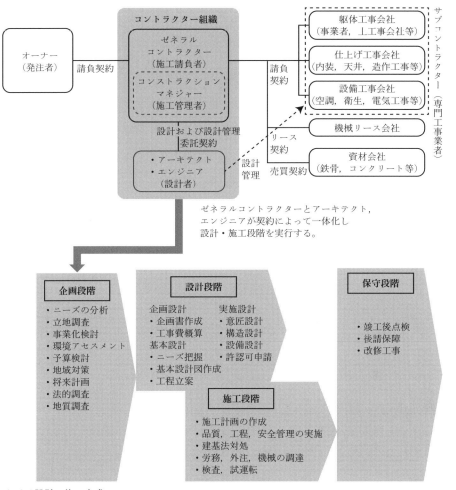

おける設計・施工方式

し，一体化して機能するもので，デザインビルド・システムと呼ばれる。①設計と施工部門をもつ組織体（日本の建設会社のような組織），②建設会社がサブコントラクターとして設計事務所を使用する組織体，③事業組織が設計事務所と建設会社を独立したサブコントラクターとして契約して機能する組織体，④設計事務所と建設会社の協同企業体等のバリエーションが存在する。しかし

第 2 部　理論編

ながら，米国においては，設計責任が個人としてのアーキテクトが担うこと，設計責任や施工責任があいまいになることを避ける等により，日本と同じような①の形態はジョージア州など限られた州でしか認められておらず，②のケースが一般的である[42]。

5.5.2　設計・施工分離方式（ハイブリッドシステム）

〔日本〕

　設計・施工分離方式は日本において設計・施工方式と同様に用いられている。設計・施工分離方式に関する日本での共通の特色として，特命発注が多いことが挙げられる。表 5-5 は，大手，準大手建設会社の特命受注率を 1996 年から 2006 年まで調査したものである。

　この期間平均は大手建設会社で 48.7%，準大手建設会社で 40.6% となっており，半数を占めている[43]。この特命発注のシステムが日本の建設会社が実施設計図面作成の支援を行っている大きな理由となっている。入札を基本にした購買方式を採用する米国とは対照的である。また日本では，設計・施工分離方式であっても，優秀な設計集団が建設会社側に存在するために，施工に必要な図面である実施設計図面をコントラクター側の立場にある建設会社が，公式であれ，非公式であれ，たびたび作成する。非公式という意味は，契約上，実施設計図面の作成がコントラクターの責務範囲外であっても，設計支援という名目でオーナー側のアーキテクトに対して，コントラクター側の設計部門に所属する設計スタッフが，実施設計上の支援を行うということである。

〔米国〕

　米国では，設計の組織体として設計事務所が最も適した形であるとされてい

表 5-5　大手，準大手建設会社の特命受注率

（単位：%）

	1996	1997	1998	1999	2000	2001	2002	2003	2004	2005	2006（年）
大手	56.7	55.4	50.2	47.2	49.4	46.2	44.2	44.6	46.8	45.8	49.3
準大手	46.4	44.7	40.6	39.2	41.0	40.9	38.1	37.9	38.1	39.0	41.1

出所：登坂（2011, p.131）。

42　AIA（2013, p.398）において示されている。
43　登坂（2011）p.131 から。

る。これが設計と監理の主体となり，民間，公共工事分野のどちらにおいても，設計・施工分離方式（デザインビッドビルド・システム）が建築工事の基本的なプロジェクトマネジメント・システムとして発達してきたという経緯がある。米国では，設計と施工が完全に分離されており，施工に必要な設計図面を基本的に，オーナー側の立場にあるアーキテクトが，全て作成，または準備する。設計責任と施工責任が明確である。

5.5.3　コンストラクションマネジメント方式（オーナー管理システム）

コンストラクションマネジメント方式の基本的モデルは，本章5.2.2の図5-6のように示されるが，米国においては図5-15のように3つの基本的バリエーションが存在する。

エージェント型は，オーナーが専門工事業者[44]と直接工事契約を結び，コンストラクションマネジャーがオーナーのエージェント（代理人）として機能する。オーナーは，コンストラクションマネジャーに対して，コスト，工期，品質に関するリスク保証を求めることはできず，オーナーがコンティンジェンシー予算（予備費）をもってリスク対応を行う。また，オーナーは専門工事業者と直接契約を結ぶことでオーナーの作業は増加する。これらがオーナーにとっては欠点である。

総合請負業者型は，専門工事業者との契約がオーナーの代理人であるコンス

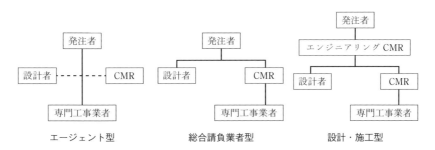

注：CMR＝コンストラクションマネジャー。

図5-15　様々なコンストラクションマネジメント方式
出所：清水建設コンストラクションマネジメント部（1990）を基に筆者作成。

---

[44] 英語ではトレードコントラクター（trade contractor）と呼ばれる。サブコントラクター（sub contractor）という言い方は，ゼネラルコントラクター（general contractor）に対する言葉として使われる。

第 2 部　理論編

トラクションマネジャーを通じて行われる。したがって，オーナーは，専門工事業者との契約に関わる作業から解放され，コンストラクションマネジャーによる専門工事業者に対するコントロールはエージェント型より徹底できる。専門工事業者の選定に際して，オーナーの承諾を得ることになり，生産上の責任は専門工事業者が取る。

　設計・施工型は，コンストラクションマネジャーが設計と施工を一括してマネージする責任をもつ。一般的に設計者は，コンストラクションマネジャーとは別組織の人員がチームの一員として携わるが，コンストラクションマネジャーが，設計者を自己の内部に取り込む場合もある。

　日本では，2011 年度のコンストラクションマネジメント方式の実績において，97％がエージェント型となっており，米国とは大きな違いを見せている[45]。

5.6　日米における建築プロジェクトのマネジメントシステム採用割合の比較

　本節では，日本と米国において建築プロジェクトのマネジメントシステムの採用に関して，どのような違いが存在するのかを明らかにする。日米で実施されている建築プロジェクトにおいて，公式な機関からのマネジメントシステム採用実態に関する情報は存在しない。米国の資料に関しては，私的調査機関のデータが存在するのでそれを使用するが，日本の場合は一次データを基に試算する。

5.6.1　日本の採用割合

　日本における全国レベルでのコンストラクションマネジメント方式の採用割合に関しては，2008 年から 2011 年までの建築確認申請件数に関する国土交通省からの 1 次データと日本コンストラクション・マネジメント協会からのコンストラクションマネジメント方式の採用件数に関する 1 次データを基に算出した[46]。当期間に実施された建築プロジェクトのなかで，約 1％のプロジェ

---

[45] 2011 年度コンストラクション・マネジメント協会のアンケート結果から。2,549 件の実績のうち，2,473 件が，エージェント型であった。

[46] 2008 年から 2011 年において，建築確認申請件数の平均が 15 万 1,724 件（木造建築を除く），コンストラクションマネジメント方式でのプロジェクト実施件数の 4 年間の平均が 2,118 件であることから算定。ただし，コンストラクション・マネジメント協会成井事務局長によれば，2,118 件のうち，設計レベルのヒアリングやユーザー要求書のまとめ等，設計行為の延長とみなされるもの

表 5-6　2014 年度における設計・施工方式の採用割合

	設計施工一貫受注額	設計施工率	昨年比
単独設計	3,418,992 百万円	39.5%	+2.7p
共同設計	769,249 百万円	8.9%	+4.9p
単独設計＋共同設計	4,188,241 百万円	48.4%	+7.6p

出所：日本建設業連合会（2016）。

クトがコンストラクションマネジメント方式によって実施されたと推定される。設計・施工方式採用割合の実態に関しては，表 5-6 に示されるように，2015 年度に日建連[47]「設計委員会設計部会」で実施された「建築設計部門年次アンケート[48]」の結果から，設計・施工方式の採用割合は，48.4％（単独設計 39.5％，共同設計 8.9％）となっている。

次に大規模建築プロジェクトが集中している東京地区において調査を行った。2013 年度において，東京 23 区内の延床 10,000 ㎡以上の計画，建築中の 325 件のうち，設計者，コントラクターが判明している民間プロジェクト 245 件のデータを調査したところ，設計・施工分離方式の割合が 57％，設計・施工方式の割合が 42.6％，コンストラクションマネジメント方式の割合が 0.4％（データ上は，僅か 1 件。）と推定される[49]。

5.6.2　米国の採用割合

米国においては，米国デザインビルド協会（Design Build Institute of America：DBIA[50]）が，リサーチ機関を使用して調査を行い，データを公表している。2013 年度に全米で実施された住宅建設を除く 10 億円以上の建築プロジェクトのマネジメントシステム採用割合は表 5-7 のように示される。

2013 年は，設計・施工分離方式が 52％，設計・施工方式が 39％，コンストラクションマネジメント方式が 9％の割合と報告されている。

　も含むとのことで，実質的には 1％以下と推定される。コンストラクション・マネジメント協会のデータが 2008 ～ 2011 年の間でしか存在しないために調査期間が 2008 ～ 2011 年となった。
47　一般社団法人日本建設業連合会の略称。総合建設業者で構成される業界団体であり，2011 年 4 月 1 日に社団法人日本建設業団体連合会（旧日建連，1967 年設立），社団法人日本土木工業協会（土工協，1949 年設立），社団法人建築業協会（建築協，1957 年発足）の 3 団体が合併し発足した。
48　日建連加盟の 57 社へのアンケート結果。2014 年度受注額から算定。設計施工率＝設計施工方式受注額／建築工事受注額
49　日経アーキテクチュア（2014）のデータを基に筆者算出。
50　DBIA は，1993 年に発足した米国において，「設計・施工方式」を普及させようとしている，設計事務所，建設会社から構成される協会。

第 2 部　理論編

表 5-7　米国で実行されているプロジェクトマネジメントシステムの割合

(%)

年	デザインビルド	コンストラクション マネジメント・アットリスク	デザインビッド ビルド
2005	29	4	67
2006	30	3	67
2007	34	3	63
2008	36	4	60
2009	38	7	55
2010	40	6	54
2011	39	4	57
2012	39	4	57
2013	39	9	52

出所：DBIA（2014, p.6）を筆者邦訳。

表 5-8　米国における実行されているプロジェクトマネジメント・システムの割合

・デザインビッドビルド	60%
・コンストラクションマネジメント・アットリスク	25%
・デザインビルド	15%
・統合プロジェクトマネジメント・システム	<1%

＊ 統合プロジェクトマネジメント・システムは，3 次元設計プラットフォーム（Building Informetion Modeling：BIM）を取り入れたプロジェクトマネジメント。

出所：CMAA（2012, p.8）を筆者邦訳。

　一方で，コンストラクションマネジメント方式を普及させようとしている団体である米国コンストラクション・マネジメント協会（Construction Management Association of America：CMAA）は，同様にデータを公開している。表 5-8 は，その内訳を示したものである。

　設計・施工分離方式が 60%，設計・施工方式が 15%，コンストラクションマネジメント方式が 25% の割合と報告されている。

5.6.3　日米における採用割合の比較

　全体において資料の入手時期に最大 2 年間の開きがあるが，全体の傾向を見るには問題ないと判断して整理すると，日本と米国においては，建築プロジェクトのマネジメントシステムの採用の現状は表 5-9 のように示される。

　日本においては，広域と都市部で同様な傾向を示している。設計・施工方式と設計・施工分離方式の採用割合は，広域ではほぼ同じであるが，都市部で

第 5 章　日米建築業における生産制度

表 5-9　建築プロジェクトマネジメント・システムの日米比較

(％)

広域	日本	米国		
		DBIA	CMAA	平均（参考）
設計・施工方式	48.4	39	15	27
設計・施工分離方式	50.6	52	60	56
コンストラクションマネジメント方式	1	9	25	17
都市部				
設計・施工方式	57			
設計・施工分離方式	42.6			
コンストラクションマネジメント方式	0.4			

は，設計・施工分離方式に比べて設計・施工方式の採用割合が多い。コンストラクションマネジメント方式の採用は，広域，都市部どちらにおいても非常に少ない。

米国においては，都市部のデータがなく広域のデータしか存在せず，また，DBIA と CMAA 間で採用割合の数値が大きく違っている。ただ，設計・施工分離方式の採用割合は全体の約半分という傾向は共通である。設計・施工方式とコンストラクションマネジメント方式の採用割合に関しては，DBIA，CMAA 双方が，それぞれ推進するプロジェクトマネジメント・システムの採用割合が多く，比較目的の割合としては平均値を用いる。

日米の建築プロジェクトに対して用いられているプロジェクトマネジメント・システムを比較すると，設計・施工分離方式は，広域では互いに共通で約半分である。明確な相違点は，日本では広域，都市部とも，共通してコンストラクションマネジメント方式の採用がほとんどないことである。広域においては，設計・施工方式の採用割合が設計・施工分離方式と同様に約半分であり，都市部では，設計・施工分離方式より多くなっている。

米国では設計・施工分離方式，設計・施工方式，コンストラクションマネジメント方式が，およそ，56％，27％，17％の割合で存在している。日米で適応されているプロジェクトマネジメント・システムの明確な相違点は，日本では建築プロジェクトのマネジメントモデルの3つのうち設計・施工方式と設計・施工分離方式がほぼ半数ずつ存在し，コンストラクションマネジメント方式の採用は僅かである。米国では，建築プロジェクトのマネジメントモデルが3つ存在し，多様化しており，日本に比べて，コンストラクションマネジメン

ト方式の採用割合が多いということである。

5.7 日米の建築生産制度に影響を与える様々な制度

　前節までに，日米における建築プロジェクトのマネジメントシステムに関して，特徴，相違点，採用割合の違い等が明らかにされた。本節では，それらを含めて，日米建築生産制度，とくにプロジェクトマネジメント・システムに影響を与えている様々な制度に関して，俯瞰して記述する。建築教育・資格制度，契約・法規関連制度，財務・会計制度の3つの範疇で取り上げる。

5.7.1 建築教育・資格制度
　プロジェクトマネジメントに影響を与える建築教育・資格制度に関して，大学・大学院教育，マネジメント教育，資格取得の特徴に関して，日米における基本的相違点を説明する。

〔日本〕

　意匠設計業務に携わる建築士（アーキテクト）養成の教育が，構造設計，設備設計業務に携わるエンジニアや現場業務に携わるコンストラクションマネジャー養成と同じ教育機関である建築学科[51]で行われる。建築学科は大学の工学部に所属していることが一般である。他国と違い日本特有の地震の問題があり，大学・大学院の建築系学科で建築系学者が工学者として構造力学の研究と構造エンジニア育成教育を行うことで構造を重視する傾向がある。建築学科では，広く一般的な建築に関わる技術を教育するが，建設におけるマネジメントのような職能的教育は一般的に教育内容外となっている[52]。

　設計業務，建設業務にかかわらず，ある年数の実務経験後，国家試験によって設計業務に携わることができる建築士の資格を取得できる。日本の建築においては，住居などが木造建築という独特の文化があり，木造建築の設計を行う2級建築士と，木造，コンクリート造を含め一般建築の設計を行う1級建築士が存在する[53]。日本の建築現場で施工を担う技術者の多くが，施工管理の資格[54]と共に設計作業に従事できる建築士の資格を有している。

51　建築学科以外に都市工学科，環境工学科等で建築関係の教育も実施される。
52　第1章1.4"研究の意義"において説明したように，一部の学科でしか行われていない。
53　他に構造設計1級建築士，設備設計1級建築士が存在する。
54　1級，2級建築施工管理技士の資格が存在する。

〔米国〕

　意匠設計業務に携わるアーキテクトの養成は，工学部ではなく，アーキテクチャースクール（architecture school）で専門的に行われる[55]。構造設計，設備設計分野のエンジニアの養成はエンジニアリングスクール[56]（engineering school）のシビルエンジニアリング（civil engineering）部門の建築工学（building construction）専攻で行われる[57]。プロジェクトマネジャーやコンストラクションマネジャーの養成は，同部門のコンストラクションマネジメント（construction management）専攻で行われる。設計と建設工事分野の教育は別個に行われる[58]。

　アーキテクトの資格を得るには，一般的にアーキテクチャースクールで専門的な教育を5，6年間受けて，国の認定機関である全米アーキテクト登録評議委員会（National Council of Architectural Registration Boards : NCARB）の試験を受けてアーキテクトとなる[59]。

5.7.2　契約・法規関連制度

　プロジェクトマネジメントに影響を与える契約・法規関連制度に関して，および基本的な法体系，契約，建築関連法規の特徴に関しての日米における基本的相違点を説明する[60]。

〔日本〕

　日本の法体系は，明治維新の際に大陸法（Civil Law：シビル・ロー）を採用し，ドイツの影響を受けていると言われている。大陸法の特徴として，成文法を法体系とした私法中心の体系，個人の意思から出発する実体法が中心，法治主義，職業裁判官によるキャリアシステム，専門家と非専門家による参審制等が，英米法に対しての特色である[61]。

　国土交通省から，公共工事並びに民間工事標準請負契約約款，また民間レベ

55　米国では，建築教育は一般的に5，6年を必要とする。
56　日本の工学部・工学研究科にあたる。
57　道路，橋，ダム等の技術教育は，civil engineering 部門の civil construction で行われる。
58　日本では，建築学科と土木学科は分かれているが，米国においては，civil construction と building construction は同じ civil engineering school に属しているのが一般である。
59　受験資格として基本的には専門教育と実務経験の双方とも要求されるが，州によっては専門教育を受けずとも8年間程度の実務経験を積むことによって受験が許可されるようになる場合もある。
60　伊藤・木下（2012）。
61　田中（1980）。

ルでは，民間連合（旧四会連合[62]）協定工事請負契約款が定められており，建設プロジェクト契約の雛形として使用されている。建築プロジェクトは，不確実性が高く契約書は不完備契約となりやすく関係的契約の傾向が強い。日本では契約内容の記載に関して曖昧性が存在している。訴訟の解決手順も詳細でなく，協議による解決が主たる方法であり，不完備契約の欠点を契約当事者の信用，信頼が補完するという性格をもっている。

建築関連法規として，国土交通省が建築物に対する基準を規定する建築基準法，質の向上を規定する住宅関連法，バリアフリー法，省エネルギー法，人を扱うアーキテクト法を定めている。また関連分野（土木他）と含めて，消防法，都市計画関連法，建設業法，宅建業法等が存在する[63]。建築基準法においては，目的や用語の定義，罰則等に関する規定等，総括的規定と建築物の使用用途や規模等に対する構造の決定等の実態的規定が定められている。基本的に建築規制の実施は，地方公共団体に委ねられている。

〔米国〕

米国の法体系は，いわゆる，英米法（common law：コモン・ロー）を採用している。英米法の特徴として，判例法を法体系とし公法中心の体系，訴訟中心主義，法の支配，法曹一元制，陪審員性，'common law と equity'[64] のような法制の2分化等が，大陸法に対する特色である[65]。

米国建築士協会（AIA），米国建設業協会（AGC），米国コンストラクションマネジメント協会（CMAA）等から，プロジェクト契約の標準約款（standard form）が各種発行されており，多様性をもったプロジェクトマネジメント・システムに対応できるようになっている。契約書はステークホルダーの定義から始まり，権利規定，義務規定まで細かく記載されてあり，また訴訟社会であるために，ステークホルダー間で発生する可能性がある瑕疵保証や訴訟行為に関する手続きに関しては細かく記載されている。

建築関連法規の主体となる建築基準法（building code）は，全米の3エリアにおいて別個に存在していた（Universal Building Code：UBC；Building

---

[62] 四会連合とは，日本建築士会連合会，日本建築士事務所協会連合会，日本建築士協会，日本建築業組合の4団体を意味する。民間建築工事のための請負契約の条項を検討し，公表していた。現在は，民間連合協定工事請負契約款委員会といい，7団体で構成されている。

[63] 国土交通省ホームページ資料"建築関係法の概要"から（2016年8月10日確認）。

[64] 「Common law は，England の Common Law 裁判所が下した判決が集積してできた不体系であるのに対し，Equity は，Common law の硬直化に対応するため大法官（Lord Chancellor）が与えた個別的な救済が，雑多な法準則の集合体として集積したものである」（丸山，1990）。

[65] 田中（1980）。

Officials and Code Administrations：BOCA；Southern Building Code：SBC 等）が，2000 年に IBC（International Building Code）として統一された[66]。日本と違って，消防設備の設置，省エネ基準，バリアフリー等を建築基準法で定めている。日本と同様に建築規制の実施は原則として，州，市，カウンティの専門部局が対応しているが，建築規模，複雑さ等から対処できない場合に審査業務を民間の専門機関に委託している[67]。

5.7.3 財務・会計制度

プロジェクトマネジメントに影響を与える財務・会計制度に関して，および売り上げ基準，支払い方法に関しての日米における特徴を説明する。

〔日本〕

日本では売上工事高の認識において，長い間工事完成基準と工事進行基準が併用されていた。一般的には工事完成基準であるが，工期が 2～3 年と長期にわたる大型工事に対してのみ工事進行基準が適応されていた。工事完成基準とは，工事完成の引き渡し日に一括して，工事原価と工事収益を当期損益計算書に計上する方法である。工事進行基準[68]とは，決算期末に工事進捗の程度を見積もり，対応する工事原価と適正な工事収益率によって工事収益の一部を当期損益計算書に計上する方法である。2009 年以降は，国際会計基準の普及とともに工事進行基準が一般となっている。

日本の建設業法は，業者の資質向上，工事請負契約の適正化，適正施工など，建設業の健全な発展を目的としたルールを定めている。政令で定める一定額以上の工事を下請けに委ねることができるのは，特別の基準をみたし許可をうけた特定建設業者[69]だけであり，特定建設業者は，下請け業者や労働者に対しても特別の責任を負う。建設業法 41 条は，下請け業者に対する賃金不払いや工事代金不払いに関して，行政が，特定建設業者に立て替え払いなどを勧告できることを規定している[70]。この立て替え払いは，不況・倒産で多発する不

---

66 ICC（International Code Council）という州をベースにした協会がまとめている。
67 第 2 章で事例研究として紹介される "Y 社 A プロジェクト" は，民間の設計事務所によって審査された。
68 日本公認会計士協会（2002）から。
69 発注者から直接請負った 1 件の工事代金について，4,000 万円（建築工事業の場合 6,000 万円）以上となる下請け契約を締結する場合，以下の財産的要件と専任技術者の要件をみたさなければならない。財産的要件：資本金 2,000 万円以上，自己資本 4,000 万円以上，流動比率 75％以上，資本金の 20％を超える欠損がない。専任技術者の要件：1 級建築施工管理技士または 1 級建築士。
70 国土交通省土地・建設産業局（2015）から。

払い事件の被害業者を救済する方法として重要である。立て替え払いは法的義務ではなく，不払い救済など労働福祉行政の観点からの政策的要請である。建設工事は一般に工事金額が大きく，工事は長期間を要するため，工事期間中に必要となる資金の額も莫大になる。日本の建設会社は慣習的に工事資金の大半を建設会社が立て替えることになっている。

〔米国〕

米国では売上工事高の認識は，工事進行基準が採用されており，「サブコン」から「ゼネコン」への支払い請求，「ゼネコン」からオーナーへの支払い請求等々がリンクしている。支払いは毎月の工事進行に伴う出来高に基づいて行われる。工期が長期化しない場合（1年以下の場合）は，毎月，隔月，四半期ごとのスケジュールペイメント（schedule payment）等も適応される。オーナーから末端の工事業者を含めて，お金の流れが明快である。

米国には，工事に関わる不動産の先取特権（mechanics lien）という下請け業者や資材提供者を保護する制度が存在する。下請け業者や資材業者が契約で定められた作業を履行，または資材を納入したにもかかわらず，元請業者が適切な支払いを行わなかった場合に，未完成で進捗状況にある不動産上に支払いの優先権を担保する権利が発生し，裁判所に対して担保権実行手続き開始を求めることができる。全米約50州に先取特権に関する法律（mechanics lien law）が存在し，全米で普及している[71]。

5.8 小括

建築物は，その実現プロセスが，複雑性，不確実性，非定常性の高い人工物であり，また，筆者の経験から判断して，非合理性，非可分性，非可逆性を有している。建築業の主たる特徴は，経営単位のプロジェクトマネジメントであり，そのプロセスであるバリューチェーンの主活動において，企画，設計・施工，メンテナンスという各段階にある多数の個別プロジェクトが存在することである。企業間取引関係の典型として，発注者としてのオーナー，請負者としてのコントラクターの関係に，アーキテクト，エンジニア，コンストラクションマネジャー，サブコントラクター等のステークホルダーが関与して，ネットワークを形成，複雑なビジネスシステムを構成している。

71　国土交通省総合政策局（2007）から。

プロジェクトマネジメント・システムは，購買，契約，実行方式の組み合わせで類別化され，設計段階，施工段階をオーナー組織，コントラクター組織間でどのような請負範囲，サービス提供範囲とするかによって3つの基本的モデルに分類され，それらは日米共通である。建築業界では設計・施工方式，設計・施工分離方式，コンストラクションマネジメント方式と呼ばれるが，オーナーを主体として，機能と実体的な側面から，それぞれ，「コントラクター管理システム」，「ハイブリッドシステム」，「オーナー管理システム」という呼称を使用すれば，経営学的に理解しやすい。

建築プロジェクトを経営学的に検討する際に重要な視点として，不確実性とリスクがある。リスク要素は様々に存在するが，工期，コスト，品質の3要因に集約され，品質要因は建築プロジェクトの価値に大きく影響を与える指標として重要である。品質には，製品，サービスプロセスという2面性があり，それぞれ多面的な要因（製品：性能，特徴，信頼性，準拠性，耐久性，保守性，美的外観，認知品質；サービスプロセス：アクセス性，コミュニケーション，礼儀，信用性，信頼性，対応性，組織能力，安全保障性，顧客の理解）が関与して，建築プロジェクトの品質を特徴づけている。

日本の設計・施工方式は，設計と施工部門の両方をもつ建設会社によって実施されるが，米国では設計事務所と建設会社が契約を交わして一体化して実施する。日本の設計・施工分離方式には特命発注の割合が多いが，米国では，基本的に入札を通じて施工担当の建設会社が選定される。コンストラクションマネジメント方式において，日本では実績が少ないが，米国では多様化し，近年「コンストラクションマネジメント・アットリスク型」というタイプが増加している。プロジェクトマネジメント・システムの採用割合状況を比較した場合，広域では日米とも設計・施工分離方式の採用割合が半分である。日本においては，コンストラクションマネジメント方式の採用は僅かであり，設計施工方式の採用割合が約半数である。米国では3つのプロジェクトマネジメント・システムが存在し多様化している。

建築プロジェクトのマネジメントシステムに影響を与える様々な制度が，日米とも，それぞれ存在し，①建築教育・資格制度では，大学・大学院教育，マネジメント教育，資格取得，②法律・契約制度では，法体系，建築関連法規，契約，③財務・会計制度では，売り上げ基準，支払い方法，等々に関して，日米に相違点がある。

表5-10は，日米建築生産制度の相違点に関して，調査項目別にまとめたものである。

表5-10 日米建築生産制度に関する比較

	米国	日本
市場規模 (非住宅建築市場 2013年)	31.2兆円	13.0兆円
建設業全体の売上高 経常利益率 (2001〜2005年平均)	2.16%	1.55%
建設業界 売上高 トップ5の特徴	ENR (2015) のランキングに現れるBechtel, Fluor, CB&L, Kiewit, Turner以外は総合エンジニアリング会社の色彩が強い。	鹿島，清水，大成，大林，竹中に代表される，設計・施工部門を会社内に保有する総合請負建設会社に代表される。
建築プロジェクト マネジメント・システム の特徴	多様化	統合化
設計・施工方式 (コントラクター 管理システム)	採用比率 27% デザインビルド・システムと呼ばれ，ゼネコンと設計事務所が契約により，一体組織となる	採用比率 48% 設計部門と施工部門を保有するゼネラルコントラクターによって行われる。
設計施工分離方式 (ハイブリッドシステム)	採用比率 56% 基本的なプロジェクトマネジメントシステム。入札によってゼネコンが選定される。	採用比率 51% 基本的なプロジェクトマネジメント・システム。入札をしない特命発注も多い。
コンストラクション マネジメント方式 (オーナー管理システム)	採用比率 17% コンストラクションマネジメント・アットリスク方式が多い。	採用比率 1% ほとんど普及していない。都市部での採用は0.4%である。
購買方法	業者の決定は基本的に入札が主で行われる。	業者の決定は基本的に入札で行われるが，特命発注も多い。準大手建設会社受注の40%，大手建設会社受注の50%が特命発注，随意契約である。
契約方法	一式請負，コスト＋フィー，単価契約等，様々な方法が存在する。	一式請負契約が主である。
サプライチェーン	各工事ごとに，原則的に資格審査をパスした工事業者が入札を通じて選定される。	系列組織が存在する。簡易的な契約が多い。
教育・資格制度	アーキテクトとエンジニアは，大学，大学院とも別コースであり，建設マネジメントに対しては専門コースが存在する。	アーキテクト，エンジニア，建設マネジャーの区別なく，全て工学部建築系の大学，大学院で教育される。
	アーキテクトは，5〜6年の専門教育を受けた後で国の認定機関の試験を受けてアーキテクトの資格を得る。	建築設計の国家資格が存在し，木造建築に対して，2級建築士，木造に限定されない1級建築士が存在する。

契約・法規関連制度		法体系は英米法（common law）で判例法が特徴。契約は一般に条件が詳細に規定され，訴訟解決手順は明快である。バイブル的意味をもつ。	法体系は大陸法（Civil Law）で成文法が特徴。契約は，一般に曖昧であり，訴訟解決も協議による解決が基本で，信頼により補完されている。
		建築関連法規は'building code'として存在し，消防設備，省エネ基準，バリアフリー等全て包含し，州ベースの協会がまとめている。	建築基準法，消防法，省エネ法，バリアフリー法等は別個に存在し，国家レベルの法律。
財務・会計制度		売上認識は，工事進行基準であり，業者間の支払いは月次払いが基本。不動産に対する先取特権が存在し，資材業者や下請け業者に対する保護制度が発展している。	2009年まで，工事完成基準と工事進行基準が併用されていた。業者間の支払いは，出来高払いであり，元受け建設会社の立て替え払い制度が慣習的に行われている。

第6章

理論と先行研究

　第2～4章の事例から何らかの因果知識を得ようとするならば，これらの事例を理論事例として扱い，研究課題に即して因果図式・モデル等の理論仮説による分析視点によって，原因条件と結果との関連を説明する必要がある（田村，2015，pp.7-15）。本章では，研究課題の分析と解釈に適合する理論を選択，関連する先行研究を含めてレビューする。

　理論は，本書の研究テーマである制度に関して，経済学と経営学の両方にまたがる学際的な観点でアプローチする新制度派経済学（new institutional economics[1]）を適用する。新制度派経済学は，経営学で扱われてきた様々な対象を経済学的な手法を用いて分析するという研究領域である。菊澤（2006b）は，"新制度派経済学は経営学の実践性と経済学の理論性とを兼ね備えた分野であり，日本人と関わりが深い。新古典派経済学と異なり，米国流の市場経済システムを唯一絶対的な効率的資源配分システムとみなさないからである"と説明している[2]。新制度派経済学の理論から，取引コスト理論と比較制度分析を選択してレビューする。

6.1　取引コスト理論

6.1.1　コースとウィリアムソンによる取引コスト理論

　新古典派経済学による経済システムに対する代表的主張点は，市場における自由な交換取引という行為が，価格調整メカニズムの下に資源の効率的利用と配分を導くということである。全ての経済主体は，完全な情報収集・処理・伝達能力をもち，効用を極大化しようとして完全合理的に行動するということが

---

[1] 組織の経済学（organizational economics）とも呼ばれる。
[2] 系列取引に代表される日本的な，曖昧な資源配分システムの効率性も説明しようとする。社会科学でも青木昌彦のような日本人が発展に貢献してきた。

前提となる。換言すれば,企業は,完全競争状態にある市場で生産要素を買い,技術を用いて生産し,生産物を市場で売る経済主体であり,生産要素,生産物の市場,生産技術等々について,完全な情報収集・処理・伝達能力を持ち,利益を最大化しようと最適な生産計画を選択して効率的に活動するものと仮定される(菊澤,2006a)。

しかしながら,現実に企業を取り巻く市場は完全競争の状態にはない。経済主体による市場取引においては,事前に相手を探索し,生産物の状況を把握し,取引をする際に相手と契約を交わし,契約後に相手側を監視する等々のコスト(市場取引コスト)が発生するため,円滑な市場取引が必ずしも行われる訳ではない。一方で,組織内でも経営者が従業員の資源配分を行う場合,経営者と従業員の間に組織内調整コスト(組織内取引コスト)が発生する。経営者は従業員を職務に配置する前に従業員の能力を把握する必要があり,職務に配置した後でも,従業員の行動を監視する必要があるからである。ロナルド・コース(Ronald Coase)は,市場と組織は代替的な資源配分システムと解釈され,市場では価格システムによって,組織では企業経営のオーソリティーによって,資源配分が調整・決定されると解釈した(Coase, 1937)。どのような条件で市場や組織が選択されるかの決定は,それらの取引コストの大小に依存する。つまり,市場・組織に関わらず,取引には,常に探索,契約,監視に関与する取引コストが発生し,取引コスト節約原理の下に市場,または組織間取引が選択される。

コースによる取引コスト理論を,より体系的に展開,説明しようと試みたのがオリバー・ウィリアムソン(Oliver E. Williamson)である。取引コストが発生するメカニズムを説明するために,新古典派経済学で仮定されている人間の完全合理性を緩め,人間の限定合理性(Simon, 1976[3])と機会主義の仮定を導入した。全ての人間は,情報収集,情報処理,情報伝達能力に限界があり,合理的であろうと意図しているが,実際は限定的でしかありえず(限定合理性),加えて,人間は自分の効用を極大化しようと行動する(機会主義)可能性があるという仮定である。このような限定合理的で機会主義的な人間同士で取引が行われるならば,相手に騙されないために,互いに取引契約以前に相手を探索調査し,取引に際して正式な契約を交わし,取引契約後も契約履行を監視する必要があり,取引が完了するまでに一連の取引コストが発生する。この

---

[3] Simon の著書 *Administarative Behavior* は,1947, 1957, 1976, 1997 年の4回にわたり改訂を重ねている。

ような取引コストを節約するために,様々な統治制度,ガバナンス制度が形成される（菊澤, 2006a）。

またウィリアムソンは,取引コストが取引に関わる資産特殊性・不確実性・取引頻度という取引状況に依存することを明らかにした。資産特殊性とは,ある用途に関して資産が特殊的であり,資産のもたらす価値がその用途に対してのみ高い場合を意味する。一般に相互依存関係にあるような資産は資産特殊的と解釈される。資産特殊性が高い取引では,取引当事者間で駆け引きが起こりやすく,取引コストは高くなると考えられる。不確実性とは,人間が限定合理的であるために取引全体を完全合理的に把握できないことを意味する。不確実で複雑な取引状況においては,取引当事者が互いに機会主義的な行動をする可能性があり,一般に取引コストは高くなると考えられる。頻度とは,取引頻度を意味する。資産特殊性が高い場合,取引は組織で行われると予想されるが,組織内部に固有の専門化された統治構造をつくり上げることは,固定費を生じることになる。しかし,取引が高い頻度で行われるならば,専門化された統治構造の費用は比較的容易に回収される。それ故,頻度は取引コストにとって重要な要因となる。図6-1は,組織の失敗のフレームワークとして広く知られている,取引コストの決定要因を説明したものである。

加えてウィリアムソンは,取引コストを節約するガバナンス制度は,資源配分システムという観点から類型化され,市場的資源配分システム,組織的資源

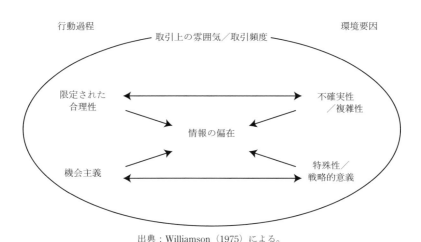

出典：Williamson（1975）による。
図6-1 取引費用の決定要因
出所：ピコー他（2007, p.58）。

第 2 部　理論編

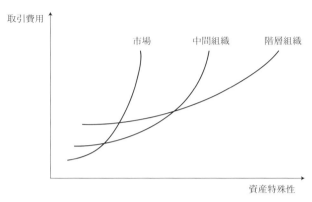

出典：Williamson（1991, p.284）．
図 6-2　取引費用，特殊な資産への投資度合い，垂直統合形態
出所：ピコー他（2007, p.71）．

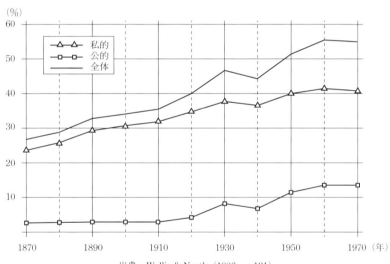

出典：Wallis & North（1986, p.121）．
図 6-3　米国の総社会生産に対する取引費用の割合
出所：ピコー他（2007, p.67）．

配分システム，そして市場と組織の中間的な資源配分システムに区分され得るということを明らかにした。図 6-2 に示されるように，唯一絶対的に効率的な資源配分システムはなく，取引コストの要因のなかで一番重要であると解釈

される資産特殊性とガバナンスコスト（取引コスト）との相関関係のなかに関連性を発見した（Williamson, 1975, 1985, 1996）。

　取引コスト理論の主たる関心は，専門化した行為者間の財・サービスを最適化することにある。生産性のポテンシャルを汲み尽くすことを可能にする分業と専門化は，同期化と交換を前提としているが，この同期化と交換が，本来ならば需要を満たすのに使うべき資源を使ってしまうのである。同期化と交換は，すなわち生産要因の投入を必要とし，取引コストという費用を発生させる（ピコー他，2007，p.67）。Wallis & North（1986, p.121）は，現代社会において取引費用がどれだけ大きな割合を占めているかを実態調査により明らかにした。図6-3は，米国の総社会生産に対する取引費用の割合を示したものである。1870年に全経済活動のたった4分の1が取引行動の準備に関連していたのに対して，1970年にはこの割合は国民総生産の半分以上を占めることになった。

6.1.2　多様なビジネスにおける企業の境界を扱った先行研究レビュー

　企業が提供する製品・サービスや市場を定義する事業ポートフォリオの決定（例えば，互いに関連する製品分野に多角化するか，それとも狭い事業に特化するか），および提供する各製品・サービスについて，研究開発，原材料調達，製造組み立て，マーケティング，販売などの垂直的な業務分野のどの部分を自社で行うかの決定（例えば，内製かアウトソーシングか）等，企業の境界の決定は経営戦略の基本である（伊藤他，2008）。企業の境界に関しては，取引コスト理論を適用して様々な実証研究が行われており，取引コスト理論が主張する，取引コストが節約されるように企業の境界は決定され取引ガバナンスが選択される，という規範性が指示される結果となっている（入山，2015）。取引コスト理論を適用して，多様なビジネスにおける企業の境界を扱った代表的な実証研究の主張点を以下にまとめる。

（1）垂直統合と取引コスト

　Walker & Weber（1984）は，米国の大手自動車メーカーの部品製造部門が3年間に行った60の部品（約2万パーツ）の製造と取引を対象として，取引量の不確実性（予想される取引量の変動，不確実な取引量見積もり），技術的不確実性（仕様書の変更，技術の改善），サプライヤーの製品優位性（製造プロセスの違い，オペレーション規模の違い，部品製造における経費の年間削減），サプライヤーの競合状態（競争的引き合い，サプライヤーの数，サプライヤーが保有している技術），メーカーの部品製造部門の経験（工具や器具，

製造技術）等々，5つのカテゴリー12の変数に関して，取引コストとの関係性を調査した。その結果，部品の技術変化の頻度，将来的な技術改善が行われる確率等が取引コストを高める主要因であり，自動車メーカーは，部品市場の競争度が高く，部品供給に関する市場環境の不確実性が大きいほど，サプライヤーのコスト優位性が高いほど，メーカーは外部調達を減らすことを明らかにした。

John & Weits（1988）は，産業材を扱う50億円以上の売り上げをもつ87社のセールスマネジャーに対してアンケート調査を行い，直販と代理店の販路が，資産特殊性（以前に経験をもつ新規雇用者が，会社の製品や顧客になれるために要する時間），環境的不確実性（川下におけるマーケット状況が，不安定で変動している），行動の不確実性（販売活動の長期化がもたらす契約の不確実性），ビジネスの規模（製品の販売量，販売地域密度）に対してどのような相関関係にあるかを統計的に検定した。その結果，資産特殊性，川下の事業環境の不確実性，川下でのパフォーマンス評価の困難性が取引コストを高める要因であり，代理店を介したチャンネルより，直販チャンネルを選択する傾向にあることを明らかにした。

Masten, et al.（1989）は，米自動車メーカー，クライスラー（Chrysler），フォード（Ford），GM（General Motors）の118の部品製造・取引を調査対象として統計的回帰分析を行った。その結果，部品製造に必要な技術的ノウハウ，物的資産・土地資産特性が取引コストを増大させ，当該部品の内製化率を上昇させるが，物的資産・土地資産特性の影響度は技術的ノウハウの影響度程ではないことを明らかにした。また，会社のガバナンスの役割が，垂直統合の重要な利点として関係していることを示した。しかしながら，この調査は，全体的な相関関係を明示するだけで，技術的ノウハウ，物的・土地の資産特性がどの程度の影響度なのか，また，会社のガバナンスの役割が，垂直統合，中間組織の度合いにどの程度対応しているのかに関しては明らかにしていない。

Klein, et al.（1990）は，カナダの輸出企業925社を選定，375社を調査対象として，1）海外市場向け生産ラインのチャンネルボリュームとチャンネル統合度，2）海外子会社の使用と生産ラインにおけるチャンネルボリュームの増大量，3）海外市場へのチャンネル統合度と取引コストの資産特殊性，4）海外市場を巡る環境変動とチャンネルの統合度，5）海外市場におけるビジネス環境の多様性とチャンネル統合度，6）海外販売子会社の使用と海外市場の環境変動，等々の関係に関してアンケート調査を行った。その結果，資産特殊性，海外輸出における当該製品取引量の比率，事業環境の不確実性が取引コス

トを高める原因であり，取引を管理する輸出チャンネルを選択することが必要であることを説明した。

Poppo & Zenger（1998）は，情報産業152社による1,638のサービス取引に対する企業トップへのアンケート調査を基に，内製および外注の意思決定に関して，人的・物的資産の特殊性，人的・物的資産の特殊性を測定する困難性，技術的な不確実性，生産規模，技術レベルの度合いがどのような相関関係にあるかを統計的に検定した。その結果として，人的・物的資産の特殊性，人的・物的資産の特殊性を測定する困難性，技術変化の速度が取引コストを高めており，当該サービスに関して，外注よりも内製を選択していることを明らかにした。

Leiblein, et al.（2002）は，半導体産業における714社の部品製造取引を対象にし，外部調達か内製かという企業の垂直統合度が，どのように企業の技術的成果に影響を与えるのかに関して統計的調査を行った。業界における会社の寿命，会社規模，ガバナンス期間，購買ポートフォリオ，資産特殊性，ガバナンスの選択，ガバナンスの適用性，自主選択の是正等々と技術的成果（トランジスタ密度：半導体サーキットに刻まれる情報のライン幅とサイズ）との相関関係を調査した結果として，サプライヤーの数，製品需要の不確実性，資産特殊性（複雑な調整が伴うアナログ部品の製造等）が取引コストを高める要因であり，技術的成果に影響を与え，企業対応として，当該部品に対しては外注よりも内製を選択すべきと主張した。

(2) 取引関係と取引コスト

Dyer（1996）は，日米自動車メーカー5社（トヨタ，日産，GM，フォード，クライスラー）とそのサプライヤー等関連会社48社を対象として，資産特殊性と会社の業績の関係を5つの観点で検証した。1) 会社内部の人的資産特殊性と製品の品質（欠陥品の低下），2) 会社内部の物的資産特殊性と製品の品質（欠陥品の低下），3) 会社内部の人的資産特殊性と新製品開発のサイクルタイム，4) 会社内部の地理的特殊性と在庫面での共同出資，5) 業者間の物的・人的・地理的資産特殊性と生産ネットワークとしての収益性，以上がその観点の内容である。その結果，バリューチェーンの資産特殊性と業績の間には，正の相関関係があることが判明した。その上で，人的資産の特殊性（関連企業間のコミュニケーション頻度），物的資産の特殊性（特定の会社に特化した施設投資），地理的特殊性（関連企業間の近接性）と取引コストが関係していることを明らかにし，それらが，企業の業績（ROA）に影響を与えていることを示した。また，総じて日本のメーカーの方が，米国のメーカーに比べ

て，より強い相関関係にあることを明らかにした。

　Stump & Heide（1996）は，化学メーカー 164 社を対象として，バイヤーとサプライヤー間における，機会主義と取引コストの関係を，次の 12 の観点で調査した。1）バイヤーによる特殊な投資とサプライヤーの能力に対するバイヤーの技能，2）バイヤーによる特殊な投資とサプライヤーの動機に対するバイヤー技能，3）バイヤーによる特殊な投資とサプライヤーによる特殊な投資，4）バイヤーによる特殊な投資とバイヤーによるサプライヤーへの監視，5）サプライヤーの能力に対するバイヤーの技能とバイヤーによるサプライヤーへの監視，6）サプライヤーの動機に対するバイヤーの技能とバイヤーによるサプライヤーへの監視，7）サプライヤーの動機に対するバイヤーの技能とサプライヤーによる特殊な投資，8）サプライヤーによる特殊な投資とバイヤーによるサプライヤーへの監視，9）技術に対する非予測性とサプライヤーによる特殊な投資，10）成果の曖昧さとバイヤーによるサプライヤーへの監視，11）成果の曖昧さとサプライヤー能力に対するバイヤーの技能，12）成果の曖昧さとサプライヤー動機に対するバイヤーの技能。これらの相関関係を統計的に検定した結果，バイヤーの特殊な投資，技術の不確実性が取引コストを高める要因であり，それを防ぐにはバイヤーによるサプライヤーの監視強化が必要であることを明らかにした。

　Dyer & Chu（2003）は，日米韓の自動車メーカー 8 社とそのサプライヤーを含めた関連会社 344 社を対象として，バイヤーのサプライヤーに対する信頼と取引コストおよび情報の共有の関係を次の観点で調査した。1）バイヤーのサプライヤーに対する信頼と契約前の取引コスト，2）バイヤーのサプライヤーに対する信頼と契約後のコスト，3）バイヤーのサプライヤーに対する信頼とサプライヤー，バイヤー間の価値ある業務情報の共有，4）バイヤーのサプライヤーに対する信頼と取引コストと業績。その結果，企業間の信頼関係が取引コストを削減し，より情報の共有を強めるということが明らかになった。あまり信頼に重きを置いていない会社は，信頼に重きを置いている会社よりも，契約や交渉に対して，互いの面前でのコミュニケーションに時間を取り，購買コストの点で，最大で 5 倍もの開きがあった。信頼は重要なガバナンス機能であり，競争優位性の重要な資源であるが，取引コストを削減する以上の価値の創造はない。

（3）事業の多角化と取引コスト

　Bergh & Lawless（1998）は，「フォーチュン 500」の製造業，サービス業 164 社を対象（1985〜1992 年）として，市場の不確実性と事業売却の増加・

事業買収の減少の関係と会社の多角化戦略と市場の不確実性下における事業売却と事業買収の関係について，1）大株主割合，2）社外取締役割合，3）一般管理費比率，4）流動比率，5）有利子負債比率，6）総資本利益率，7）変動性の観点で調査を実施した。その結果として，高度に多角化を図っている会社は，市場環境の不確実性（売上予測からの乖離）が増大したときに，事業を売却し，市場環境の不確実性が減少したときに，事業買収を行う傾向があり，多角化をあまり進めていない会社は，逆の傾向を示すことを明らかにした。また，事業売却により，多角化された事業ポートフォリオが再構築されることが，共通して明らかにされた。

Silverman（1999）は，米国製造業 344 社（1981〜1985 年）を対象として，1）会社が保有する技術資源と多角化の関係，2）他の方法と比較した場合に，会社が保有する技術資源と多角化の関係，3）不確実性（特許使用料，機密性，学習曲線等の観点での取引コスト）をもった技術的資源の外部契約と多角化を図る程度，を調査した。その結果，会社の技術資源ベースは，多角化の意思決定に重要な役割を果たしており，会社は，既存技術が強く，その技術を深耕することができる市場へ多角化する傾向があり，会社の多角化の意思決定は，多角化に関する契約の不確実性に影響を受けることが明らかになった。

(4) M&A・アライアンスと取引コスト

Parkhe（1993）は，111 の企業間アライアンスに関して，シニアイグゼクティブを対象として，1）戦略的アライアンスとその経営結果のパターン，2）戦略的アライアンスの成果とそのアライアンス期間，3）戦略的アライアンスの成果と互いの機会主義的行動を認知する程度，4）機会主義的行動の認知レベルと戦略的アライアンスにおけるパートナー間の協調，5）戦略的アライアンスにおける機会主義的行動の認知度合いと契約におけるセーフガードレベル，6）戦略的アライアンスにおける回収不可能投資へのコミットメントレベルと機会主義の認知，7）戦略的アライアンスにおける回収不可能投資へのコミットメントとアライアンス期間，8）戦略的アライアンスにおける回収不可能投資へのコミットメントと成果，9）戦略的アライアンスにおける片務的協調からの経営的結果と契約的なセーフガードレベル，以上の観点において，質問票調査を実施した。その結果，相互の協調からの将来的な経営結果により生じる互恵的関係，両者における重要な回収不可能な投資へのコミットメントとパートナーに対する機会主義発生の恐れの払拭が，戦略的アライアンス成功の鍵であり，協調と相互の信頼プロセスを構築することにより取引コストが削減され，契約上のセーフガードを確立し回収不可能投資へのコミットメントの機

会が減じることを明らかにした。

　Oxley（1997）は，米製造業が実施した165のアライアンス（1980〜1989年）を対象として，以下の仮説を検証しようとした。1）生産，またはマーケティング活動のみが請負われる時よりも，アライアンスが生産やプロセスデザインに関与する時に，より組織的ガバナンスモードが選ばれる。2）より広範な製品や技術が関与する取引に対して，より組織的なガバナンスモードが選ばれる。3）より広範な地理的エリアをカバーする取引に対して，より組織的なガバナンスモードが選ばれる。4）取引により多くの会社が関与する時に，より組織的なガバナンスモードが選ばれる。これらの統計的検定の結果により，プロセスデザイン等の移転の困難性，複雑性（扱う製品，技術の範囲，参画企業数で計測された地理的距離）が取引コストを高める主たる要因であることを実証し，企業は，片務的アライアンスよりも双務的アライアンスを，更に資本注入型のアライアンスを選択する傾向があることを明らかにした。

　Robertson & Gatington（1998）は，従業員100人以上の米企業におけるR&Dディレクター200人に対して，以下の項目に関する質問票調査と調査結果の統計的検定を実施した。1）既存資産の特殊性と技術的アライアンスを確立するより，内部技術を発展させる程度，2）需要の不確実性と技術的アライアンスを確立するより，内部技術を発展させる程度，3）技術的不確実性と内部技術を発展させるより，技術的アライアンスを確立する程度，4）イノベーションの成果を測定する困難さと技術的アライアンスを確立するより，内部技術を発展させる程度，5）アライアンスに対する会社の経験レベルと内部技術を発展させるより，技術的アライアンスを確立する程度。その結果として，技術的アライアンスを志向する企業は，製品範疇の特殊な資産にはあまりコミットせず，より技術的不確実性に直面し，イノベーションの成果を測定することができるようにし，より成功を導く技術的アライアンスの経験をもとうとし，低成長の製品分野で競争しようとする。資産特殊性（特定カテゴリーへのコミットメントへの程度），組織内行動の不確実性が取引コストを高める要因であり，その場合，アライアンスよりも内製を選択するということが明らかになった。

　Vanhaverbeke et al.（2002）は，半導体メーカー118社による140のM&A事例と145のアライアンス事例（1985〜1994年）を対象として，以下の項目に関して調査を実施した。1）2社間の以前の戦略的アライアンスの数と以後の戦略的アライアンスの可能性と買収の可能性，2）既存の戦略的連携ネットワークにおける会社間のネットワーク上の距離と形成時の直接リンクが戦略的

アライアンス，買収を発生させる可能性，3) 同業界，同セグメント内に機能している会社間の結び付き，業界間の会社間の結び付きと戦略的アライアンス，または買収の形態を取る可能性，4) 会社間の国際的結び付きと戦略的アライアンス，それらの国際的な結び付きが，国家間で買収となる可能性，5) 業界内で戦略的アライアンスのネットワークにおいてより中心に位置している会社が，買収時に買収側，または買収される側になる可能性，6) 過去により多くのアライアンスを形成した会社が，結果としてより多くのネットワークの結び付きをもち，買収側，買収される側になる可能性。その結果，以下の事項が明らかにされた。多数の 2 社間の戦略的アライアンスは，究極的に 1 社が他社を買収する確率を増大させる。以前の直接的な接触が，買収を導く一方で，以前の間接的な接触には当てはまらないが，2 社のリンクは，いったん忘れ去られれば，戦略的アライアンスの形態を取る確率を増大させる。買収のケースにおいては，会社間アライアンスのネットワークのより中心に位置している会社が買収側となり，中心側にいない会社が買収されるという傾向がある。加えて，不測の事態に対する予測困難性，企業のアライアンス経験の欠如，地理的な距離等の要因が取引コストを高め，その場合，アライアンスよりも M&A を選択する。

　Oxley & Sampson（2004）は，208 の国際的な電気，通信機器企業における R&D のアライアンスを対象として，1) パートナー企業との最終製品市場間でのオーバーラップと広範囲なアライアンスの可能性，2) 全てのパートナー企業が後発企業であるときに，広範囲なアライアンスの可能性，3) パートナー企業との技術的オーバーラップの程度と広範囲なアライアンスの可能性，4a) 広範囲なアライアンスであるとき，パートナー企業が資本的なジョイントベンチャーを選ぶ確率の高さ，4b) パートナー企業が資本的ジョイントベンチャーを選ぶとき，広範囲なアライアンスである確率の高さ，に関して統計的検証を試みた。その結果，企業間の競争度合い（製品市場，地理的市場）が取引コストを高める要因であり，その場合，企業は契約ベースよりも広範囲なアライアンスを選択することを明らかにした。状況においては，パートナー企業は，協調から得られる潜在的な利得よりも，制限された知識（注意深く規制された）の共有で成功裡に完了するアライアンスにおいて，活動範囲を制限することを選択する。

　Villalonga & Mcgahan（2005）は，1990 年度の「フォーチュン 100」にリストアップされた 86 企業が行った 9276 の M&A，アライアンス，事業売却（1990〜2000 年）を対象として，それらの決定要因，1) 対象企業とパートナー

企業の関係における属性：関係度，大きさのバランス，以前の関係，2）対象企業の属性：無形の資源，所有形態，過去の合併・アライアンス・売却の経験，多角化，3）パートナー会社の属性：無形の資源，4）取引における属性：不確実性と資産特殊性，内部組織コスト，5）取引—対象企業の関係的属性：関係度，ガバナンス形態の特殊性，同一ガバナンス経験の更新性，等々に関して，統計的調査を実施した。結果として，企業の技術資源，マーケティング資料，相手企業のROA分散，特殊資産（当該産業におけるエンジニアの従業員比率）が取引コストを高める要因であり，その場合アライアンスよりもM&Aを選択することを明らかにした。資源，取引コスト，内部化，組織的学習，社会的埋め込み，情報の非対称性，リアルオプションは相関関係，補完関係にあるが，エージェンシーコストや資産特殊性に基づく理論に対しては，意味ある関係は見いだせないと説明した。

(5) 企業の国際化と取引コスト

Hennert & Park（1993）は，米国に進出している日本の上場企業680社を対象にして，1）日本企業のR&Dレベルと米国現地での製造，2）日本企業の米国市場での投資経験と買収行動，3）現地製造と買収による多角化の傾向，4）多角化した日本企業の買収傾向，5）日本企業の告知レベルと買収傾向，6）日米間の為替，証券市場の動きと現地製造および買収の選択の関係，7）対象市場における成長率と買収へのインセンティブ，8）米国進出において最初の投資でない場合における，買収傾向，9）対象市場における寡占度と買収の関係，10）米国市場における経験と買収傾向の関係，11）参入が多角化の場合，買収後の相互関係の問題と買収の関係，に関して統計的調査を実施した。調査の結果，以下の内容が明らかにされた。1）米国に進出する上で，競争優位性をもつ日本企業にとって，現地製造がより効果的な方法であるとされる一方で，さほど競争優位性をもたない日本企業によって買収が行われている。2）買収は，市場参入が親会社より規模が大きく，または，参入が異なった市場であっても，成長率にかかわらず，選択されている。3）過去の米国市場への参入，財務的状態，寡占状態にある産業へフォロアーとして参入等々は，参入方法に対して統計的有意性はない。4）地理的特殊性（輸送コスト，関税の有無），企業特殊性（R&D支出，広告支出）が取引コストを高める要因であり，その場合，日本企業は現地での製造を選択する。

Brouthers（2002）は，ユーロ圏の大企業105社を対象にして，1）市場における取引コストが高い場合の現地子会社化と取引コストが低い場合のアライアンス傾向，2）資産特殊性の高い投資をする場合の現地子会社化と資産特殊

性が低い投資をする場合のアライアンスを選択する傾向，3）法的規制が弱い国での現地子会社化と法的規制が強い国でのアライアンスによる参入傾向，4）リスクが低い市場に参入する会社の現地子会社化とリスクが高い市場に参入する会社のアライアンスを利用する傾向，5）高成長市場への現地子会社による進出と低成長市場へのアライアンスによる進出傾向，に関して調査を実施した。その結果，進出国の制度（法規制），資産特殊性（R&D支出割合で計測），進出国のリスク要因（自国への利益還流を阻まれるリスク，国粋主義リスク，政治経済のリスク）が取引コストを高める要因であり，企業は，参入方法としてアライアンスよりも現地の完全子会社を選択する傾向があることを明らかにした。

(6) アウトソーシングと取引コスト

Ang & Straub（1998）は，米国における243の銀行のIT部門を対象として，1）情報システムの生産コストの優位性と情報システムのアウトソーシング度合い，2）アウトソーシングをする場合に生じる取引コストと情報システムのアウトソーシング度合い，に関して，質問票調査と調査結果の統計的検定を実施した。その結果，ベンダーが提供する生産コストの優位性は銀行の情報システムのアウトソーシング度合いに強く影響し，またその取引コストもアウトソーシングの決定に影響することが明らかにされた。しかしながら，取引コストの影響は，生産コストに比較すると大きくはない。アウトソーシングの決定に関して，ベンダーの企業サイズは重要な要因である。一方で財務的余裕は重要な要因ではないが，財務的基準は重要な要因であり，生産コストと取引コストに対して相対的な影響を比較することができる。IT契約における，情報探索，交渉，監視行動が取引コスト（認知的な取引コスト）を高める要因であり，その場合，企業はITアウトソーシングの度合いを低下させる。

Miranda & Kim（2006）は，米国における214の自治体に従事するIT部門マネジャーを対象にして，1）職業的・政治的背景においてアウトソーシングされる情報システム予算の割合と資産特殊性の関係，2）職業的・政治的背景においてアウトソーシングされる情報システム予算の割合と経験される不確実性の関係，3）職業的・政治的背景においてアウトソーシングされる情報システム予算の割合と経験される機会主義の関係，4）職業的・政治的背景においてアウトソーシングされる情報システム予算の割合と限定合理性の関係，5）職業的・政治的背景においてアウトソーシングされる情報システム予算の割合と取引頻度の関係，等々に対して，質問票調査と調査結果の統計的検定を実施した。その結果として，制度的背景は，アウトソーシングの意思決定における

人間の脆弱さの影響，機会主義，限定合理性，そして取引頻度を緩和する役割を果たす。職業的コンテキストにおいて，機会主義は，アウトソーシングを減少させ，取引頻度はアウトソーシングを増加させ，政治的コンテキストにおいて，限定合理性がアウトソーシングを育て，取引頻度がアウトソーシングを抑制させる傾向がある。資産特殊性や，不確実性の状況は，制度的コンテキストに影響を受けない。資産特殊性，不確実性，機会主義，限定合理性，部門の活動頻度が取引コストを高め，その場合企業は，ITアウトソーシングの度合いを低下させることを明らかにした。

(7) 契約，雇用と取引コスト

公式な契約は，実際問題として取引における信頼を弱め，防ぎたいが機会主義を促進しているという議論がある。Poppo & Zenger（2002）は，IT産業のエグゼクティブ285人を対象とし，1）より複雑な契約を促す取引における障害の増大，2）より関係的ガバナンスを導く取引における障害の増大，3）契約の複雑性と関係的ガバナンスの相関関係と代替的関係，4）複雑な契約と関係的ガバナンスの相関関係と補完的関係に関して，質問票調査と調査結果の統計的検定を実施した。その結果，関係的ガバナンスと契約は補完的に機能し，契約の複雑性，資産特殊性（人的，物的特殊性，，特殊ノウハウ），従業員パフォーマンスの測定困難性等が取引コストを高める原因であり，その場合，企業は契約のカスタマイズの度合いを高める行動を取ることを明らかにした。

Argyres & Mayer（2007）は，ITサービス，コンピューターハードウェアー産業の企業が締結した386の契約（1986～1998年）を対象として，組織能力としての契約デザイン能力を学習および取引コストの側面に関して調査した結果，以下の事柄を明らかにした。1）法律家ではなく，マネジャー，エンジニアの能力が，企業契約の責任と役割の分担および記述に関して，契約デザインの主たる源泉となっている，2）法律家の能力が，責任と役割の分担より意思決定と管理権の分担に関して，契約デザインの主たる源泉となっている，3）法律家の能力が，契約の役割と責任の分担等々以上に，紛争解決に関するデザインのより重要な源泉である，4）マネジャーやエンジニアの能力が個々のプロジェクトにおける特殊性に関してのコンティンジェンシー計画立案の重要な源泉である一方で，法律家の能力が契約雛形のデザインのより重要な源泉である，5）マネジャーやエンジニアの能力は，集団へのコミュニケーション提供に関する企業の契約デザインにおいて，常に主たる源泉ではない，6）相互調整の原則に従って，マネジャー，エンジニア，法律家に対して契約デザインを分担させている企業は，そうでない企業より，契約デザイン能力を発展させ，

結果としてより良い契約遂行を果たす傾向がある，7）役割，責任，コミュニケーション，コンティンジェンシー計画等の用語に関する契約デザイン能力は，紛争解決，意思決定，管理権に対する契約デザイン能力より，競争優位性の発展に対してより大きな影響力をもっている。

Masters & Miles（2002）は，米国の大手企業人事部門のエグゼクティブ76人を対象として，1）外部労働者の使用と繰り返し労働の高い可能性，2）会社で特殊技術が要求される場合と外部労働者の使用，3）実績評価が困難であるポジションの場合の外部労働者の使用，に関して質問票調査と調査結果の統計的検定を実施した。その結果，取引の特殊な投資（訓練の必要性），パフォーマンス評価の不確実性が取引コストを高める要因であり，その場合企業は外部労働者を利用せず，内部の従業員を活用する傾向があることを明らかにした。

Nickerson & Silverman（2003）は，1）適切な取引ガバナンスを実施する会社は，適切なガバナンスを実施しない会社よりも，より高い収益性を示す，2）組織は，取引が不適切に調整される程度を減じるように変化する，3）特殊な取引のガバナンスにおける組織変化の割合と量は，取引が特殊的資産の投資によって特徴づけられる程度とともに減少する，4）特殊な取引のガバナンスにおける組織変化の割合と量は，取引が深い契約的なコミットメントによって特徴づけられる程度とともに減少する，という仮説を検証するために，米国のトラック運送産業1,651社（1980～1991年）を対象にして統計的検定を行った。その結果として，小型トラック輸送（資産特殊性が高い）中心で且つドライバーを内部に抱えている企業と小型トラック中心で，ドライバーをアウトソーシングしている会社を比較した場合，前者の事後的なROAが高くなることを明らかにした。また，大型トラックは小型輸送トラックに比べて，より特殊資産への投資を必要とし，取引コストが高くなるので，ドライバーをアウトソーシングするよりも，より内部調達を行う傾向があることを明らかにした。

(8) 取引コスト理論のメタアナリシス

Crook, et al.（2013）は，取引コストが市場，中間組織，組織を通じて行動を規定するのかどうか，その方法を採用することが企業の成果を向上させるのかどうかを明らかにするために，過去30年間に作成された取引コスト理論に関する143の論文に対して，メタ分析を実施した。結果として，取引コスト理論で説明されている主たる主張点が基本的に支持され，理論的発展が組織の意思決定に対して有効に機能することが確認された。1）市場と組織の境界は，資産特殊性，不確実性（量的，技術的，行動的），取引頻度に関係するという命題は機能しており，ポジティブな相関関係にある，2）取引と統合度

合いは，会社の行動とポジティブな相関関係にある，3）環境的不確実性（量的，技術的）に遭遇したときに組織よりも中間組織が選択される，4）資産特殊的投資が戦略的であれば，そうでないときよりも統合度に関して，より強い関係がある，5）取引コスト理論は，不確実性との関連に対してはリアルオプション理論，資産特殊性との関連に対しては資源ベース理論等によって補完されるべきである。取引コスト理論は，意思決定を目的とした組織化に関して結果としての成果を説明するが，効果の大きさに関しては研究の余地がある。取引コスト理論がどのように会社の経済的活動を組織化するのに貢献するのかを説明するためには，他の側面から補強すべきであると主張している。

6.1.3　建設経営学分野の先行研究レビュー

取引コスト理論に言及して，多様なビジネスにおける企業の境界を扱う先行研究に対してレビューを行った。建設経営学（コンストラクションマネジメント）におけるマネジメントと経済学に関わる分野では，主としてプロジェクトマネジメントの視点，市場と組織の視点，サプライチェーン・マネジメントの視点，産業ネットワークの視点で研究が行われており（Hakansson & Jahre, 2005），本書の問題意識に近い市場と組織の視点での研究分野においては，Coase（1937），Williamson（1975, 1985, 1996）の取引コスト理論が適用され，多様な研究が行われている。主たる研究領域として，1）プロジェクト組織とガバナンス，2）建設市場とサブコントラクター，3）取引コストとプロジェクトマネジメント・システム，4）取引コストと建設契約，5）建築プロジェクトの取引コスト，という5つが挙げられる（Li & Arditi, 2013；Li, et al., 2014）。それぞれの研究分野における代表的な研究と主張点を以下にまとめる。

（1）プロジェクト組織とガバナンス

Pietroforte（1997）は，プロジェクトが，市場・組織取引に関する標準的契約書の階層的・公式的な条文によって規定される建築プロジェクト組織のガバナンス・情報プロセス・コミュニケーションの関係が，ステークホルダー間の非公式且つ協力的な役割とルールによって補完され，取引コストが節減され，成功に導かれると説明した。建築プロジェクトの設計，技術におけるプロセスでは，グループミーティングや直接的コンタクトのようなステークホルダー間のコミュニケーションが存在し，質的に不確実な情報を補足する。質の高いプロジェクトの成功へと実現するために，情報の性質と組織的な背景を理解して，プロジェクトのステークホルダー間のコミュニケーションと内部機能を円滑にすることが必要であり，プロジェクトの取引契約において，新しい情報技

術の採用，コミュニケーションの改善と発展等が追及されるべきであると主張した。

Turner & Keegan（2001）は，プロジェクトベース組織のマネジメント方針を導き出すことを目的として論じた。プロジェクトガバナンスの観点から，市場と組織で契約を実行する場合とは違ったプロジェクトベース組織の会社で観察されるハイブリッドガバナンス構造を明らかにした。プロジェクト組織のガバナンスにおけるインターフェースの役割には2つがあり，仲介役（broker）と世話役（steward）である。異なったプロジェクトガバナンス構造にある仲介役と世話役の役割の概要を示し，2つの役割が必要である理由は，ハイブリッドガバナンス構造を必要とするプロジェクトベースの組織においては，内外部から異なった圧力が作用することから生じると論じた。

Winch（2001）はウィリアムソンの取引コスト理論を適用して，建設プロジェクトのオーナー，コントラクター間におけるガバナンスの概念的フレームワークを提示した。資産特殊性は機会主義，不確実性は人間の限定合理性，取引頻度は学習に関係していると言及し，プロジェクトプロセス，水平・垂直的なプロジェクトマネジメントのガバナンスに関して説明した。プロジェクトプロセスは情報を獲得することにより不確実性を減少させるプロセス，垂直的ガバナンスはクライアントに対する契約関係のガバナンス，水平的ガバナンスはステークホルダーのクライアントに対する責任に関するガバナンスであると主張した。

Muller & Turner（2005）は，プロジェクトガバナンスに対して適用される取引コスト理論とエージェンシー理論からの含意の違い（Milgrom & Roberts, 1992）を，プロジェクト組織における，オーナー，プロジェクトマネジャー間のコミュニケーションリスク減少の点で説明した。取引コスト理論に関しては，資産特殊性，不確実性，取引頻度，エージェンシー理論においては，アドバースセレクションとモラルハザードに言及し，契約前は取引コスト理論，契約後はエージェンシー理論が，プロジェクトの様々な側面を説明するとしている。取引コスト理論は，組織か市場かの意思決定を誘導し，エージェンシー理論は，プロジェクト実行時のオーナーとプロジェクトマネジャーのインターパーソナルに関する問題を説明すると主張した。

Jobin（2008）は，コスト面で経済的とみなされているハイブリッド組織で実行される官民パートナーシップによる公共プロジェクトの評価を，取引コスト理論を使用して行った。取引コスト理論の観点でパートナー同士が取引コストを低減するガバナンス構造を選択することが重要であり，取引におけるパー

トナーシップのガバナンスが合致していなければ，高い取引コストがパートナーシップの成果を損ねてしまう可能性がある。プロジェクト評価に対しては，パートナーシップにおける取引コストの測定が重要であり，そのフレームワークが提示されている。パートナーシップの成果として，生産性（Y）は，資産特殊性（AS），取引頻度（FS），パートナー貢献の測定性（M），不確実性（U），調整強度（CI），社会資本の信用性（SCT），社会資本の知名度（SCR）等の変数により，関係を関数化して表すことができると主張した。

(2) 建設市場とサブコントラクティング

Eccles（1981）は，ウィリアムソンの取引コスト理論を適用して，建設業におけるプロジェクト組織（準会社）の理論的意義を議論した。建設プロジェクトは，建設会社（ゼネラルコントラクター）を介してサブコントラクターのサービスによって実行される。この形態の組織は，建設技術が介在する取引コストが関係し，取引を垂直統合するのに適している。建設会社とサブコントラクターは条件が適合すれば，安定的組織を形成する。この組織は，プロジェクト組織（準会社）と呼ばれ，ウィリアムソンによって議論された内部契約システム上の擬似語である。住宅建築のフィールドスタディからの経験的事例によって，この議論は実証されている[4]。建設業における特徴は，様々な業態組織をもつ専門業者によるプロジェクト工事の実行であり，建設会社がサブコントラクトする主たる理由は，プロジェクトの複雑さ，サイズ，市場規模，市場の不安定性が関与すると説明した。

Reve & Levitt（1984）は，建設行為のガバナンス方法として契約の特徴を議論する上で，取引コスト理論が，組織とガバナンスに関して，より理論的な側面を与えてくれると説明した。建設契約は取引において，市場と組織の階層の間に存在する。オーナー，コントラクター，コンサルタント[5]の三角関係は，プロジェクトが，資産特殊的であり，複雑で，取引頻度が少なければ，取引コストは高くなり，プロジェクト実行上の支配的モードになる。コンサルタントは，建設プロジェクトの実行において，オーナー，とコントラクター間の利益バランスに配慮し，取引調停者としての役割を果たさねばならず，その必要とされる能力は，努力をして，非公式な関係を働かせ，チームの協力を生み出す能力である。

Winch（1989）は，建設経営学（コンストラクションマネジメント）の先行

---

4 Constantino, et al.（2001）は，研究分野を商業ビルと住宅建設に拡大した。
5 ここでのコンサルタントとは，アーキテクト，エンジニアを指し，プロジェクトマネジメント方式は，設計施工分離方式を対象としている。

論文を再評価するなかで，新しいアプローチとして取引コスト理論を適用したアプローチを主張した。建設経営の主体者は会社であり，プロジェクト組織は，オーナーとコントラクターとのジョイントベンチャーとしてみるべきである。コンストラクションマネジメント[6]は創発的に発生するものである一方で，プロジェクトマネジメント[7]は，能力を統合することであり，2つは区分されるべきであると主張した。プロジェクトが高度に細分化された連携において，ステークホルダーを統合するプロジェクトマネジャーのスキルが，コンストラクションマネジメントにおいて発揮できるかどうかは疑問である。コンストラクションマネジメントに対するアプローチは，社会－技術的・経営組織的・プロジェクトマネジメントの側面で，発達してきたが，取引コスト理論を使用したアプローチの重要な特徴のひとつは，取引の経営的ガバナンスよりもむしろ，契約上におけるガバナンスへの信頼が重要であると主張している。

Bremer & Kok（2000）は，オランダの建設業界における契約システムの発展型として，ポルダーモデル（polder model：協調的組合制度）を挙げている。ポルダーモデルによる調整は，建設会社間の厳しい競争によって個々の企業に生じる高コスト，高リスクを減じるために発展し，オーナーとコントラクター間の取引コストを減じるための協調的制度の確立にも貢献してきた。更に長期的な目的としてイノベーションや人材に対する資本投資が，個々の会社や個人ではなくポルダーモデルを通じて遂行されてきた。入札プロセスの実現だけでなく，R&Dや教育訓練への投資確保も意図されてきたのである。ポルダーモデルが調整すべき分野は，社会的連携に尽力して取引コストを削減するが，価格調整を行う公共工事入札である。ECは市場競争におけるこのような調整を禁止した。ポルダーモデルの価値的側面を堅持して，競争ベース入札へ改善することが，オランダ建設業界の課題である。

Lai（2000）は，建設経営制度に対して，コースの組織と市場による二分法的解釈の観点で，建設業におけるサブコントラクティングに関して説明した。サブコントラクティングに対しては3つの観点から説明が可能である。1）建設プロジェクトは市場か組織かという選択ではなく，市場と組織のハイブリッドまたは，混合組織かという選択である，2）サブコントラクティングは，市場と組織のインターフェースであり，コントラクター，コンサルタントのクラ

---

[6] この場合のコンストラクションマネジメントとは，より具体的な設計・施工に関するマネジメントを示している。
[7] この場合のプロジェクトマネジメントは，プロジェクトの可能性検討から始まり，企画・基本設計，実施設計・施工，竣工，保守段階の統合されたあらゆるマネジメントを示している。

ンリレーション（同族・同類関係）である，3）組織は漠然としており，市場と組織は代替的な契約選択において両極端に位置し，サブコントラクティングはその中間にある。加えて，コースの主張する市場と組織の選択に関する議論に対して，オーナーとコントラクター間で相互作用する会社の契約の束として解釈されると説明した。

(3) プロジェクトマネジメント実行方式

Lynch（1996）は，プロジェクト実行方式において一般的に機会コストとして認識されている建設プロジェクトで発生する取引コストを，具体的なコストとして識別し次のように提示した。1）プロジェクト入手段階における取引コスト：契約調整，事前契約情報および要求事項の精査，合意事項のまとめ，入札書類準備，入札書類の確認，合意事項交渉，2）契約管理段階における取引コスト：契約監視，完成施設の検査と試験，契約変更，契約解釈，紛争解決，3）情報伝達に関する取引コスト：設計実現可能性，システムの過剰設計，経済的偶発性，施設とシステムの標準化，不必要な情報による無駄時間，誤情報と間違い，4）利害衝突調整のための取引コスト：会社相互の関係で発生すると考えられる利害衝突に関して，障害探索調査，作業事故責任処理。

Whittington（2008）は，米国ワシントン州の高速道路建設において，デザインビルド・システムおよびデザインビッドビルド・システムどちらが効率的であるのかに関して，生産コストおよび取引コストのトータルコストに関して比較実証研究を行った。生産コストに関しては，設計・建設・追加工事コスト，取引コストに関しては，プロジェクト事前準備・発注用デザイン・プロジェクト検討補助・入札・契約締結監視・外部調整・渉外コストの観点で比較された。結果として，生産コストは，デザインビルド・システムが設計・デザインビッドビルド・システムを上回り，取引コストに関しては，デザインビルド・システムが，デザインビッドビルド・システムに比べて，オーナーである運輸省（Department of Transportation : DOT）の取引コストを大幅に削減したという結果が得られている[8]。

(4) 建設契約と取引コスト

Turner & Simister（2001）は，インフラプロジェクトにおける契約方式の選定に際して，プロジェクトと契約コンセプトの関係を調査した。一般的に，プロジェクトリスクが低い場合にはランプサム契約がベストであり，リスクが

---

[8] Dudkin & Välilä（2005），Ho & Tsui（2009），Antonio & Pilar（2010）等は，PPP（パブリック・プライベート・パートナーシップ：公民連携）のプロジェクトで，取引コストが削減されていることを示している。

増大するにつれて，コストプラスフィー契約となる。しかしながら，現実に行われているプロジェクトが示す事実はそうではない。異なるインセンティブの，異なる契約の下で実施されたプロジェクトの契約終了時におけるコスト差を比較すると，取引コストの差は小さい。プロジェクト契約の目的には，ステークホルダーによる目的を達成するためのインセンティブがあり，ゴールが調整されることによって，協調的なプロジェクト組織をつくり上げるからである。契約の選定は，プロジェクトの不確実性，実行プロセスの不確実性に関係しており，実費精算方式はプロジェクトおよび実行プロセス双方における不確実性が低い場合に使用され，一式請負方式はプロジェクトの不確実性が低く，プロジェクトの実行に不確実性が高い場合に採用される。定価方式は，両方が不確実である場合に採用されることが説明されている。

Bajari & Tadelis（2001）は，民間部門の建設事例における様々な契約方式で実現された成功例を基に，契約方式を説明する定量モデルを提案した。オーナーは，設計段階で多大な取引コストが発生する再交渉を避けるために，設計コストを包括的に負担し，施工段階でコントラクターとの間にインセンティブと事後的な取引コスト削減の間のトレードオフに直面する。ランプサム契約やコストプラスフィー契約が他のインセンティブ契約より，適切かどうかを調査するなかで，プロジェクトがより複雑なときには，契約方式としてコストプラスフィー契約がランプサム契約よりも適切であることを，取引コスト理論を適用し定量的な解析をすることによって説明した[9]。

(5) 建築プロジェクトの取引コスト

取引コストに関しては，一般的に学術的に様々な解釈が行われている。調整費用と動機づけ費用（Milgram & Roberts, 1992），探索および情報コスト，交渉および決定コスト，監視および実行コスト（Dahlman, 1979），探索と情報のコスト，交渉の意思決定のコスト，監視と強制のコスト，調整のコスト（菊澤，2006a）等に解釈されている。総じて，あるビジネスを行う場合，様々な取引が必要となるが，取引を行うための適切な取引相手を探索し，探索後にビジネスを行うために取引相手を決定して契約を行い，契約後取引相手が契約に基づいて確実に実行するかどうかを監視し，また契約に関する違反行為があった場合には，強制的に是正を行う，一連のコストであると想定される。以上の観点を踏まえ，建築プロジェクトでは取引コストがどのように解釈されているのかを代表的な先行研究から把握する。

---

[9] 他にBrockmann（2001）が，関係的契約の観点から説明している。

Lynch（1996）は，前述した様に，プロジェクトの実行段階における取引コストを，1）プロジェクト入手段階における取引コスト，2）契約管理段階における取引コスト，3）情報伝達に関する取引コスト，4）利害衝突調整のための取引コスト等，4段階に分けて具体的に説明している。Turner & Simister（2001）は，プロジェクトのあらゆる段階で生じる取引コストとして，1）入札書類において建築物の仕様を明確にするコスト，2）入札書類において工事方法を明確にするコスト，3）プロジェクト実行段階における建築物の仕様変更に対する管理コスト，4）プロジェクト実行段階におけるプロセス仕様変更に対する管理コスト，を挙げている。Hughes, et al.（2006）は，プロジェクトの進行段階別に1）入札前段階：マーケティング，プロジェクト組織の形成，情報周知確立のためのコスト，2）入札段階：見積もり・入札・交渉のためのコスト，3）入札後段階：実行の監視・契約義務の履行・係争事の解決のためのコスト，の様に分類しており，Whittington（2008）は，プロジェクト段階における取引コストを考慮し，最初にプロジェクトに配分する，広報のプロセス・入札の受け入れ・発注・契約実行のためのコストとしている。Lingard et al.（1998）は，契約前，契約後の取引コストを区別すべきであると主張している。

　Li and Arditi（2013）は，オーナーの観点で，取引コストに影響を与える，媒介変数と説明変数を指摘し，取引コストに影響を与える決定要因を次のように分析している。1）オーナーの行動の予測可能性：ステークホルダーとの関係，同様なプロジェクトの経験，適宜な支払い，組織的な効率性，追加工事の発生，2）コントラクターの行動の予測可能性：入札時の行動，コントラクターの資格要件，協力会社との関係，以前のオーナーとの関係，同様なプロジェクトの経験，実質的な代理行為，クレームの頻発，3）プロジェクトマネジメントの効率性：リーダーシップ，意思決定の質，コミュニケーションの質，係争事に対するマネジメントおよび技術的能力，4）取引環境の不確実性：プロジェクトの複雑さ，プロジェクトの不確実性，設計図書の完全性，コントラクターの初期段階の関与，入札者の競合状況，設計と施工の統合度，履行保証の要求，インセンティブ条項，公平なリスク配分。これらの決定要因を踏まえて，次に挙げられるような不確実性を最小化できる仕組みをつくり上げられれば，取引コストは最小化することができると主張した。1）入札図書が，コントラクターから求められる以前に完全である，2）設計初期段階にコントラクターを関与させると同様に，オーナーを関与させる統合的なプロジェクト実行方式の採用可能性を模索する，3）コントラクターと何らかのリスク

第 6 章　理論と先行研究

を互いにシェアする，4）コントラクターの行動を良く理解し，プロジェクトマネジメント効率性向上に注意を払う。

　いずれにしても，取引コストは機会コストであり，発生しない場合が存在するので，様々な見解が存在しており，把握が困難である側面がある。

6.1.4　取引コスト理論の小括

　取引コスト理論は，コースによって提唱され，ウィリアムソンによって発展が図られたとされている理論的構想である。コースの取引コスト理論の主張点は，市場と組織は，代替的な資源配分システムであり，市場と組織の境界は取引コストの大小によって決定されるということである。企業を取り巻く市場は完全競争の状態にはないため，経済主体による市場取引では，取引コストが発生し，一方で組織でも組織内調整コストが発生する。市場，組織にかかわらず，取引には，常に探索，契約，監視に関与する取引コストが発生し，取引コスト節約原理の下に市場，または組織内取引が選択されることになる。ウィリアムソンの取引コストの主張点は，取引コストは人間のもつ限定合理性と機会主義という仮定の基で発生し，取り引における資産特殊性，不確実性，取引頻度に依存し，その取引コストを節減するために，様々なガバナンスが存在するということである。そのガバナンス制度は多用に存在するが，資源配分の観点で類型化すれば，市場，組織，中間組織的な資源配分システムに区別される。

　コースやウィリアムソンが提唱する取引コスト理論を適用して様々な研究が行われているが，多様なビジネス分野における企業の境界を決定する研究に関しては，多くの実証研究が行われており，研究テーマとして，垂直統合，売り手買い手との取引関係，事業多角化，企業提携，M&A，企業の国際化，アウトソーシング，契約，雇用方法等々が取り挙げられ，取引コスト理論との関係，企業の対応が明らかにされている。最近の研究では，過去30年にわたる143件の論文に対してメタアナリシスが行われ，ウィリアムソンが主張する，取引コストと資産特殊性，不確実性，取引頻度の相関関係や，市場，組織，中間組織との相関関係がポジティブに支持される結果となっている（Crook, et al, 2013）。

　建設経営学（コンストラクションマネジメント）の分野においても，コースとウィリアムソンによる取引コスト理論を適用した多くの研究が行われている。市場と組織の分野において，プロジェクト組織とガバナンス，建設市場とサブコントラクター，プロジェクトマネジメント・システム，建設契約，建設の取引コストという5つの分野において様々な研究が行われている。しかし

ながら，建築プロジェクトにおける取引コスト理論を適用している多くの研究は，理論的かつ定性的側面に焦点が当てられている。建設業に現在使用されている会計システムでは，生産コストと取引コストが混然としていること，取引コストは機会コストであるという理由から，取引コストを測定することは困難であることに起因している（Li, et al., 2014）。今後，この分野での研究においては，実証研究や事例研究が行われていくことが必要であると考えられる。

6.2 比較制度分析

6.2.1 比較制度分析の概要

青木（2001）は，比較制度分析を，"各国・各時代における経済システムの「多元的な存在価値」を認め，「多元的経済の普遍的分析」を目標とし，経済主体の行動やそれらが作り出す制度を経済理論に基づいて比較する研究である"と説明している。新古典派経済学を前提とする市場経済においては，誰が市場に参加して取引契約をしても，同様な取引が行われることを前提としているが，現実には，経済主体の限定合理性，取引相手同志の情報の非対称性等により，一般的に規範的な価値をもった経済は存在せず，各国・各時代に独自の経済システムが存在する。

各国・各時代における経済主体の行動や組織を分析対象として進める研究においては，それぞれ独自の経済特性を文化的特殊性に直接帰属させる理解から，異なった制度環境下での経済主体行動の整合的状態として認識する方向に向かいつつあり，市場制度だけではなく，複雑に絡み合った様々な経済制度の相互依存性の分析が必要となっている。また，各国・各時代の制度環境が制度および経済主体の行動に与える影響に関しては，その制度環境における経済主体間相互作用のあり方，制度の存在，制度の生成過程，制度を生成，存続させる仕組みの解明が必要となる（小島，2011）。以上のような観点を踏まえて，比較制度分析は，具体的に経済システムを次に挙げる視点から分析するものである（青木・奥野，1996）。
① 資本主義経済システムの多様性：同じ資本主義経済であっても，どのような制度配置があり，成立しているかによって，様々な資本主義システムがあり得る。
② 制度の持つ戦略的補完性：1つの制度が安定的なシステムや仕組みとして存在するのは，社会の中である行動パターンが普遍的になればなるほど，その行動パターンを選ぶことが戦略的に有利となり，自己拘束的な制

約として定着するからである[10]。
③ 経済システム内部の制度的補完性：多様なシステムが生まれるのは，1つのシステム内の様々な制度がお互いに補完的であり，システム全体としての強さを生み出しているからである。
④ 経済システムの進化と経路依存性：経済システムには慣性があり，経済の置かれた外部環境と蓄積された内部環境の変化と共に徐々に進化・変貌する。
⑤ 改革や移行における漸進的アプローチ：経済システムの改革や計画経済から市場経済への移行にあたっては，ビッグバン型のアプローチよりも漸進的改革の方が望ましいと考える理由がある。

青木（2001）は，上記視点の分析の下で，経済主体が長期的関係を通じて互いの行動が望ましい結果を導いて得られた結果の分配が適切におこなわれるように，組織・契約・制度を規定する，情報・インセンティブ・モティベーション・コーディネーションや交渉力などの様々な要因を考慮する必要があると主張している。実際に，各国・各時代における経済主体の行動組織を分析対象として進められる研究においては，ゲーム理論・情報の経済学・組織の経済学の理論成果が積極的に取り入れられ，理論分析の対象となる制度の生成過程に関する事実発見が重要視され，その研究は国際的に広がりを見せている（小島，2011）。

6.2.2　比較歴史制度分析の主張点

社会主義経済の資本主義への移行[11]，国家による所有権保護制度の形成に関するダグラス・ノース（Douglas North，以降ノース）の議論[12]，ノースが指摘しなかった前近代社会における私的契約の執行メカニズムに関するアブナー・グライフ（Abner Greif）の議論，発展途上国を含む様々な国の長期マクロデータの利用可能性の向上等々を背景として，1990年代以降に経済学における比較制度分析への関心が高まった（岡崎，2010）。比較制度分析の視点を基本としながらも，ノースのアプローチが近代欧米国家における所有権保護制度の前提という点で限界を持つとして，理論的射程を前近代，非欧米，非国

---

[10] 他者が特定の戦略を採用する場合，自分も同じ戦略を採用するインセンティブが高まる場合，戦略的補完性が存在する。逆に相手が，特定の戦略を採用すると自分はその戦略の採用を控える方が良くなる場合は戦略的代替の関係にある。（青木・奥野，1996，p.30）。
[11] 1990年以降に起こった，ソビエト連邦，東欧諸国での社会主義体制の崩壊から資本主義体制への移行。
[12] 本章 6.2.4 "取引コスト理論から比較歴史制度分析への流れ" を参照。

家的領域へと拡大（日臺，2011）し，厳密な歴史分析，経済社会において人々の行動を動機づける様々な誘因，数理的な分析手法であるゲーム理論を統合して，制度を理解しようとするのが比較歴史制度分析である。比較歴史制度分析の代表的研究者であるグライフの主張点を以下に，整理する。

(1) グライフの制度解釈による理論的貢献

Greif（2006）は，制度の本質，制度の存続と変化，制度の理論的・実証的な分析方法，経済の近代化・発展のメカニズムという大きな課題を解明するために，制度を「単なるルール」として解釈するのではなく，「社会的行動に一定の規則性を与えるルール，予想，規範，組織のシステム」であると定義し，「ゲームの均衡を支えるいくつかの要素のシステム」として捉え，制度が「外生的（exogenous）」な変化によるゲームの構造変化ではなく，時間の経過とともに「内生的（endogenous）」に変化していくことを解明した。均衡としての制度という制度概念において，社会における行動の規則性の背後にある動機の分析視点を維持して，制度の存続，内生的制度変化，制度変化における過去の制度の影響を統一的に分析できる枠組みを構築した。

まず制度に対して，ルール，予想，規範，組織を「制度的要素」として定義し，制度が変化する場合においても要素として存在し，制度の内生的な変化を分析することを可能にした。制度的要素は以下のように説明される。1）ルールは，社会的に明確化され，流布し，人々の間の認識の共有をもたらし，人々に情報を提供し，その行動を調整し，道徳的に適切で社会的に許容される行動を指示する，2）予想と規範は人々にルールに従う動機を与える，3）組織は，ルールを形成・流布し，予想と規範を持続させ，実現可能な予想の範囲に影響を与える。

次に「自己実現的」，「準パラメータ」，「制度強化」，「制度弱体化」という概念を導入し，内生的に生じる経時的な制度変化を説明しようとした。「自己実現的」とは，社会を構成する人々がその制約に従う動機をもっておりゲームの均衡になっていることである。「準パラメータ」（quasi-parameter）とは，ゲームの結果の積み重ねによって長期的に変化する内生的変数であり，短期的には不変でパラメータと見なせる。「制度強化」（institutional reinforcement）とは，制度が準パラメータによって引き起こされる長期的な変化によって制度が「自己実現的」になるパラメータの範囲が拡大することである。「制度弱体化」（institutional undermining）とは，準パラメータの長期的変化によって制度が均衡になるパラメータの範囲が縮小することである。弱体化が進行すると最終的に制度は均衡ではなくなる。

「制度弱体化」によって既存制度が時間の経過のなかで解体することが説明できるが，新しい制度への移行に関して，既存の制度が「自己実現的」でなくなったとき，人々は新しい制度の選択に直面する。制度の選択において過去の制度を構成していた「制度的要素」，すなわちルール，予想，規範，組織が初期条件を与え，それらで構成されていた制度がすでに均衡でなくなった後でも存続しており，制度の選択に影響を与え新しい制度に組み込まれる。過去の制度は制度変化に影響を与えると説明されている。

(2) グライフの理論による中世ヨーロッパの制度解釈

グライフは，上記理論に基づいて，欧州における中世の様々な経済主体の取引に関して説明をしており，その内容を以下に要約する。

1. マグリブ貿易商間の代理人契約

11世紀の地中海世界で活躍したマグリブ貿易商（＝ユダヤ系）間の取引制度は，信頼に裏づけられた社会的要因とルール，予想，組織から成り立っており，これらの制度的要素が貿易商グループ内での代理人の雇用と誠実な行動という特定の規則性を可能にし，指針を与え，動機づけた。法的な執行がなくても，マグリブ商人の契約履行が「多者間の懲罰戦略[13]（multiple punishment strategy：MPS）」という評判メカニズムによって機能し，マグリブ商人の「結託（coalition）」が代理人関係を統制した。その背景に情報伝達のためのインフォーマルな社会的ネットワークの存在があり，そのためにマグリブ人は非マグリブ人と結託せず代理人関係を結ばなかった。結託においては，内部で代理人を選んで雇用し，結託メンバー全員が結託メンバーを騙した代理人を雇用しないという戦略がゲームの均衡となり，代理人の誠実な行動が導かれた。あるメンバーが過去に自分以外のメンバーを騙した代理人を雇用しない理由は，他の全てのメンバーもその代理人を将来にわたって雇用しないと期待され，その代理人を誠実に働かせるために必要な賃金が相対的に高くなると予想されるからである。

2. ヨーロッパの商人ギルド

商取引に従事する人々の所有権を侵害する可能性は，取引相手からだけでなく，国家ないし支配者からも大きく存在した。この問題は，中世後期のヨーロッパにおいて商人ギルドの機能によって解決された。商人ギルドは，ある地域との将来の交易を，その地域の支配者による過去の権利の保護に関係づけるという戦略をとった。ある地域の支配者がギルドメンバーの所有権を侵害した

---

[13] 村八分のようなもの。

場合，ギルドはその地域に対する禁輸を発動した。ギルドの禁輸により失われる将来の税収が十分に大きいと予想されるので，支配者が商人の所有権を尊重することが可能になった。ギルドメンバーである商人に生み出される独占的なレントが，商人が禁輸に参加する誘因として機能した。強権を発動できる組織の下で，所有権が保護され，所有権の保護が公共財ではなく私有財として扱われたことが，ヨーロッパのギルドやハンザ同盟の遠距離交易を促進した。

3．ジェノヴァにおける政治制度

11世紀末にジェノヴァでは，執政官システムと呼ばれる，「相互抑止均衡」による制度によって国家が運営された。ジェノヴァには2つの有力な氏族があり，それぞれが相手を攻撃することでジェノヴァの支配者になれば，貿易から得る利益を独占することができた。一方で，両氏族の協力均衡関係が崩れれば，発生する海賊行為によって利益は失われた。このような状況の下で，貿易利益の独占という利得が，攻撃費用と海賊行為による利益の喪失による機会費用を下回ることによって成立していた。

12世紀半ばに内戦が勃発し，12世紀末に「ポデスタ[14]」制と呼ばれる新しい制度の下でふたたび政治的安定が実現した。「ポデスタ」は雇用された行政官であり，報酬は一定期間の契約後に支払われた。「ポデスタ」制の下でジェノヴァの政治的安定が実現した理由は，「ポデスタ」自身が独裁者とならず，双方の氏族と結託せず，一方の氏族が他方の氏族を攻撃した時にのみ，攻撃された氏族側の立場で戦う誘因がポデスタに与えられていたことである。その誘因は，「ポデスタ」自身の軍事力がジェノヴァ全体の軍事力に比べれば小さいが，2つの氏族間の軍事力バランスを変えるには十分であったという条件に基づいていた。「ポデスタ」が双方の氏族と結託しない理由は，事後的な結託の報酬に氏族がコミットできないためである。ジェノヴァの政体は，血縁制度に基づいた社会構造が有効に機能する国家を建設する上で阻害要因であり，略奪と経済活動間の選択というゲームの均衡結果として自己実現的な制度変化が生じたことを示している。

4．マグリブ貿易商とジェノヴァにおける制度比較

マグリブ貿易商の代理人関係は，多者間の懲罰戦略に基づく制度によって統治されたが，ジェノヴァの貿易商は，同様に遠隔地で代理人を雇用しながら，多者間の懲罰戦略を用いず，貿易商本人との取引履歴のみに基づいて代理人と

---

[14] 中世イタリアのコムーネにおける執政長官。ラテン語の potestas（力の意）から発する。神聖ローマ皇帝フリードリヒ1世によりロンバルディア地方のコムーネの勢力を阻止する目的で定められた制度が発端（『ブリタニカ国際大百科事典2014』から）。

の雇用を決定する個人主義的戦略を取っていた。このような戦略の違いは，ゲームプレーの異なる均衡であることを示している。マグリブ貿易商とジェノヴァ貿易商におけるゲームの均衡，制度の相違は，他の貿易商の行動に関して貿易商がもつ期待，文化に根ざした予想（cultural belief）に基づいている。個人主義的戦略は，騙した代理人に対する懲罰が弱く，それだけでは代理人制度を支えることができず，個人主義的社会，すなわちヨーロッパではそれを補完する仕組みとして法制度が発達したと論じられている。マグリブ貿易商が現代の発展途上国に見られる集団主義的社会の組織と類似する一方で，ジェノヴァ商人が現代の西洋に見られる個人主義的社会の組織と類似していることを示し，文化が理論的にも重要な意味をもっている。

5. ヨーロッパにおける共同体責任制

　近代的な法制度に基づく取引統治への発展途上において，12〜14世紀のヨーロッパで「共同体責任制」と呼ばれる制度が普及した。その前提となるのはコミューン（commune）とよばれる地域的な組織である。コミューンは内部の人々が相互に親密である点で共同体と共通しているが，領域内で強制力を保有している点で国家と共通するという，中間的な性格をもっている。各コミューンには裁判所があり，あるコミューンに属する商人が他のコミューンの商人から債務不履行を受けた場合，自らのコミューンに属する裁判所に訴えることができた。貸し手側裁判所は，一定の費用をかけて訴えの妥当性を検証し，立証された場合に借り手商人が属するコミューンの商人が領域内にもっている財を差し押さえ，借り手側コミューンの裁判所に補償を要求した。要求を受けた借り手側コミューンの裁判所は一定の費用をかけて要求を検証し，それが立証された場合，借り手商人から罰金を取り立て，対応する金額を貸し手側コミューンの裁判所に支払った。支払いを受けた貸し手側裁判所は，貸し手商人に対して補償し，差し押さえを解除した。

　このような貸し手と両裁判所の行動は，コミューン裁判所の利得がコミューン・メンバーの利得の割引現在価値の和であるという仮定の下で，コミューン間の将来の利益から得られる利得が十分大きく，裁判所による立証費用が十分小さい場合には，ゲームの均衡となり，その下で貿易が行われる。この制度の下での貿易は，特定の取引相手との将来の交易から得られる利益に対する期待，その相手の過去の行動に関する知識，その相手の不正を将来の取引相手に通報する能力に依存しないという意味で，個人的関係に依存しない取引となっている。「共同体責任制」は，近代の市場経済を特徴づける個人的関係に依存しない取引への経過点であり，公平な裁判制度が存在しない場合でも，個人的

6.2.3　ゲーム理論と制度分析

　ゲーム理論[15]は，人々の利害対立を数理モデルで表現して，経済行動を研究する数学的理論として誕生したが，社会科学・人文科学の多くの分野で研究され，応用されている。岡田（2008）はその理由を，"自立した行動主体（プレイヤー）の相互依存性というゲーム理論の研究対象が，多くの分野で共通に見いだされ，数学という科学の共通言語を用いてゲーム的状況が厳密に分析され，一般的で普遍性のある理論が提供される"からであると説明している。

　取引同士の関係は，ゲーム理論において，数理モデルを使用したナッシュ均衡として表現される。ナッシュ均衡[16]とは，取引同士が相互に相手の出方を正しく予想し，自らの利益を追求した結果実現する状態である。ゲーム理論はこれを数理モデルを使用して一定の条件式を満たす点と定義し，それを計算する。単純なケースでは結論を簡単に予想できるが，複雑な状況では，取引同士が利害追求の結果生ずる状態を予測するのに，利害関係を数理モデルで表現し，ナッシュ均衡点を見つけ出す方法が有効である。ゲーム理論におけるナッシュ均衡とは，良く機能している制度の側面を捉え，他人の行動をよく理解した上で自らの行動を最適に選んでいる状態である。換言すれば，人々がどう行動するかについて人々は共通の理解をもち，しかも自分だけが行動を変えても得をしないような状態がナッシュ均衡である。制度がうまく機能し，安定した行動パターンが人々に定着しているならば，ナッシュ均衡になっていると考えることができる。

　6.2.2（2）"グライフの理論による中世ヨーロッパにおける制度解釈"で示された様々な経済主体の関係は，ゲーム理論とナッシュ均衡の考え方を適用して説明される。中世の遠隔地貿易を行う商人が現地での商品運搬や代金受領を管理する代理人を雇う場合，商人と代理人の利害は必ずしも一致していない。両者が協力すれば最適な経済的利益が生み出されるが，代理人は，商品輸送の納期を厳守せず支払われた代金を横領する誘惑に駆られるかもしれない。商人

---

[15]　ゲーム理論は，数学者であるフォン・ノイマンと経済学者であるモルゲンシュテルンが，共著『ゲームの理論と経済行動』（原書：Von Neumann, J. and Morgenstern, O.（1944）"Theory of Games and Economic Behavior" Princeton University Press）を1944年に出版したことによって創設されたとされている（岡田，2008）。

[16]　ナッシュ（Nash, J.F.）は，ゲーム理論に関して，非協力ゲームの均衡（ナッシュ均衡）と協力ゲームの解（ナッシュ交渉解）の研究を完成させるとともに，多様体に関する数学上の発見を行った。

と代理人の関係が1回限りでそのまま商人と2度と出会うことがなければ，代理人は商人を騙す強い誘因に駆られる。商人が先見すれば代理人を雇うことを止め，両者が協調すれば実現したであろう経済的な利益は実現しない可能性がある。この例は，商人と代理人の関係が1回限りである場合のゲーム理論とナッシュ均衡が与える予測である。

　前述のように，商人と代理人の関係が1回限りであれば，両者の協調は達成されない可能性がある。しかしながら，将来的に長期的関係が期待されるならば，代理人は商人を騙すことで目先の利益を得ることよりも，将来的に商人との信頼関係を継続しようとするはずである。目先の利益よりも，協調の崩れによる逸失利益の方が大きいと判断するからである。これは，ゲーム理論とナッシュ均衡において，「くり返しゲーム」の均衡点として表現される。現実においては，商人と代理人が1対1の関係を継続して行くとは限らず，商人を騙して取引ができなくなった代理人でも，すぐに別の商人と取引ができる可能性がある。もしあるひとりの商人を騙した代理人が他の全ての商人と取引が不可能になるならば，こうした場合においても，代理人は誠実に行動すると想定され，固定的な取引相手との長期的関係を分析する「くり返しゲーム」の理論が，取引相手が変わって行く場合にも適用される（Greif, 2006）。

6.2.4　取引コスト理論から比較歴史制度分析への流れ
（1）人間の限定合理性と取引コスト

　経営学に人間の限定合理性の問題を提起したのはサイモン（Simon, H. A.）である。彼は，"人間は限定された認識能力においてのみ合理的であり，意識的に，または，主観的にしか合理的に行動できない"ことを主張した[17]。新古典派経済学においては，完全合理的な経済人としての人間を前提として現実を分析するという観点が確立されており，現実の行動は全て非効率なものとして認識され，人間はより完全合理的に行動すべきであるということを前提としていた。サイモンは，より現実的な議論を展開するために，人間の限定合理性を前提として，現実の市場と経営行動を分析する必要があると主張した。

　取引コストが非効率な制度を合理的に維持するだけではなく，組織を非効率に導くことを理論的に説明したのはコースである。彼は，人間の限定合理性を認識し取引コストの存在を指摘することによって市場と組織の代替性を主張

---

[17] Simon（1976，邦訳）『経営行動』第5章にて，合理性の限界を"知識の不完全性"，"予測の困難性"，"行動の可能性の範囲"の観点で説明している。

し，取引コストのある場合と取引コストのない場合を比較し，取引コストがどのように非効率な効果を生み出すかを説明した。取引コストがない場合，社会的効率性と私的効率性は一致するが，取引コストがある場合，社会的効率性と私的効率性は必ずしも一致せず，個人は社会的効率性を無視して私的効率性を合理的に追求し，私的には効率的であるが，社会的には非効率な現象が起こるということを説明した（Coase, 1960）。

サイモンの主張に影響を受け，"人は，限定合理的，機会主義的に行動する"を前提として取引コスト理論を主張したのはウィリアムソンである。彼はその前提の下で，市場取引では，取引相手間で駆け引きが発生し，取引コストが生ずることを説明し，取引コストの節約のため，市場取引，中間組織的取引，組織的取引が代替的なガバナンス制度として存在することを説明した。また，組織内部でも取引コストは発生し，組織内取引コストを節約するために，組織は，仲間（clan），階層（hierarchy），事業部（division），複合企業（conglomerate）組織等へと発展すると解釈した（Williamson, 1975, 1985, 1996）。様々な組織制度が存在する理由は，経済社会が，取引コストの観点で，効率的な組織制度を生み出そうとするからである（菊澤，2006a, pp.30-50）。

(2) 経済社会の発展と取引コストおよび制度

ウィリアムソン，コースにより主張される取引コスト理論を経済史に適用して，経済社会の発展と制度の観点で説明したのは North（1990）である。彼は，経済社会が取引コストを削減することで効率的な制度を形成し発展している一方で，取引コストを削減できず停滞する制度をもつ経済がある理由を探ろうとした。競争状態よりも独占状態をつくり出し，機会を拡大するよりも制限するような非効率な制度が歴史的に存続し，効率的な制度へと変化せず消滅しない理由は，非効率な制度においても私的利益を得る人々が存在し，制度を変化することに抵抗するからである。制度を変化させるために利害関係者との間に発生する取引コストが巨大な場合，社会は非効率な制度を維持することになり，合理的に非効率な制度が維持されるということを歴史的に明らかにした（North & Thomas, 1973）。

ノース以前の研究において，近代の欧米社会が世界でいち早く持続的な経済成長を達成し貧困を抜け出すことに成功した原因は，技術革新，規模の経済性，教育，資本蓄積等にあると説明されてきた。ノースは，それらは原因ではなく成長そのものであり，近代の欧米という特定の時代・地域において，技術革新，規模の経済性，教育，資本蓄積等の経済成長は，「効率的な経済組織」

によって実現されたという新しい仮説を提起した。「効率的な経済組織」とは「個人の経済的営為につなぐ誘因を生み出すような制度や所有権を確立」し，「私的収益率を社会的収益率に近づける活動」を実現できる組織である[18]。

「効率的経済組織」を構成する制度として重要なものは所有権の保護である。所有権は，自分自身の労働と自分がもつ財・サービスを専有する権利であり，専有可能性は市場社会において非常に重要な役割を果たす。所有権を有効に機能させるために，法的ルール，組織形態，執行，および行動規範などの制度を確立して維持し，必要な情報を取得するためには取引コストが発生する。取引コストを下げる安定した制度が経済成長を促進し，労働と土地の相対価格変化が領主と農奴の関係を変化させ，安定した貿易を推進する制度が発展し，効率的な所有権が確立され，保護される制度が形成されたために，ヨーロッパの経済発展が可能になった。国家による所有権の保護という制度が，取引コストの低下を通じて人々が市場取引に参加する誘因を高め，市場経済の拡大をもたらしたと解釈される（Greif, 2006）。

(3) 比較歴史制度分析による経済社会発展の解明

制度は「社会におけるゲームのルール」あるいは，「人々によって考案された制約」であり，人々の相互作用を形づくる。制度変化は社会の時間的変化の様式を形成するので，歴史変化を理解する鍵となり，経済成果も違うものになる。制度は人々のインセンティブ構造を決定し，制度があることにより不確実性が減少し取引費用が下がる（North, 1990）。しかしながら，人々によって考案された制約が，なぜ人々の相互作用を形成し，遵守されるのかに関しては説明されず，制約は外部から行使されると想定され，国家による所有権保護に対象が限定された。

Greif（2006, p.200）は，この課題をゲーム理論を応用することで明らかにしようとした。制度をゲームの均衡と捉える見方（青木・奥野，1996；青木，2001）として提唱し，制度を「技術以外の要因によって決定される行動に対する自己実現的な制約」と定義した。「自己実現的」とは，社会を構成する人々がその制約に従う動機をもっているという意味であり，ゲーム理論の用語を用いると，"その制約が，社会を構成する人々がプレーするゲームの均衡になっていること"である。ゲーム理論の応用に基づく新しい制度概念は，ノース等の制度研究が未解決のまま残した問題を解決することに貢献した。

---

18 ウィリアムソン等の取引コスト理論を経済史研究に応用することを通じて，「効率的経済組織」の形成が，利己心に基づく経済行動が社会的に望ましい結果をもたらすという Smith（1776）が描いた経済システムを実現させ，持続的経済発展を実現させたという見方。

第 7 章

7 分析視点

本章では，第 6 章における理論と先行研究のレビューを基に，第 2〜4 章で記述された事例を分析し考察するための分析視点を構築する。

7.1 研究課題 1 に対する分析視点

研究課題 1　プロジェクトマネジメント・モデルと多様なプロジェクトマネジメント・システムの存在
　RQ.1　建築プロジェクトのマネジメントシステムには，なぜ 3 つの基本的モデルが存在するのか？　それらは，実際の建築プロジェクトにおいてどのように機能しているのか？

7.1.1　プロジェクトマネジメントの組織と市場の境界

建築プロジェクトの 3 つの基本的マネジメントモデルにおいて，オーナー（発注者）とコントラクター（請負者）が，取引契約を交わしてプロジェクトを実行するという状況を想定する。その際，完成までオーナーが全ての工事を自らの組織で実行する場合と全く正反対の方法として，全ての工事をコントラクターに任せる，つまり市場を通じてコントラクターを選定し，プロジェクトを実行するという場合が考えられる。ここに，オーナーがプロジェクトを組織として実行するのか，それとも市場を通じて実行するのか，組織か市場かという問題が提起される。建築プロジェクトは，第 5 章で説明されたように，躯体・仕上げ・設備等々の主たる物理的な構成要素から成る完成された人工物としての解釈から，完成するために経時的な変化を含む工事として解釈した場合，更に多くの工事要素から構成される。日本の建築プロジェクトでは，表

7-1 で示されるように，建設業法で規定される 28 種類の工種から構成されており，規模によっては，生産性向上のために，同じ工事でも複数に分割する場

表 7-1　建設業法で規定されている工種

建設工事の種類	業種	略号
土木一式工事	土木工事業	土
建築一式工事	建築工事業	建
大工工事	大工工事業	大
左官工事	左官工事業	左
とび・土工・コンクリート工事	とび・土工・コンクリート工事業	と
石工事	石工事業	石
屋根工事	屋根工事業	屋
電気工事	電気工事業	電
管工事	管工事業	管
タイル・れんが・ブロック工事	タイル・れんが・ブロック工事業	タ
鋼構造物工事	鋼構造物工業	鋼
鉄筋工事	鉄筋工事業	筋
ほ装工事	舗装工事業	ほ
しゅんせつ工事	しゅんせつ工業	しゅ
板金工事	板金工事業	板
ガラス工事	ガラス工事業	ガ
塗装工事	塗装工事業	塗
防水工事	防水工事業	防
内装仕上工事	内装仕上工事業	内
機械器具設置工事	機械器具設置工事業	機
熱絶縁工事	熱絶縁工事業	絶
電気通信工事	電気通信工事業	通
造園工事	造園工事業	園
さく井工事	さく井工事業	井
建具工事	建具工事業	具
水道施設工事	水道施設工事業	水
消防施設工事	消防施設工事業	消
清掃施設工事	清掃施設工事業	清
解体工事（※ H28.6.1 以降）	解体工事業	解

出所：建設業法第 3 条第 2 項に示される区分に従って筆者作成。

合がある。

　これらの工事は，多くの工事会社が関与して行われる。市場を通じて，多くの個別の工事会社を選定する場合，適切な会社の選択，選択後の会社との契約，契約後の監視等，探索，契約，監視に関する市場調整コストが発生する。また組織で実施する場合でも，企業は一般的に建設する組織を定常的に保有しないので，組織内にプロジェクトチームが発足することになる。このプロジェクトチームのプロジェクトマネジャーが中心となり，コンストラクションマネジャー，エンジニア，アーキテクト，プロジェクトスタッフ，工事会社等々を組織化することになる。したがって，市場取引と同様に，探索，契約，監視コスト等の組織内調整コストが発生する。

　オーナーは，自らの組織で全ての工事を実行する場合，設計を始めとして，どの工事をどの工事会社に任せるべきかという問題に遭遇する。様々な調整コストが発生するため，時間および管理限界の制約上，あるものは組織で行い，あるものは市場を通じて工事会社を選定して行うことになる。建築プロジェクトの設計と全ての工事をゼネコンに請負わせる方法（全ての工事を市場調達とする場合）が設計・施工方式である。また，組織内スタッフが工事会社を直接調整して，プロジェクトのあらゆる工事を実施する方法がコンストラクションマネジメント方式である。また，設計は組織で行い，施工を市場調達とするのが設計・施工分離方式である。

　上記のように解釈すれば，建築プロジェクトのマネジメントにおいても，企業は取引コストを節約するよう行動するという前提で，コース（Coase, R.H.）によって主張された企業の境界に関する取引コスト理論[1]を適用することができると考えられる。図7-1は，コースが主張する企業の最適規模と企業境界の図を建築プロジェクトのマネジメントに置き換えて示したものである。

　プロジェクトの実行に際して，オーナーが市場調整コストよりも組織内調整コストが高いと判断するならば，市場取引が利用され，逆に低いと判断するならば，組織によってプロジェクトを実行すると考えられる。取引コストの観点で最適なプロジェクトマネジメント・システムとは，オーナーがプロジェクトを全て市場調達する状態から徐々に取引を組織化することによって節約できる市場調整コストの減少と，組織化によって発生する組織内調整コストの増分が等しくなる状態のプロジェクトマネジメント・システムであると解釈される。

---

[1] Coase（1988）。菊澤（2006a）によれば，取引コスト理論の原点であるCoase（1937）においては，取引コストという用語は使用されていない。取引コスト（transaction cost）という用語を世の中に広めたのは，ウィリアムソン（Williamson, O.E.）であるということである。

第 2 部　理論編

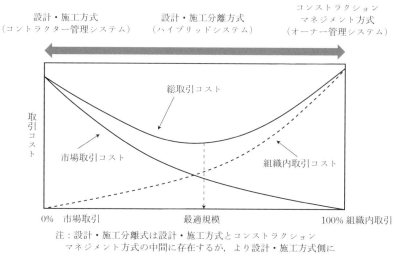

図 7-1　プロジェクトマネジメントの最適規模

企業境界に例えれば，限界市場調整コストの減少と限界組織調整コストの増加が等しくなる点がプロジェクトマネジメントの最適規模の境界となる。設計・施工方式は設計と施工の全てを市場調達し，コンストラクションマネジメント方式は，設計と施工の全てを組織で実行し，設計・施工分離方式は，設計を組織，施工を市場調達で実行するもので，設計・施工方式とコンストラクションマネジメント方式の間に位置づけられる。ただし設計・施工分離方式が取引コストの観点で最適規模にある訳ではない[2]。

7.1.2　プロジェクトマネジメントの取引コストと取引特性[3]

　コースの取引コスト理論を適用することによって，3つの基本的プロジェクトマネジメント・システムの存在理由，および市場調達と組織による実行の境界が取引コスト節約原理で説明されるが，建築プロジェクトのマネジメントにおいて，なぜ市場調整コストと組織内調整コストに高低差が生じるのか，どの

---

[2]　設計・施工分離方式が取引コストの観点で最適規模にあるように見えるが，そうではない。実際には，建築プロジェクトによって，設計のウェイト，工事の構成，各工事の全体に対するウェイトが異なってくるので，一定に定まるものではない。

[3]　取引コストにおける資産特殊性，不確実性，複雑性，取引頻度は，取引コストの属性，特性，要素等，様々な用語が使用されているが，本書では，Milgrom & Roberts（1992，邦訳）で使用されている「特性」という用語を使用する。

ように3つのプロジェクトマネジメント・システムが適用されることになるのかに関しては，明らかにされない。これらの問いはウィリアムソンが主張する取引コスト理論を適用することによって明らかにされる。建築プロジェクトの実現において市場調整コストや組織内調整コストのような取引コストに差が生じる理由は，建築プロジェクトの資産特殊性，不確実性，複雑性，取引頻度が，オーナー，コントラクター間で発生する取引コストに影響を与えるからである[4]。

建築プロジェクトにおいて，1）資産特殊性とは，オーナーとコントラクター間で決定された建築物に関する，場所の特殊性，物的資産特殊性，人的資産特殊性，専用資産等に該当する，2）不確実性とは，建築プロジェクトに内在する，工期，予算，品質等に関する不確実性である，3）複雑性とは，人工物としての建築物のもつ技術的複雑性，プロジェクトに関与するステークホルダーの間の組織的複雑性等である，4）取引頻度とは，オーナーとコントラクター間での過去における，建築プロジェクトの実施回数や，その他のビジネス取引関係であると想定される。

Williamson（1991，1996）は，様々な取引コストの特性のうち，資産特殊性がとくに重要であり，資産特殊性が生じさせる取引コストを節約するために，機会主義的な行動の出現を抑止する様々なガバナンス制度が必要であると説明し，その上で資源配分の観点から，市場的資源配分システム，組織的資源配分システム，そして，市場と組織の中間的な資源配分システムに区別することができると説明した。菊澤（2006a）は，取引コスト理論は多元的立場を取るアプローチであり，可能な制度を相互に比較して，ある状況では市場型資源配分システムが，別の状況では組織的な資源配分システムが，またある状況においては中間的な資源配分が有効であることを明らかにする比較制度分析のための方法論としての特徴をもつと説明している。ここに，取引コスト特性として重要であると思われる資産特殊性と不確実性を取り上げて，建築プロジェクトにおける取引コストとの関係を探るものとする。

(1) 取引コストと資産特殊性

Williamson（1996）は，市場取引する場合に資産特殊性が高い取引であればあるほど，機会主義的行動をする可能性が高くなるため，取引コストは高くなると説明している。したがって資産特殊的な取引を行う場合，取引コスト節約

---

[4] Williamson（1991, p.284; 1996）で資産特殊性が一番重要であると説明されているが，本書では，不確実性，複雑性，取引頻度を加えた。

原理の観点から，組織的な資源配分システムの採用がより効率的であると主張する。これに対して，資産特殊性が低い場合には，市場取引であっても機会主義的行動はそれほど発生しない。機会主義的行動が発生したとしても，資産特殊性が低いので容易に別の企業とスイッチングできるからである。資産特殊性が中程度である場合，必要なときに自由に取引できるような市場取引でもなく，常に同じ相手と継続的に取引するような組織的取引でもない，市場と組織の中間組織的取引形態が効率的となる。したがって，3つの代替的資源配分システムに関して，1）資産特殊性が低い場合に，市場取引は他と比べて取引コストが低い，2）資産特殊性が高い場合に，組織内取引は他と比べて取引コストが低い，3）資産特殊性が中程度の場合，中間組織が他と比べて取引コストが低い，と考えられる。

上記ウィリアムソンの主張を建築プロジェクトに適用して，資産特殊性の観点で検討する。まず，オーナー，コントラクター間で，対象となる建築物の設計・施工プロセスにおいて，場所，物的資産，人的資産，専用資産の特殊性があまり関与しないような場合，資産特殊性が低く，コントラクターを市場調達することによって設計・施工方式で実現できると考えられる。しかしながら，建築物が，場所，物的資産，人的資産，専用資産の点で特殊性が高くなるにつれて，取引コストが高くなる可能性がある。例えば，建築物において，コント

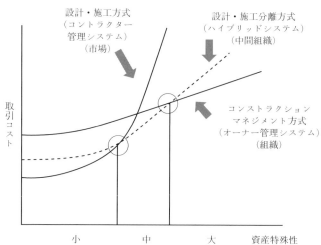

図7-2　基本的なプロジェクトマネジメント・システムと取引コスト
出所：Williamson（1991, p.284）の図を基に筆者作成。

ラクターがもつ保有設計技術や建設技術がオーナーの保有する製造技術に関与し，関係特殊的（藤本他，1998）なコントラクターが選定される場合，企画設計，基本設計，実施設計を始めとする設計部分やオーナーの保有する資産に関与する工事等は，組織で実施した方が取引コストを節減できることになる。この場合オーナーは，アーキテクト，エンジニア，コンストラクションマネジャーを内部組織に取り込んで，プロジェクトを実施する。プロジェクトマネジメント・システムは，資産特殊性の増大に対して，設計を組織で，施工を市場調達で行う，設計・施工分離方式，更に設計と施工，両方を組織で実施するコンストラクションマネジメント方式と移行していく。図7-2は，以上の議論に基づいて，Williamson（1996）が提示した企業境界に関する取引コストと資産特殊性の関係を建築プロジェクトマネジメントに適用した場合に，3つのプロジェクトマネジメント・システムがどのように表されるかを示したものである。

(2) 取引コストと不確実性

第5章5.3で説明されたように，建築プロジェクトの不確実性に関しては，基本的にコスト，工期，品質の3つの要素が存在し，オーナー，コントラクター間で負担するものと考慮される。品質，工期，コスト（以降予算[5]）の間には，三つ巴のトレードオフが存在する。一般的には，品質を上げるには，予算も工期もかかり，また，品質を下げれば，予算は下がり，工期も短縮することは可能である。取引コストとプロジェクトの不確実性との因果関係を発見するためには，品質，工期，予算を3変数と考えて，2変数固定の下で1変数に対しての取引コストの因果関係という前提で考えるものとする。

1. 品質の不確実性と取引コスト

まず，品質の不確実性に対応する取引コストに関して，プロジェクトマネジメント・システム別に検討する。工期とコストに関するリスクは一定と仮定する。品質のリスクとは，建築プロジェクトに関して法的，オーナーの外観美的，機能的ニーズが満たされるかどうかとして，定義される（Arditi & Gunaydin, 1997）。設計・施工方式では，コントラクターに設計および，施工の両プロセスが任されることになる。設計・施工分離方式では，オーナーがアーキテクトとともに設計図書をまとめて，品質のつくりこみを行うが，施工品質はコントラクターに任されることになる。コンストラクションマネジメント方式では，設計，施工ともにオーナーがアーキテクト，コンストラクション

---

[5] コストとすると，言葉上で取引コストとの混乱を引き起こすので予算とする。

マネジャーの支援を受けて品質のつくりこみを行う。上記の品質の不確実性に関して，オーナーにとって設計・施工方式は，設計，施工ともにブラックボックスであり，設計・施工分離方式は，施工がブラックボックスである。コンストラクションマネジメント方式は，設計も施工も内部組織として実行されるので透明性が確保されている。

限定合理的で機会主義的な人間同士で取引が行われるので，オーナーが満足する品質を確保するためには，コントラクターに騙されないために，取引契約以前に相手を調査し，取引契約中に正式な契約を交わし，そして取引契約後も契約履行を監視する必要があり，取引が完了するまでに一連の取引コストが発生してくる。したがって，設計・施工方式や，設計・施工分離方式の取引コストは，一般にコンストラクションマネジメント方式よりも高いと想定される[6]。

2. 予算の不確実性と取引コスト

次に，予算の不確実性対応としての取引コストに関して検討する。品質と工期に関するリスクは一定と仮定する。ここで予算の不確実性とは，不可抗力で発生するコスト等を除いた，建築プロジェクトを完了させるための予算が，コントラクターとの契約時以降に変動する不確実性である。設計・施工方式では，オーナーの与条件を基に，設計と施工を含めたコストで契約を行う。設計・施工分離方式では，オーナーとアーキテクトによってまとめあげられた設計図書を基にした予算で，施工に関する契約締結を行う。コンストラクションマネジメント方式においては，プロジェクトリスクをオーナーが負い，アーキテクト，コンストラクションマネジャーの支援の下で，業種別にまとめた予算にて，専門工事業者と契約を行う。

設計・施工分離方式においては，設計が終了した段階での予算で契約を行うので，予算変動リスクは低いと考えられる。設計・施工方式とコンストラクションションマネジメント方式は，予算の不確実性がオーナー側，コントラクター側のどちらが主体的に負うかという差だけであって，設計と施工以前に予算策定をすることになるので，予算変動リスクは高い。

限定合理的で機会主義的な人間同士で取引が行われるので，コントラクターは，設計変更に理由をつけて予算をなるべく増やす方向に働きかけると想定される。そういった機会主義的な行動を防ぐために，取引契約以前に相手を調査し，取引契約中に正式な契約を交わし，そして取引契約後も契約履行を監視す

---

[6] 実際問題として，コンストラクションマネジメント方式では，アーキテクトとコンストラクションマネジャーが組織の社員でなければ，新たにプリエンシパルとエージェントの問題が発生するが，ここでは考慮しない。

る必要があり，取引が完了するまでに一連の取引コストが発生してくる。したがって，設計・施工方式や，コンストラクションマネジメント方式の取引コストは，設計・施工分離方式よりも高いと想定される。

3. 工期の不確実性と取引コスト

3番目に工期の不確実性に対応する取引コストに関して検討する。品質とコストに関する不確実性は一定と仮定する。工期の不確実性とは，不可抗力で発生する工期延長を除いて，設計と施工プロセスの総工程の期間が，契約終了後に変動する不確実性である。オーナーには想定した予定工期があるので，早く完了する場合は問題がないが，工期が遅延する場合は，オーナーに不利益をもたらす。設計・施工方式は，設計と施工をコントラクターが両方とも請負うため，部分的に設計が完了すれば，全体的な設計作業が終了していなくても，施工を開始することができ，設計作業と施工作業を平行して進めることができる。設計・施工分離方式は，設計終了後に施工となる。コンストラクションマネジメント方式は設計・施工方式と同様に，設計と施工作業を同時に進行させることが可能である。

設計・施工方式は，設計・施工のどちらもコントラクターの請負であるので，工期短縮にインセンティブが働く。設計と施工が同時に進行できるので，他の2つの方式に比べて，工期短縮や維持が行いやすい。設計・施工分離方式は，設計確定後の施工となるので，工期維持がボトムラインである。コンストラクションマネジメント方式においては，アーキテクトとコンストラクションマネジャーの契約がサービス契約であるために，工期維持や短縮にさほどのインセンティブはなく，彼らの能力に頼ることになる。

限定合理的で機会主義的な人間同士で取引が行われるので，コントラクターは，工期維持が苦しくなると，何かと理由をつけて工期延長の方向に働きかけると想定される。そういった機会主義的な行動を防ぐために，取引契約以前に相手を調査し，取引契約中に正式な契約を交わし，そして取引契約後も契約履行を監視する必要があり，取引が完了するまでに一連の取引コストが発生してくる。以上のような理由から，設計・施工方式の取引コストは低く，設計・施工分離方式や，コンストラクションマネジメント方式の取引コストは高いと想定される。

以上の議論を概念化すると図7-3のようにまとめられる。

この図から，オーナーはプロジェクトの様々なコンテキストを考慮に入れて，プロジェクトリスク（品質の不確実性，工期の不確実性，コストの不確実性）に対応するために生じる取引コストを節約するプロジェクトマネジメン

第 2 部　理論編

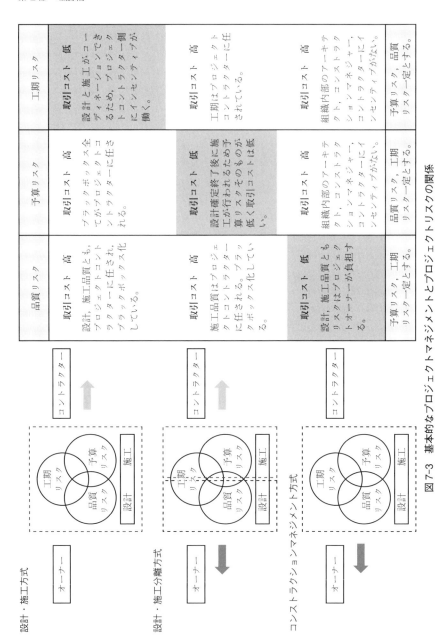

図 7-3　基本的なプロジェクトマネジメントとプロジェクトリスクの関係

ト・システムを選択すべきであることが理解できる。

7.2　研究課題 2 に対する分析視点

研究課題 2　日本の建設会社の創発的ビジネスシステム戦略
　　RQ.2　日本の建設会社は，日米における建築生産制度の違いをどのように乗り越えて，米国でビジネスを展開したのか

　研究課題 2 は，日本の建設会社がビジネス環境が違う米国でコントラクターとして施設建設を実施した際に，オーナーである日系企業とどのように相互依存関係を保ちながら，どのように創発的にビジネスシステム戦略を展開して来たのかを明らかにすることであり，筆者がプロジェクトマネジャーとして米国で実施した 3 つのプロジェクトマネジメント・システムの事例を分析することで解明する。オーナーとコントラクター間で発生した様々な取引が戦略的にどのように解釈されるのかを明らかにするため，研究課題 1 と同様に取引コスト理論を適用して分析視点を提示する。
　1980 年代に米国進出した日本の製造企業の多くは，当初オーナーとして主体的に建築プロジェクトを進めようとし，米国の建設会社をコントラクターとして選択した。だが，設計・施工分離方式が適用されて実施されるプロジェクトでは，予算超過，工期延長等の問題が発生し，日本の製造企業がなかなか満足するように実施されなかった経緯がある[7]。米国での建築プロジェクトは，米国の建築生産制度に従って実施され，第 5 章 5.7 で説明されたように，適用法規，契約，会計基準，商習慣等々の観点で日本での建築プロジェクトの実行とは異なっている。日米間で 3 つのプロジェクトマネジメント・モデルは共通であるものの，実行レベルでのプロジェクトマネジメント・システムには違いが存在する。そのような状況の下で，日本の建設会社は，日本の多くの著名製造企業が米国に進出するのと同時に，米国での建設ビジネスの展開を行い始めた。筆者がかつて勤務した大手建設会社は，70 年代後半に現地法人を設立，日本の製造企業の生産施設の建設を 1980 年代半ばに本格的に開始した。
　オーナーとしての日本の製造企業が，米国の施設建設においてコントラクターとしての日本の建設会社に期待したことは，日本で培われた長期的な信頼

---

[7]　筆者は，1980 年代半ばに米国に赴任し，12 年間米国滞在するなかで様々な顧客と接してきたが，多くの顧客が，米国建設会社の機会主義的な態度に辟易したという話を多数聞いている。

関係に基づいて機会主義的な行動を取らず，予算超過や工期延長等の問題が生じないようにプロジェクトマネジメントを実行することであった。日本の建設会社の役割は，米国の建築生産制度に準じてコントラクター[8]として米国のサブコントラクターやベンダーとの対応を行いながら，日本で実施する施主対応と同様な施主対応を米国でも行うことであった。建築プロジェクトを実施する際に，オーナーである日本企業に対して，日米間で異なるカスタマーリレーション・マネジメント（customer relation management: CRM）[9]とサプライチェーン・マネジメント（supply chain management: SCM）[10]の違いによって引き起こされるギャップをうまく調整し，日本で生じる以上の不必要な取引コストを発生させないように対応することであった。第5章でも説明したように，日本の建設会社は歴史的に設計部門と施工部門の両方を同一組織内に保有し，顧客の取引コストを節約するように設計と施工を統合してプロジェクトをマネージする組織能力を蓄積してきたが，この組織能力を米国のプロジェクトマネジメントにおいても，生かすことができたのか，できなかったのかを明らかにすることが課題2に対する答えである。建築プロジェクトはプロジェクトが終了した時点で評価が下される。会社内部での品質，工期，最終コストなどの評価に加えて，オーナーによる公式，非公式のコメントが重要であり，プロジェクトが予想した取引コスト[11]以下で終了する場合は，オーナーはコントラクターの評価を上げるが，予想以上の取引コストが生じた場合には，評価を下げる。

　第2章に提示した事例を取引コストの視点から明らかにするために，オーナーとコントラクターという関係のなかで，プロジェクトの各段階において，取引コストがどのようにプロジェクトの成功に関係しているのかを以下に示される3つ分析視点で明らかにする。

① 過程追跡法を適用した図7-4で示される概念図のように，プロジェクトの各段階で発生した様々な出来事（独立変数）は，どのように取引コストに影響を与え，取引コストはどのように削減されたのか，そして，プロジェクトの成功または失敗（従属変数）はどのようにして導かれたのか？。

② 現実のプロジェクトマネジメント・システムにおいては，プロジェクト

8　正式にはゼネラルコントラクターであるが，この場合は，モデルとして，オーナーに対してのコントラクターという意味である。
9　顧客対応のマネジメント。
10　協力業者間との調整を行うマネジメント。
11　第6章6.1.3 (5) "建築プロジェクトの取引コスト"を参照。

第7章　分析視点

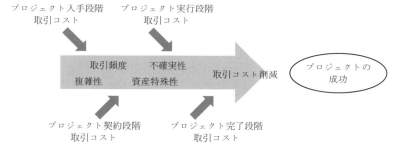

図7-4　プロジェクトの成功と取引コスト

マネジメント・モデルのように，オーナーとコントラクターとの間で，明確に範囲が分かれているのであろうか？

③　米国で設計・施工方式によって実施されたＺ社Ｎプロジェクトはなぜ失敗したのか？

7.3　研究課題3に対する分析視点

研究課題3　日本の設計・施工方式と米国のコンストラクションマネジメント・システムの発生と発展

　RQ.3　日本の建築生産制度を特徴づける設計・施工方式，米国の建築生産制度を特徴づけるコンストラクションマネジメント・システムは，それぞれ，なぜどのように発生し，発展してきたのか？

7.3.1　比較制度分析の適用

　比較制度分析は，経済システムを様々な制度の集まりとみることで，経済システムの多様性とダイナミズムを分析する。取引コスト理論，ゲーム理論等をベースにして，経済システムの多様性，制度のもつ戦略的補完性，経済システム内部の制度的補完性，経済システムの進化と経路依存性，改革や移行における漸進的アプローチ等の視点で複合的に制度を分析するアプローチである。比較制度分析のこれまでの研究対象は，国家単位の経済システムであり，労使関係，コーポレートガバナンス，企業間関係，企業と政府の関係等，様々な経済的，社会的仕組みに代表され，産業や事業にまたがって，共通する制度が研究

主体あった。しかしながら最近では，個々の産業や事業も対象となり，自動車業界，金融業界等で適用されている例が存在する[12]。

本課題は，日米の建築生産制度の代表的なプロジェクトマネジメント・システムの発生と発展過程を調査することで，日米の建築生産制度の違いを解明することである。建築プロジェクトのマネジメントシステムが，日米にはそれぞれ，複数存在し，歴史的背景，契約，法規，組織，プロフェッショナルな資格制度，財務，会計等々，様々な制度が関係しており，個々の観点からではなく，複合的な観点からのアプローチが必要である。したがって，比較制度分析が示す，複眼的，複合的アプローチは，本研究課題を解明するのに適合している。

7.3.2　比較制度分析の分析視点

ここでは，第3章において記述された日本における設計・施工方式と第4章で記述された米国におけるコンストラクションマネジメント・システムの発生と発展に関する事例を分析するために，本章6.2で説明された，比較制度分析の観点とグライフの制度解釈に対する理論的貢献を主に参考にして，分析視点を提示する。

（1）比較制度分析の視点

青木，奥野（1996）によって提示された，以下に挙げる経済システムの比較制度分析における分析視点を建築生産制度の理解に適用する。

① 資本主義経済システムの多様性
② 制度の持つ戦略的補完性
③ 経済システム内部の制度的補完性
④ 経済システムの進化と経路依存性
⑤ 改革や移行における漸進的アプローチ

建築プロジェクトに関わる様々な制度の次元は産業であり経済システムと次元が異なるが，上記視点を発展的に解釈することによって，建築生産制度における多様性，戦略的補完性，制度的補完性，経路依存性という観点で，分析視点を適用できると考えられる[13]。

12　藤本他（1998），青木・パトリック（1996）等である。
13　青木・パトリック（1996）は，金融業における日本の銀行が比較制度分析の視点で著されている。したがって，その視点は建設業に対しても適用できると考える。

(2) 制度生成・発展理解のためのフレームワーク
1. 制度と制度的要素

Greif, (2006) によれば，制度を形成する要素は，「ルール」「規範」「予想」「組織」である。図7-5は，それら要素の関係を表した概念図である。

「ルール」は，様々な社会的要因が形成するシステムにおいて，認識の共有，情報の提供，行動の調整，かつ道徳的に適切で社会的に許容される行動を指示し，明確な一定の規則性を与える。「規範」と「予想」は，「ルール」に従う動機を与え，「ルール」の形成・伝搬を行う。「組織」は，個人に対して，予想の範囲に影響を与える非物質的な社会的要素である。建築生産制度において，ルールは建築業界のルール，「予想」と「規範」は，ルールを順守しなかった場合に生じる制裁と行動指針，「組織」は建築生産に関わるステークホルダーであると考えられる。

2. 制度の自己実現性とゲームの均衡

制度的要素は，他者の行動，他者の期待する行動によって影響を受ける。制度的要素である組織の個人によって選択された行動は，他者の行動を動機づけ，指針を与え，結果としてそれらの行動が，新たな制度的要素を導くということになる。これらの相互作用が時系列的に繰り返され，ある制度的要素から成り立つ制度が形成される。図7-6は，制度の自己実現的特性の概念を示したものである。

各個人が制度を所与のものとして制度化された行動に従うことが最適であると考え[14]，その制度化された行動が，初期の予想や規範に沿うものとなるということで制度を再生産する。制度の下で行動する個人にとって制度は人為的に形成されたものとして「外生的」であるが，「自己実現的」という意味で「内生的」なものでもある。建築生産制度においては，オーナーとコントラクターによって選択されたプロジェクトマネジメント・システムの実行による結果

図7-5　制度と制度的要素

---

[14] 新制度派組織論的説明では強制的同型化，模倣的同型化，規範的同型化である（Dimaggio & Powell, 1983）。

第 2 部　理論編

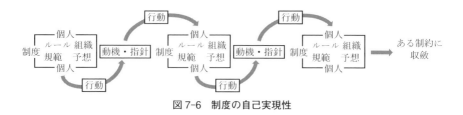

図 7-6　制度の自己実現性

が，次のプロジェクトマネジメント・システムの選択に影響を与え，繰り返される制度的要素の相互作用のなかで，あるプロジェクトマネジメント・システムの構成をもった制度に収斂し，制度が形成されることを意味している。

ゲーム理論を制度の解釈に対して適用すれば，制度はゲームの均衡と捉えることができる。制度が「自己実現的」であるということは，社会を構成する人々がその制度に従う動機をもっているという意味であり，ゲーム理論においてはその制度が社会を構成する人々がプレーするゲームの均衡になっていると解釈される。建築生産制度はゲーム理論の適用により，幾つかのプロジェクトマネジメント・システムの複数均衡の状態にあることが理解できる。

3. 制度強化と制度弱体化

ゲーム理論を適用することで，内生的に生じる制度変化を「準パラメータ」（ゲームの結果の積み重ねによって長期的に内生的に変わっていく変数）を使用することによって，「制度強化」（準パラメータの長期的変化によって制度が「自己実現的」になるパラメータの範囲が拡大すること），「制度弱体化」（準パラメータの長期的変化によって制度が「自己実現的」になるパラメータの範囲が縮小すること）として説明できる。「準パラメータ」は，建築生産制度におけるプロジェクトマネジメント・システムの選択を囚人のジレンマゲームを適用して考えれば，あるプロジェクトマネジメントを協調して選択することによってオーナー，コントラクター双方が獲得する利得である。これが経時的に増加するのか，減少するのかで選択したプロジェクトマネジメント・システムが採用されて「制度強化」するのか，「制度弱体化」するのか判断される。表7-2は，オーナー，コントラクター間の信頼と裏切りに関しての無限繰り返し囚人のジレンマゲームの関係を示したものである。

t 期において，オーナー，コントラクターとも，信頼に基づいて相互協力をすれば，$b_{t+1}=bt+e$（$e>0$）となり，制度が強化され δ の範囲が拡大し，制度は制度強化し自己実現的になる。t 期において，オーナー，コントラクターとも，信頼に基づいて相互協力をするが，$b_{t+1}=bt-e$（$e>0$）となれば，制

表 7-2 無限繰り返し囚人のジレンマゲームによる説明

オーナー＼コントラクター	信頼 ・誠実な行動 ・契約遵守	裏切り ・不誠実な行動 ・契約非遵守
信頼 ・誠実な行動 ・契約遵守	bt, bt	-k, bt+e
裏切り ・不誠実な行動 ・契約非遵守	bt+e, -k	0, 0

制度：「オーナー」，「コントラクター」間で「設計・施工方式」が選択され，相互に協力していくという予想
b0：初期の協力による利得
 k：裏切られるときの利得
 e：オーナーが協力しコントラクターが裏切るとき，またはコントラクターが協力しオーナーが裏切るときに得られる追加的な利得
 δ：因子
 bt：準パラメータ，t 期において協力によって得られる利得

出所：Greif（2006，邦訳，p.161）の図を基に筆者作成。

度が弱体化し δ の範囲が縮小し，制度は制度弱体化し自己実現的になる。

第 8 章

発見事実と考察

　本章では，第 2～4 章で記述された事例が，第 7 章で構築された分析視点で分析することによってどのような発見事実が確認され，どのように考察されるのかを論じて，研究課題ごとに答えを導出する。

8.1　研究課題 1 に対する発見事実と考察

研究課題 1　プロジェクトマネジメント・モデルと多様なプロジェクトマネジメント・システムの存在
　　RQ.1　建築プロジェクトのマネジメントシステムには，なぜ 3 つの基本的モデルが存在するのか？　それらは，実際の建築プロジェクトにおいてどのように機能しているのか？

8.1.1　組織と市場の境界における発見事実と考察
　第 2 章で記述した 3 つの建築プロジェクトのマネジメント事例は，第 7 章におけるプロジェクトマネジメントの組織と市場の境界の分析視点に基づいて，設計段階と建設段階を境界とし，市場取引，または，組織内取引の実行区分で解釈すれば，表 8-1 のように整理される。
　オーナーがプロジェクトを実行する際に予想するプロジェクトの背景において，プロジェクトの設計行為を含め様々な建設業務が存在する。建築プロジェクトのマネジメントシステムを，オーナー，コントラクター間で発生する取引コストを節約するガバナンスである資源配分システムであるという前提の下で，それらの業務を市場取引で実行するのか，組織内取引で実行するのかという観点から資源配分システムが選択されたのである。次の 3 つのプロジェクト

第 2 部　理論編

表 8-1　各プロジェクトの市場取引と組織内取引による分類

	設計段階	建設工事段階
X 社 G プロジェクト	組織内取引による実行 (アーキテクト，エンジニアを 委託契約により組織化)	市場取引による実行 (A 建設が担当)
Y 社 A プロジェクト	組織内取引による実行 (Y エンジニアリング，A 建設 をコンストラクションマネ ジャーとして使用)	組織内取引による実行 (Y エンジニアリング，A 建設 をコンストラクションマネ ジャーとして使用)
Z 社 N プロジェクト	市場取引による実行 (A 建設が担当)	市場取引による実行 (A 建設が担当)

はそのような観点で以下のように説明される。

(1) X 社 G プロジェクト

　自動車用ワイヤーハーネスの組み立てが主たる作業である工場施設であり，人の作業環境が重視され，機能性に加えて，意匠性，快適性が建築的に要求された。X 社はその目的実現のため，設計行為を市場調達ではなく組織で行う必要があると考え，X 社と関係が深い日本の L 設計と契約をした。建設は米国で実施され，その米国で建設ビジネスを展開する日本企業が複数存在するので，取引コスト節約の観点で，組織ではなく市場取引が有利と考え，入札を通じて A 建設を選択した。オーナーとコントラクターとの中間組織にてプロジェクトが実行されたのである。

(2) Y 社 A プロジェクト

　特殊繊維を生産するために，Y 社独自で開発した高価な生産機械中心のプラント工場であった。A 建設が担当する建築および建築設備は，Y 社範囲のプラント設備に構造的に密接に関連し，また売上税免除対象という資産特殊性をもっていたため，Y 社は取引コスト節約の観点で，組織としてプロジェクトを実行した方が良いと判断した。企画設計は Y 社を主体として，Y 建設，Y エンジニアリングが，基本・実施設計，建設工事は，生産プラント部分に関して Y エンジニアリングが，建築建屋，建築設備部分に関して A 建設が，オーナー組織の一員であるコンストラクションマネジャーとしてプロジェクトを実行した[1]。

1　第 2 章 2.2 "Y 社 A プロジェクト" の事例で説明しているが，建築建屋，建築設備の入札は，設計・施工方式で行われた。売上税免税 (tax exemption) の関係で，契約が設計施工方式からコンストラクションマネジメント方式，正確には，A 建設が購買代理人 (purchasing agent) として機能する契約に変更された。

(3) Z社Nプロジェクト

オートマチック・トランスミッション（Automatic Transmission：AT）一貫生産工場であり，人の作業環境と生産機械の双方が重要視された。A建設は，T自動車を含めてT自動車グループから，特命発注を受ける等，長期的に友好関係にあった。Z社は，当初入札をほのめかしていたが，米国で実施する大型プロジェクトであり，A建設は，T自動車K国工場を始め，T自動車グループ各社の生産工場を多く手掛けてきたこともあり信頼がおけるので，当プロジェクトは最終的に特命発注，随意契約，設計・施工方式で発注され，企画・基本設計はA建設名古屋支店と米州支店が共同で，実施設計と施工はA建設米州支店が担当した。Z社Nプロジェクトにおいては，全てが市場取引とされたのである[2]。

8.1.2　取引コストと取引特性における発見事実と考察

第2章の3つの建築プロジェクトのマネジメントシステム事例を，第7章のプロジェクトマネジメントの取引コストと取引特性で示された分析視点に基づいて，オーナーとコントラクター間の取引特性（資産特殊性，不確実性，複雑性，取引頻度）と取引コストの大きさの観点で分析し，評価すると，表8-2のように示される[3]。大，中，小のランクづけは，あくまでも相対的なものである。

X社Gプロジェクトは，オーナーの強いデザイン志向性と取引コストが中間程度であることから，設計・施工分離方式が選択された。Y社Aプロジェクトは，資産特殊性，不確実性，複雑性，取引頻度のあらゆる点でオーナーにとって取引コストが高くなる特徴を持っており，コンストラクションマネジメント方式が選択された。X社GプロジェクトとZ社Nプロジェクトに関しては，取引コスト特性の点で，不確実性，複雑性，の点で差はないが，資産特殊性，取引頻度に関して大きな差が存在する。Z社Nプロジェクトは，人的資産特殊性が高いプロジェクトであったが，取引頻度の点において，A建設とT自動車グループは信頼をベースに長年の取引関係があり，設計・施工方式による特命発注となった。3つのプロジェクトは取引特性の観点で，それぞれ，以

---

[2] 入手までは，入札をほのめかされていたので市場取引である。日本特有の特命で発注されたということは，オーナーが信頼に基づいて取引コストを大幅に削減したということである。

[3] Lynch（1996）が示すように，建築プロジェクトにおける取引コストは，入手段階，契約管理段階，情報伝達，利害衝突調整において発生し，細かい分析が必要であるが，紙面制約のため筆者経験に基づいて，大・中・小の3段階評価としている。

表 8-2　各プロジェクトの取引特性（資産特殊性，複雑性，不確実性，取引頻度）と取引コスト

取引特性	プロジェクト	X社 G プロジェクト	Y社 A プロジェクト	Z社 N プロジェクト
資産特殊性	場所	小	大	小
	物的資産	小	大	中
	人的資産	小	中	大
	専用資産	小	大	中
複雑性	技術的複雑性	中	大	中
	組織的複雑性	大	大	大
不確実性	工期	中	中	中
	予算	中	大	中
	品質	中	大	中
取引頻度	過去におけるプロジェクト	少	少	多
取引コスト		中	大	大

下のように説明される。

(1) X社 G プロジェクト

X社 G プロジェクトは，設計・施工分離方式で実行された。設計はオーナー側，施工は実施設計を含めてコントラクターとしての A 建設が，実行した。オーナー，コントラクターという 2 つの組織の中間組織にて実行されたのである。

●**資産特殊性**：X社，L 設計，A 建設の間に，選定された土地，物的資産，人的資産，専用資産に代表される資産特殊的なものが介在する関係特殊性はなかった。米国における民間建築プロジェクトの入札行為により，市場を通じてステークホルダーが関係することになりプロジェクトを実行することになったのである。

●**不確実性**：品質，工期，予算に関して，実施設計は責任範囲であるものの，重要な企画，基本設計の決定は，オーナー側にあるので，工事範囲，品質レベルの設定，コストは明確であり，不確実性は，施工段階における A 建設のプロジェクトマネジメントにあった。工期に関しては，どのプロジェクトに関しても共通することであるが，天候の影響を受け，工期は必ずといっていい程，遅延するものである。X社 G プロジェクトも，大雨に遭遇して工期が遅

延した。しかしながら，生産工場では，生産機械の設置がクリティカルパス[4]の一部であり，建築工事が多少遅れても，生産機械の設置は進行させねばならず，工期遵守は絶対条件である。生産エリアの工事を進め，事務所エリアの工事を遅らせる等，バランスを取り，生産エリアにおける機器搬入を予定通りに実行させた。予算に関しては，設計が確定しているので，コントラクター側に機会主義的な行動がなければオーナー側のコストリスクは低いと想定された。

●複雑性：アーキテクトがデザインする生産施設ということで，意匠的な工夫，提案などが要求される上に，常駐しない設計監理者，現場に常駐するオーナー，米国人の現地責任者間のコミュニケーションを調整する必要があり，組織的複雑さが存在していた。

●取引頻度：日本におけるX社との長期的営業関係はなく，L設計と実施する初めてのプロジェクトであり，米国での民間工事の一般的入札という市場調達を通じてのコントラクター選定であり，取引コストは大きいと想定された。X社，その代理人であるL設計は，1期工事の実績を通じて，A建設が設計・施工的な観点で提案を行い機会主義に走る会社ではないことを理解して，2期工事，3期工事を発注し，更には，X社米国本社プロジェクトの実施に際しては，A建設に交渉優先権を与えた。オーナー側は，L設計の林氏によるデザイン性に基づく品質を満足する生産施設を建造するためには，A建設にプロジェクトを実行させれば取引コストが低いという判断の下で，設計・施工分離方式を選定し続けた。

(2) Y社Aプロジェクト

Y社Aプロジェクトは，Y社という組織の下に，Y建設，Yエンジニアリング，A建設が，エンジニア，コンストラクションマネジャーとして参画した。

●資産特殊性：Y社Aプロジェクトは，敷地が米国の化学製品大手会社であるM[5]社工場敷地内に予定され，Y社の特殊繊維製造のノウハウの塊である生産設備が中核となる生産プラントの機能性が重要視された。また，当初，建築建屋，建築設備工事を担当するA建設はプラントエンジニアリング部分を除いて設計・施工方式にて対応予定であったが，売上税免除対応という物的資産特殊性のため，コンストラクションマネジメント方式に変更となった。総じて，資産特殊性が高いプロジェクトであった。

---

[4] プロジェクトの各工程を，プロジェクト開始から終了まで「前の工程が終わらないと次の工程が始まらない」という依存関係に従って結んでいったときに，所要時間が最長となるような経路のこと。
[5] 米国のM州に本社をもつ多国籍バイオ化学メーカー。2008年の売上高は110億ドル。

●不確実性：Y社は，日本を代表する繊維・化学製品メーカーであり，特に特殊繊維は主力製品であるために，生産施設に求められる品質，コスト，工期は厳しいものがあった。Y社の特殊繊維生産を実際に行うスタッフが工場建設当初から現地入りし，Y社自らの組織にて生産施設建設を行うという姿勢が明確であった。工場内部に大規模な生産設備が配置され，多くの場所で生産設備と建築および建築設備工事との調整を取らなければならないという，品質管理上の課題，建設上の制約[6]があった。

●複雑性：Y社の主力製品を扱うため，Y社特殊繊維製造グループ本体，Y建設，Yエンジニアリング関連部署から多くの技術者が参画したため，組織的複雑性が高かった。技術的には不確実性にも関与するが，防災上，衛生上の観点で倉庫エリア，執務エリア，生産エリア，ラボエリアが連続して複雑に絡む構成をもつ生産施設であり，複雑性も高かった。

●取引頻度：A建設とY社は日本で長期的な取引関係にはなく，極めて限定的な取引をしているだけであり，取引頻度は少なかった。むしろ，日本側の営業筋は，米国での2つのプロジェクト実績を梃子に，日本での営業を進展させようとしていた。限定合理性，機会主義の観点では，総じて，Y社Aプロジェクトは，Y社，A建設の間で，取引コストが高くなる状況にあった。

(3) Z社Nプロジェクト

Z社Nプロジェクトは，設計・施工方式にて実行され，設計，施工とも，A建設によって行われた。

●資産特殊性：A建設は，当時国内外[7]を問わず，T自動車を始め，T自動車グループ各社の生産施設を多数建設しており，長年の営業的関係と技術的ニーズの把握を基に，A建設，特に名古屋支店（M営業所）とZ社の間には，人的資産特殊性が存在していた。これは，Z社にとっては，A建設が機会主義に走れば，取引コストが高くなる可能性があったということである。

●不確実性：プロジェクトマネジメント・システム上，オーナー，コントラクター間で負担する，品質，コスト，工期に関するリスクを全てコントラクターであるA建設が保有することになった。Z社としては，A建設とT自動車グループとの長年の信頼関係から，設計・施工方式で，しかも特命で発注ということもあり，A建設名古屋支店から受けていたサービスと同等のサービス

---

[6] 同業社間の生産工場外観でどのような生産設備が使用されているかが判断されるため，外観の写真撮影等は厳しく制限された。
[7] T自動車K国工場（1985〜1988年），T自動車E国工場（1989〜1991年）を始め，T自動車グループ各社の生産施設を国内外に建設していた。

が，米国のプロジェクトにおいても実現されるであろうと期待していた。米国においてプロジェクトを実施するのは，A建設の米州支店であり，A建設がZ社に提供できるサービスは，Z社が期待している日本のA建設名古屋支店が提供するサービスとは異なる可能性があった。日本と米国においては，設計方法，サプライチェーンの仕組みが基本的に違うために，同じA建設でも，米州支店と名古屋支店が提供するサービスの内容には相違があった。A建設としては，内部に矛盾を抱えていたのである。

●複雑性：生産施設は，トランスミッションの組み立て工場であり，生産設備との取り合いも中程度で，技術的複雑性は中程度であると想定された。組織的複雑性に関しては，オーナー側は，Z社の横山氏を中心にして施設部が工事期間中のオーナー側の窓口であったが，現地法人側（AWN州社）もプロジェクトの早い段階から現場入りしていた。加えてコントラクターであるA建設側は，名古屋支店と米州支店という二重構造である上に，営業段階と現場段階でプレーヤーが交代した[8]こともあり複雑性は高かった。

●取引頻度：A建設が名古屋支店を通じて，T自動車を始めT自動車グループ各社との関係が長期的にオーナーとコントラクターの関係にあり，特命で設計・施工方式にて発注される等，信頼関係をベースに関係が構築されていた。したがって，取引頻度は高く，取引コストは低いと考えられた。Z社は，日本での長期的取引関係の観点で取引コストは低いと判断して，特命にて設計・施工方式を選定して，A建設に発注を行った。

8.1.3　取引コストに対する信頼が果たす役割に関する発見事実と考察

3つのプロジェクトマネジメント・モデルは，取引コスト理論に基づいて代替的資源配分システムと解釈され，第7章の図7-2に示されるように取引コストと資産特殊性の関係において資産特殊性が高まれば，コンストラクションマネジメント方式が選択されるはずである。ところが，本章8.1.1および8.1.2における発見事実と考察から，オーナーとコントラクター間で生じる取引コストが高いと想定されるZ社Nプロジェクトにおいて，なぜ設計・施工方式が採用されたのかという疑問が生じる。この例に限らず，日本では，建築プロジェクトにおいて設計・施工方式の採用割合が高く，資産特殊性が高いプロジェクトでも設計・施工方式が採用される。しかも，場合によっては特命で発注される場合も存在する。

8　オーナーへの窓口が古山氏から筆者へと交代した。

着目すべきことは，取引コストに対する信頼が果たす役割である。経済学的な観点では，信頼は機会主義を減少させ，取引コストを削減する役割を果たしていると解釈されている[9]。Sako（1991）は，信頼には，能力に対する信頼，約束厳守の信頼，善意に基づく信頼があるとし，信頼が取引コストを削減する役割について説明している。Fukuyama（1995）は，信頼が取引コストを削減させ経済のパフォーマンスに貢献していると主張している。また，Luhmann（1973）は，信頼が不確実性と複雑性を縮小すると説明し，真鍋（2001, p.31）は，信頼が結果を計算・予測する際に計算・予測に関わる諸手順を省き，それらのコストを削減する役割を果たすと説明している。

建築プロジェクトにおいては，Lynch（1996）が示すように，プロジェクト入手段階における取引コスト，契約管理段階における取引コスト，情報伝達に関する取引コスト，利害衝突調整のための取引コストが発生するが，信頼によってこれらの取引コストは削減される。日本の設計・施工方式は，同一組織が設計部門と施工部門を保有することで実行されており，オーナーとコントラクター間に信頼関係が存在しなければ成立しない。設計と施工が同一組織で実行されるため，施工管理と設計監理が，区別されずに機能しないことも想定されるが，オーナーとコントラクターの信頼関係において，コントラクター[10]は，施工管理と設計監理を会社内部の別組織にて適切に機能させている[11]。オーナーとコントラクターの間で信頼が機能することで設計・施工方式が採用されれば，取引コストのみならず，建設コスト（生産コスト）の圧縮や工期短縮等が実現される可能性がある。

理論上，設計・施工方式は，市場的資源配分システムであり，資産特殊性，複雑性，不確実性が低いプロジェクトに適用されると考えられるが，日本では資産特殊性，複雑性，不確実性が高いプロジェクトにも適用され，A建設とT自動車グループの例に見られるように，設計・施工方式で，しかも特命，随意契約の採用割合が多い[12]。その大きな理由は，オーナーとコントラクターの間

---

9 信頼が機会主義を減少させ，取引コストを減少させるという研究は，実証研究を含めて多数行われている。(Jarillo, 1998; Andaleeb, 1992; Ring & Van de Ven, 1992; Dodgson, 1993; Zaheer & Venkatrayaman, 1995; Sako & Helper,1998; Zaheer, et al. 1998; Benett & Peace, 2006)
10 この場合のコントラクターはゼネラルコントラクターである。
11 この件に関しては，筆者の経験を説明するしか証明の手立てはないが，筆者がA建設に入社して以来，施工側と設計側において施工管理と設計監理は区別され，同一組織においても機能していた。また自らも米国の経験であるが，プロジェクトマネジャーとして，施工管理と設計監理を区別して，適切に機能させていた。
12 大手建設会社の特命，随意契約が全体の半数，また設計・施工方式が約半数となっており，詳細なデータは不明であるが，特命の設計・施工方式で発注される例が多い。

第8章 発見事実と考察

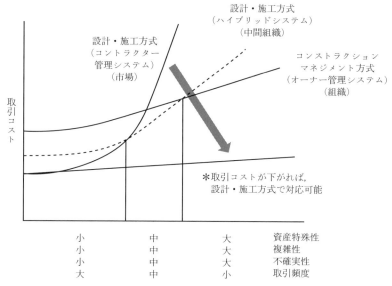

図8-1 設計・施工方式と取引コストの削減の関係

で信頼が果たす役割が機能しているからであると考えられる。図8-1は，その状態を説明したものである。オーナーとコントラクター間で信頼が果たす役割が機能すれば，取引特性にかかわらず，設計・施工方式が取引コストを節約し，あらゆるタイプの建築プロジェクトに適用可能となることが理解できる。

8.1.4 研究課題1に対する答え

ここに研究課題1のリサーチクエスションに対する答えを提示する。

建築プロジェクトのマネジメントシステムは，取引コスト理論を適用してオーナーとコントラクター間で生じる取引コストを節約するガバナンスもつ資源配分システムと仮定すれば，設計と施工を市場取引，組織内取引のいずれかの組み合わせとすることで，設計・施工方式（市場的資源配分システム），設計・施工分離方式（中間組織的資源配分システム），コンストラクションマネジメント方式（組織的資源配分システム）という3つの基本的モデルが存在することが明らかにされる。オーナーは建築プロジェクトに関するコントラクターとの様々なコンテキストにおいて，取引コストを削減すると予想されるプロジェクトマネジメント・システムを採用する。

オーナーとコントラクター間に生じる取引コストは，建築プロジェクトの資

243

産特殊性，複雑性，不確実性，取引頻度等の取引特性によって影響を受けるが，相互の信頼によって節約される。設計・施工方式が，日本で実行される建築プロジェクトの過半数において採用される大きな理由は，オーナーとコントラクター間に信頼を重視した組織間関係が構築されているからである。設計と施工が同一会社によって行われても，コントラクターはオーナーとの信頼に基づいて，施工管理と設計監理を内部的に機能させることで取引コストを削減する。

8.2 研究課題2に対する発見事実と考察

研究課題2　日本の建設会社の創発的ビジネスシステム戦略
　　RQ.2　日本の建設会社は，日米における建築生産制度の違いをどのように乗り越えて，米国でビジネスを展開したのか

8.2.1 プロジェクト進捗に伴う取引コスト節約に関する発見事実と考察

　第2章で記述した3つの建築プロジェクトのマネジメントシステムの事例を，第7章の研究課題2に対する分析視点で示した過程追跡法の概念図に準じて，プロジェクト各段階での出来事分析を行なった。発見事実は次のように要約される。

　日本の建設会社は，歴史的に培われてきたプロジェクトマネジメント・システムである設計・施工方式を通じて，設計と施工を統合し，取引コストを節約するプロジェクトマネジメントを実行する組織能力を有しているが，この能力は限定的ながら，米国においても発揮された。設計・施工分離方式で実施したX社Gプロジェクトは成功に導かれた。コンストラクションマネジメント方式で実施されたY社Aプロジェクトは内部的には成功であったが，事故のためにオーナーであるY社側から高い評価は得られなかった。Z社Nプロジェクトは失敗である。

　それぞれのプロジェクトに関して，過程追跡法に基づいた，取引コスト節約に関する出来事分析の詳細は以下のとおりである。

　(1) X社Gプロジェクト
　　●プロジェクト入手段階：1993年11月～1994年1月
　　A建設は入札に際して，L設計の林氏が企画・基本設計を行ったプランに対

第8章　発見事実と考察

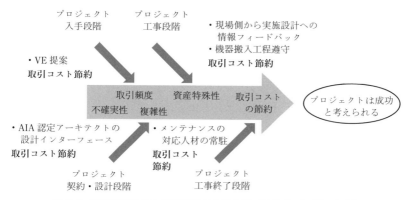

図8-2　過程追跡法による出来事分析概念図（X社Gプロジェクト）

して，入札時にA建設としての対案を提出した。この行動は，A建設のコンストラクションマネジャー達が，長年の設計・施工方式の建築プロジェクトを通じて培われた組織能力であり，その時点ではアーキテクトである林氏から反発を買ったが，L設計の北田氏が説明しているように，オーナーであるX社にとっては，大きなアピールであり，L設計もA建設の能力の高さを認識していた。L設計は意匠設計能力をもっているが，構造，設備設計能力が不足し米国における設計能力も不足していた。そのため，AIA認定のアーキテクトを保有し日本人が中心になって経営が行われていたA建設は，インターフェース的にもプロジェクト全体，全工期を通じて，オーナー側の取引コストを節約すると想定され[13]，A建設に受注が決定した。コントラクター側に優位性の差がない場合には，調査選定に時間がかかり，入札選定時における調整費用（Milgrom & Roberts, 1992）がかさむ場合が存在するが，X社，L設計のオーナーは取引コストを節約できたのである。

●契約・設計段階：1994年2月～1994年7月

北田氏が説明しているように，A建設には笠原氏という英語に堪能であり，しかも米国のアーキテクトの資格をもつ社員がいた。企画・基本設計はL設計という日本の設計事務所，そして，対得意先に対しては，A建設が実施設計という契約の下で，笠原氏はL設計と米国の設計事務所の間のインターフェースを務め，設計作業を円滑に進めさせた。適用法規の差異，防災法規に対する

---

[13] オーナーによる設計監理（契約後に契約通りの施工をするかどうかのモニタリング）の負荷を軽減する。

火災保険の関与，言語の違い，表現の違い等をうまく調整してオーナー側の取引コストを節約したのである。

●工事段階：1994年4月～1995年3月

工事段階においては，互いに始めて仕事をする間柄であり，当初は様々な問題が生じた。だが，様々な課題に関して，A建設から実施設計への設計提案をすることでオーナー，L設計からの信頼を獲得し，関係は改善された。更には，工程の遅れに対する努力により，生産機械設置を当初の予定工期通りに実現させたことも含めて，この段階におけるオーナーの取引コストを節約した。

●工事終了後：1995年3月以降

工事終了後に屋内消火栓周りの陥没，雨漏り等，幾つかの後請け保障の工事が発生したが，常識的な範囲のものであり，オーナー，コントラクター間の訴訟行為等，大きな取引コストを発生させるような事件ではなかった。第1期，2期工事と第3期工事の間には約1年間の間隔があいたが，その間に米国人スタッフを工場内に常駐させて，現場で発生する日常的なメンテナンスに関しても対処していたことが，オーナーへの対応として評価され，些細なクレームが原因になる取引コストを節約していた。

(2) Y社Aプロジェクト

●プロジェクト入手段階：1997年1月～1997年3月

Y社Aプロジェクトにおいては，先立つプロジェクト，Y社Vプロジェクトの成功により，入札以前に交渉優先権が与えられることを知らされていた。つまり，提出する入札価格が最安値のコントラクターより高いとしても，その業者と同等，若しくは，その価格以下でプロジェクトを実行することを確約す

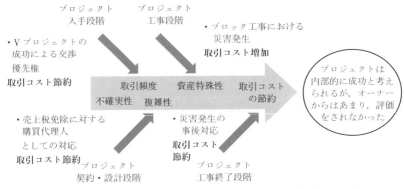

図8-3　過程追跡法による出来事分析概念図（Y社Aプロジェクト）

れば，プロジェクトを受注できる訳である。A建設の入札価格は最安値ではなかったが，内容確認の上，円滑に選定された。Y社Vプロジェクトにおいては，現場を担当するプロジェクトマネジャーとの面接や，入札に参加したコントラクターに対する細かい評価が必須であったが，Y社Aプロジェクトにおいては，コントラクター決定のための探索にかかる取引コストが節約された。

●**契約・設計段階**：1997年4月～1997年8月

Y社Vプロジェクトと同様に売上税免除が適用されるプロジェクトであり，もし適用外となれば，オーナーにとって多大な取引コストが発生する可能性があった。州法上，条件として，A建設はコントラクターではなく，オーナーであるY社の購買代理人となり，資機材のコスト情報を提供して工事のコーディネーターになることが必要であった。筆者は，弁護士と相談の上，"法律上に照らして形態さえ満たされれば問題ない"という意見を取り入れ[14]，開示される工事のコスト情報に対して異を唱えない，追加工事に対しては一律4%の諸経費（Overhead & Profit：O & P[15]）を承認してもらうことを条件として，オーナー組織の購買代理人[16]として機能するコンストラクションマネジメント方式での契約を締結した[17]。複雑な状況を呈していたが，オーナー側の取引コストを大幅に節約した。

●**工事段階**：1997年7月～1998年8月

プロセスプラントと建築工事，建築設備工事との調整等，A建設は，コンストラクションマネジャーとして十分な役割を果たし，オーナーの監視コストである取引コストを節約した。残念ながら，A建設が契約をしたブロック工事業社の労働者に重大事故が発生し，ステークホルダー間で多大な取引コストが発生したが，オーナーに対して一切迷惑がかからないように注力し，状況を乗り切って，本件に関わるオーナーの取引コストを大幅に節約した。

●**工事終了後**：1998年8月以降

工事が終了して1年半後，重大事故に遭った労働者の家族がA建設を相手取って訴訟行為を起こした。Y社との話し合いの結果，A建設の保険にてカバーすることになり，A建設の保険料率は結果として上昇した。Y社とA建設の契約は，A建設が購買代理人として機能することであった。したがって，重大事故等が発生した場合には，オーナーであるY社が責任をもつべきとこ

---

14 法律の専門用語で'legal fiction'と呼ばれる。
15 一般管理費と利益を意味する。米国では慣用的に用いられる。
16 実際はコンストラクションマネジャーとして機能することであった。
17 英語での契約は，'purchasing agent'であり，'contractor'ではなかった。

ろであるが，A建設があらゆる点で対処し，オーナーであるY社に発生したであろう訴訟対策コストである取引コストを大幅に節約したのである。

(3) Z社Nプロジェクト

●プロジェクト入手段階：1998年4月～1999年3月

Z社Nプロジェクトにおいては，A建設が敷地選定から関与しており，Z社が挙げている幾つかの候補地に関して，A建設が，候補地の申請手続き，インフラ状況，関連法規，保険，経済環境等々，情報を収集して報告をしていた。特命発注が示唆されており，随意契約により発注されるであろうとの予想から，あらゆる面での情報提供とサポートを行っていた。Z社は，この段階において，一般の入札に比べて，コントラクター決定のための取引コストを大幅に削減していた。通常，この時点で概算見積金額をコントラクター側からオーナー側に提示するが，この見積もりは，オーナーが想定する取引コストをカバーするものでなくてはならず，オーナー了解の下で，不測の状況に対応するコンティンジェンシーを含むものである[18]。筆者はこの段階に関わっていなかったが，結果として，この概算見積金額で，本プロジェクトのコストを賄うことはできなかった。

●契約・設計段階：1999年4月～1999年9月

特命発注，随意契約ということでZ社からは，特別にアクションを起こすことはなかった。契約のドラフトはコントラクターであるA建設が用意し，内容を説明し，署名をもらった。日本の設計・施工方式でプロジェクトを実行

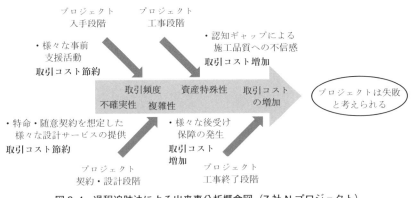

図 8-4 過程追跡法による出来事分析概念図（Z社Nプロジェクト）

---

18 もちろん，訴訟費用などは除外される。

する場合，オーナーは，全てお膳立ての上で用意されるものを承認するだけである。オーナー，コントラクター間で，長期的な相互の信頼関係があるものほど，特命発注で受注するプロジェクト案件においてその傾向が強いように思われる。設計行為に関しても，設計・施工方式の場合，コントラクター側の設計チームが，企画・基本設計段階においてオーナーチームに入り込み，様々なサービスを提供する[19]。一般的にどのような建築プロジェクト案件であっても RFP（request for proposal：提案依頼書）というものがオーナーから提示されるが，その作成をゼネラルコントラクターが行う場合がある。設計承認，契約も同様であり，ゼネラルコントラクターが起草した契約書，設計図書をオーナーが確認捺印するということで終わる場合がある。Z 社のケースも上記ケースと同等のものであったように記憶している。Z 社は，大幅に取引コストを削減しているのである。

●工事段階：1999 年 8 月〜2000 年 9 月

工事段階においては，コントラクターが作成された実施設計図面通りに工事を実行しない可能性があるため，コントラクターを監視しなければならない。設計・施工方式の場合，サブコントラクターの仕事をゼネラルコントラクターが施工管理と設計監理の双方で実施する。Z 社と A 建設名古屋支店（M 営業所）の間には，人的資産特殊性が存在しており，Z 社の施設建設に関するニーズは，日本でプロジェクトを実施する場合に，長年の関係を通じて A 建設名古屋支店（M 営業所）に蓄積されていた。Z 社は米国においても彼らのリクエストがスムーズに実現されることを望んでいた。しかしながら，米国の事情，A 建設内部における組織間の認識の違い等々で様々な認識のずれが生じ，工事段階における施工管理，設計監理の面において，Z 社は，オーナーとして取引コストが削減したとは思っておらず，むしろ，取引コストが発生したと認識していた[20]。

●工事終了後：2000 年 9 月以降

工事が終了した段階においても，施工品質に対するオーナーから向けられた不信感は払拭されずに，様々な後請け補償工事が発生して対応した。Z 社が予定する生産工程に影響を与えることはなかったように思われるが，生産機械が設置されてからの床仕上げ工事や冷却水の水質改善に関わる工事は，オーナー

---

[19] 極端な例としてオーナーが 1 本の線も引かなくてもいいようにするため，オーナー側に専門的な知識をもつプロジェクトマネジャーを必要としない場合もある。
[20] 設計・施工分離方式やコンストラクションマネジメント方式においては，この取引コストをオーナーが負担するが，設計・施工方式においては，ゼネラルコントラクターに負担させるのである。

第2部　理論編

としては，特命・随意契約，設計・施工方式で発注したという観点においては，満足のいくものではなかったように思われる。全て，設計図面通りの工事ではあったが，Z社のニーズに答えたものではなく，長年，A建設がM地区で建設したZ社の施設と同程度の出来栄えではなかったのである。オーナーであるZ社にとっての不満は，彼らにとって取引コストが増大したように感じた可能性はあるが，実際の是正工事コストは，A建設が負担した。

8.2.2　建築プロジェクトの様々なマネジメントシステムに関する発見事実と考察

第2章の3つの建築プロジェクトマネジメント・システムは，それぞれ別個のプロジェクトマネジメント・システムで実施されたように思われるが，実際は3つのプロジェクトマネジメント・システムは互いのプロジェクトマネジメント・システムと関連していた。現実に存在するプロジェクトマネジメント・システムは，プロジェクトマネジメント・モデルのように，明快な境界をもって存在している訳ではない。理論上，設計・施工方式，設計・施工分離方式，コンストラクションマネジメント方式の境界には，図8-5の左図で示されるように明確な境界があるように思われるが，現実の建築プロジェクトには，実に様々なコンテキストをもったプロジェクトが存在している。多数の建築プロジェクトマネジメントを考慮した場合，境界はある程度幅をもった帯域であり，近接すると考えられる。現実には，図8-5の右図で示されるように，近接するプロジェクトネジメント・システム同士において，互いにオーバーラッ

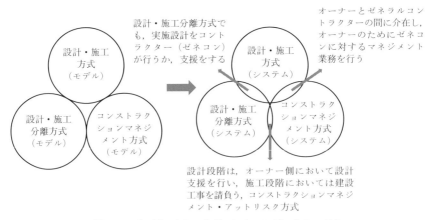

図8-5　プロジェクトマネジメント・モデルとシステム

プした帯域が存在すると解釈される。

　ここで重要なことは，重なり合い，ある程度の帯域をもった境界におけるプロジェクトマネジメント・システムの役割は，隣接するプロジェクトマネジメント・システムに対して，オーナーの取引コストを，より削減しているということである。3つのプロジェクトマネジメントの事例においては，以下のように説明することができる。

(1) X社Gプロジェクト

　設計行為に企画・基本設計，実施設計があり，企画・基本設計は，L設計，実施設計はA建設が担当した。X社Gプロジェクトは設計・施工分離方式で実行されたが，A建設が実施設計を行ったことで，設計と施工の間に境界がある訳ではなく，設計と施工が連続しているのである。実施設計と施工は深い関係がある。X社Gプロジェクトのプロジェクトマネジメント・システムは，設計・施工分離方式と設計・施工方式の中間にあるように解釈される。

(2) Y社Aプロジェクト

　コンストラクションマネジメント方式によってプロジェクトが実行され，A建設の契約範囲である建築建屋および建築設備の設計コスト，工事コストを含め，オーナーであるY社に対してあらゆる情報が開示された。しかしながら，このプロジェクト入手時には，設計・施工方式で実施するという条件であり，工期，コスト，品質に関するリスクをA建設が取るようになっていた。事例で紹介されたように，プロジェクト実行段階においては，Y社にコスト情報を開示するが，紳士協定によって，Y社は，コスト情報に対しては，詳細をチェックすることなく，追加工事に関しては，4％のO&P[21]を一律，必要コストに対して容認する契約を両者の間で締結した。Y社Aプロジェクトは，契約方式においてコストが開示されるコンストラクションマネジメント方式とコストに関しては受注金額がベースとなり，コストの開示は必要としない設計・施工方式とが混在するプロジェクトマネジメント・システムとして実行された。その実行方法は，設計段階はオーナー側の立場で設計行為を行い，建設工事段階は，コントラクターという請負者として機能する，コンストラクションマネジメント方式の一形態であり，コンストラクションマネジメント方式と設計・施工分離方式の中間に存在するコンストラクションマネジメント・アットリスク・システムというプロジェクトマネジメント・システムに酷似していた。

21　本章脚注15参照。日本の商習慣では奇異な感じがするが，米国においては，このような記載を行う。

第 2 部　理論編

(3) Z 社 N プロジェクト

A 建設が設計・施工方式にて，企画，基本，実施設計，建設工事の全てを請負った。A 建設の組織内部では，名古屋支店（M 営業所）と米州支店という大きな 2 つの組織が関与しており，名古屋支店（M 営業所）は，米州支店に対して，オーナーの代理人（エージェント）として機能していた経緯があり，Z 社と A 建設との間で様々な調整役として機能していた。設計・施工方式で発注されるプロジェクトにおいても，プロジェクトが大規模になる場合や，オーナーの拠点から遠く離れた場所で実行される場合に，オーナーとゼネラルコントラクターの間にオーナーの代理人としてのプロジェクトマネジャー[22]が介在する場合がある。Z 社 N プロジェクトにおいては，A 建設という同じ会社ながらも，名古屋支店（M 営業所）がプロジェクトマネジャーの役割で，ゼネラルコントラクターである米州支店をマネージしたと解釈される。

8.2.3　組織能力としての「設計・施工統合能力」の失敗に関する発見事実と考察

Z 社 N プロジェクトの失敗は，設計・施工方式で実施する米国でのプロジェクトは，信頼をベースにオーナーの期待に答えれば答えるほど，米国における取引コストをベースにしたサプライチェーンとの矛盾に遭遇することになり，過剰な組織内取引コストを負担せざるを得なくなって，合理的に失敗する可能性が高まるということを示唆している。

8.2.1，8.2.2 で示されたように，A 建設が米国におけるプロジェクトマネジメントにおいて創発的に実施した戦略というのは，設計・施工方式でプロジェクトを実行するようにオーナーに対応することにより，オーナーの取引コストを節約しようとしたことである。筆者が A 建設勤務中には気が付かなかったことであるが，おそらくそれは，設計と施工が統合して仕事が行われる環境下において，暗黙裡に培われてきた組織能力[23]のようなもので，第 3 章，3.2 で説明されたように，A 建設が木組み技術をベースに大工店から大手建設会社へ環境適合的に発展してきた過程のなかで，「統合もの造りシステム[24]」のように組織のなかに埋めこまれて存続する能力であるように思われる。ここではそ

---

[22]　建築プロジェクトにおいて，このような役割を 'Owner's Representative'，日本語では，通称オーナーズレップと呼んでいる。コンストラクションマネジャーと呼ばれる場合もある。
[23]　組織能力を表す言葉としては，「コア・コンピタンス」（Hamel & Praharad, 1994），「ケイパビリティー」（Stalk, et al., 1992），「リソース」（Barney, 2002）等があり，資源ベース理論（Resource-Based View：RBV）における中核的な考え方である。
[24]　藤本（2003, 2004），藤本他（2015）に詳しい。

の組織能力を「設計・施工統合能力」と呼ぶことにする。

　設計・施工分離方式で実施されたX社Gプロジェクト，コンストラクションマネジメント方式で実施されたY社Aプロジェクトにおいては，A建設が日本で培った「設計・施工統合能力」を組織的に発揮することが，プロジェクトマネジメントにおいて，オーナーの取引コストを節約するように機能した。設計・施工分離方式において，コントラクターのプロジェクトの不確実性（品質，工期，コスト）におけるリスク負担は，施工部のみであるが，コントラクターが設計・施工方式でプロジェクトを実施するように，設計にも対応すれば[25]，オーナーの保有する不確実性は軽減され，取引コストは節約される。コンストラクションマネジメント方式において，コンストラクションマネジャーにプロジェクトの不確実性（品質，工期，コスト）に関するリスク負担はないが，コンストラクションマネジャーが，設計・施工方式でプロジェクトを実施するように，設計と施工段階においても対応すれば[26]，オーナーの保有する不確実性は，同様に軽減され，取引コストは節約される。

　しかしながら，設計・施工方式で請負契約を締結したZ社Nプロジェクトにおいては，自明だが，「設計・施工統合能力」なるものは機能しなかった。オーナーは，米国においても，日本における設計・施工方式と同等な対応を期待していたが，日米における，建築生産制度の違いから，一見同様に思われる設計・施工方式での対応は，日米で差異が生じた。日本においては，設計時点，施工現場でも，対応はA建設の社員によって行われ，日本での長年にわたるサプライチェーン・マネジメントの関係にある協力会社からのサポートが存在する。米国においては，設計・施工方式と言っても，オーナーに対応するのはA建設の社員か米州支店の現地雇用社員であり，プロジェクト実施母体は，A建設の米州支店の下で，プロジェクトごとに入札で選定された設計事務所とサブコントラクターであった。プロジェクトを実行する上で重要な，組織論的な要因，誘因，動機の調整（Simon, 1976）に関する条件が全く違っていたのである。

　日本では，A建設や協力会社とオーナーとの間に，長期的友好関係を継続さ

---

[25] 具体的には，生産に関する情報を設計側にフィードバックすること。設計時点では施工段階で必要な情報を全て把握している訳ではないので，施工段階での情報が入手できれば，不確実性は軽減される。
[26] コンストラクションマネジメント方式におけるコンストラクションマネジャーの役割と設計・施工方式におけるゼネラルコントラクターの役割の決定的な違いは契約にある。コンストラクションマネジャーは委託契約，ゼネラルコントラクターは請負契約であり，具体的にその差はプロジェクトの原価管理に現れる。

第 2 部　理論編

せる誘因があり，動機が高められ，信頼をベースにした組織的調整が機能する（堀，2010，2012）が，米国では，様々なエリアで実施されるプロジェクトごとに入札によって選定される設計事務所やサブコントラクターに，長期的な関係構築の可能性は困難であり，したがって，サプライチェーンにおける誘因，動機，調整に関しては，機会主義をベースにした取引コスト理論の観点で考える必要がある。日本のオーナーに対して，つまり，カスタマーリレーションシップマネジメント（CRM）においては，信頼関係がベースになる取引が継続されるのに対して，サプライチェーン，つまり，米国における建築生産制度に基づく関連会社や設計事務所との関係は，取引コスト理論がベースになる取引が行われるということである。

8.2.4　研究課題 2 に対する答え

ここに研究課題 2 のリサーチクエスションに対する答えを提示する。

日本の建設会社は，歴史的に培われてきたプロジェクトマネジメント・システムである設計・施工方式を通じて，設計と施工を統合し，取引コストを節約するプロジェクトマネジメントを実行する組織能力，「設計・施工統合能力」を有している。この能力は，米国で実施された建築プロジェクトにおいても，日米建築生産制度の違いを超えて限定的ながら発揮され，プロジェクトの成功，失敗を導いた。

建築プロジェクトのマネジメントシステムにおける 3 つの基本的モデル，設計・施工方式，設計・施工分離方式，コンストラクションマネジメント方式の境界は，互いに重なり合う帯域をもっている。そこでは，それぞれのプロジェクトマネジメント・システムにおいて生じる取引コストが節約されるように，現実の状況に対応して様々なプロジェクトマネジメント・システムとして展開される。

筆者が米国において実行した建築プロジェクトの限りにおいて，設計・施工分離方式，コンストラクションマネジメント方式のプロジェクトでその能力は発揮されたが，設計・施工方式で実施したプロジェクトではその能力は発揮されなかった。カスタマーリレーション・マネジメントとサプライチェーン・マネジメントの矛盾が主たる理由である。日本のコントラクターは，取引コスト理論が機能するサプライチェーンによって立つ米国で，長期的信頼関係と取引コスト理論双方が機能するカスタマーリレーションを維持しようとするためにオーナーの声を聴きすぎると，過剰な組織内取引コストが発生し，プロジェクトが合理的に失敗してしまう可能性がある。

8.3 研究課題3に対する発見事実と考察

研究課題3　日本の設計・施工方式と米国のコンストラクションマネジメント・システムの発生と発展

　　RQ.3　日本の建築生産制度を特徴づける設計・施工方式，米国の建築生産制度を特徴づけるコンストラクションマネジメント・システムは，それぞれ，なぜどのように発生し，発展してきたのか？

8.3.1 複数均衡による多様性の解釈

　第7章7.3.2で示した，グライフ（Greif）による制度生成・発展理解のためのフレームワークを分析視点として適用することで，日本と米国の建築生産制度は以下のように解釈される。

（1）日本の建築生産制度

　ルール・予想・規範・組織という制度的要素[27]の観点で，以下のように説明することができる。ルールとはオーナーが期待する建築物の品質・予算・工期[28]を満足するというステークホルダー間の規則である。規範とは，日本において法的契約以上に，共同体における信頼を遵守するという信念および内面化された行動指針である。予想とは，共同体のステークホルダーがオーナーを含めた他のステークホルダーの期待を裏切った場合，コミュニティー間で信用を失いオーナーからプロジェクトが発注されないという制裁の可能性を意味する。組織とは，オーナー，アーキテクト，エンジニア，ゼネラルコントラクター，コントラクター等のステークホルダーで成立つ共同体である。

　設計・施工分離方式と設計・施工方式が並存しているなかで，オーナーとコントラクター間で成立した設計・施工方式によるプロジェクトが成功して，取引コスト節約の観点でオーナーの評価が高ければ，既存の制度的要素に影響を与え，その際に選択された行動が，他のステークホルダーの行動に影響を与え，設計・施工方式の適用を促したと考えられる。これらのステークホルダー

---

[27] Greif（2006, p.38）は，自動車会社の法務部門，州政府・警察・裁判所，ニューヨークのユダヤ商人，クレジット会社の法務部門，白人社会・州・連邦法務局・南部の法的権威等々の組織を中心にして，社会的行動に一定の規則性を与えるシステムを，制度要素であるルール，予想，規範，組織の点で説明している。

[28] 品質・予算・工期に関しては，第5章5.3 "建築プロジェクトの不確実性と品質" を参照のこと。

の期待と行動が相互作用しながら共同体内で自己実現的に伝搬し，設計・施工方式が日本の建築生産制度において代替的なプロジェクトマネジメント・システムとして定着したのである。

　日本の建築生産制度は，主に設計・施工方式と設計・施工分離方式という2つのマネジメントシステムのゲームの均衡（複数均衡）になっていると解釈され，これは本章8.3.2において考察する。上記の制度が形づくられてきたという制度強化に関する理由として，準パラメータとは，信頼をベースとして設計・施工方式によってもたらされる利得であり，この利得故に設計・施工方式が採用され，オーナー，コントラクター間の信頼が長期的に維持され，または増大していくことで，制度強化が生じたと考えられる。

（2）米国の建築生産制度

　ルール・予想・規範・組織という制度的要素の観点で，日本の建築生産制度と同様に以下のように説明することができる。ルールとは，建築物の品質，予算，工期に関するオーナーとステークホルダー間の契約，関連法規と考えられる。規範とは，法令遵守と契約遵守という信念および行動指針である。予想とは，共同体のステークホルダーが関連法規やステークホルダー間の契約を遵守しなかった場合に，コミュニティー間で信用を失いオーナーからプロジェクトが発注されないという制裁の可能性を意味する[29]。組織とは，オーナー，アーキテクト，エンジニア，ゼネラルコントラクター（コンストラクションマネジャー），コントラクター等のステークホルダーで成立つ立つ共同体である。

　建築プロジェクトの実行に設計・施工分離方式が主流であった米国で，コンストラクションマネジメント方式や設計・施工方式が代替案として選択され，プロジェクトが成功して取引コスト節約の点でオーナーの評価が高ければ，既存の制度的要素に影響を与え，その際に選択された行動が，他のステークホルダーの行動に影響を与える。つまり，他のオーナーがコンストラクションマネジメント方式や設計・施工方式を適用してみようということになる。これらのステークホルダーの期待と行動が相互作用しながら共同体内で自己実現的に伝搬し，コンストラクションマネジメント方式や設計・施工方式が設計・施工分離方式と代替的なプロジェクトマネジメント・システムとして米国の建築生産制度に定着したのである。

　米国の建築生産制度は，設計・施工方式，設計・施工分離方式，コンストラ

---

[29] 米国においても，オーナーとの信頼関係は重要であるが，それは，オーナーとの契約を遵守するということで実現される。日本では，契約が曖昧であり，契約解釈で曖昧な部分はオーナーとの信頼の観点で判断することが一般的である。

クションマネジメント方式という3つのマネジメントシステムのゲームの均衡（複数均衡）になっていると考えられる[30]。米国で設計・施工分離方式が主流である制度が形づくられてきたという制度強化に関する理由として，準パラメータとは設計・施工分離方式を採用し，オーナー，コントラクター間の契約遵守によってもたらされる利得であり，利得が長期的に維持されるまたは，増大していくことで，制度強化が生じたと考えられる。

8.3.2 戦略的補完性の解釈

プロジェクトマネジメント・システムの選択は，ゲーム理論における協調的な長期的取引によって実現されるナッシュ均衡と解釈され，建築生産制度において，オーナーとコントラクターは戦略的補完の関係にある。

(1) ナッシュ均衡

設計・施工方式と設計・施工分離方式の選択を，ゲーム理論に基づいて考察する。オーナーは，どちらかのプロジェクトマネジメント・システムを選択して建築プロジェクトを実行しようとするが，十分な組織スタッフを抱えておらず総工期を短縮したい場合には設計・施工方式で実行しようとする。オーナーとコントラクターの利害は必ずしも一致しておらず[31]，コントラクターが協力すれば，オーナーの取引コストが節約されて大きな経済的利益が生み出されるが，コントラクターが機会主義に走れば，適切な施工管理や設計監理を行わず，手抜き工事，設計図書・仕様書に従わない施工，追加工事の過剰請求等の行動を取る可能性がある。

オーナーとコントラクターの関係が1回限りであれば，コントラクターはオーナーと2度と出会うことがないので，オーナーを騙す強い誘因に駆られる。オーナーはコントラクターとの設計・施工方式を諦め，アーキテクト，エンジニアと契約し，より管理が効く設計・施工分離方式を採用しようとする。これは，オーナーとコントラクターの関係が1回限りである場合のナッシュ均衡点であり，上記の理由で，設計・施工方式は選択されない可能性がある。しかしながら，機会主義的行動による短期的利益を得るよりも，長期的に将来失うことになる利益のほうが大きいと判断するならば，コントラクターはオー

---

[30] 第5章 5.6.3 で示されるデータから，米国では設計・施工分離方式，設計・施工方式，コンストラクションマネジメント方式において，それぞれの採用が，約57%，26%，17%という複数均衡の状態にあると解釈できる。

[31] 典型例として，オーナーとコントラクターの取引として取り上げる。実際には，オーナー側に発注者としてのオーナー，アーキテクト，エンジニアが存在し，コントラクター側に受注者としてのゼネラルコントラクターとサブコントラクターが存在する。

ナーに対して機会主義的行動は取らずに，内部的に誠実に施工管理と設計監理を実施し，設計・施工方式を実現しようとする。

現実においては，オーナーとコントラクターが1対1の関係を継続して行くとは限らず，あるオーナーに対する機会主義的行動により見放されたコントラクターでも，他のオーナーから建設工事を受注する可能性がある。実際のビジネス上ではこうしたことが起こり得る。しかし，あるオーナーに対して機会主義的行動を取り不誠実に行動したコントラクターが，他の全てのオーナーから見放され，建設工事を受注できなければ，コントラクターは機会主義的行動を取らずに誠実に行動すると予想される[32]。固定された取引相手との長期的関係と同様に，取引相手が変化するケースに対しても，信頼に基づいて長期的関係を構築しようとすることが予想される[33]。

(2) 戦略的補完性

ここでは上記（1）の議論を基に，日米建築生産制度におけるプロジェクトマネジメント・システムの複数均衡と戦略的補完性に関して説明する。施設建設を発注しようとするオーナーが，コントラクターに対して，設計・施工方式，設計・施工分離方式，コンストラクションマネジメント方式を選択するという意思決定のゲームを想定する。表8-3に示されるように，オーナー，コントラクター，が獲得する利得をそれぞれ，p, q, r とする（$p, q, r > 0$）。オーナーは，原則的に入札によってコントラクターを決定するので，ランダム・マッチングである。オーナーはどのようなコントラクターが応札してくるか原則的には分からない[34]。

オーナーがあるプロジェクトマネジメント・システムを指定すれば，プロジェクト受注のためにコントラクターはそのプロジェクトマネジメント・システムで対応しようとする。2者の意見が一致し，あるシステムが採用され，建築業界の制度として確立されれば，それぞれのプロジェクトマネジメント・システムに対して (p, p)，(q, q)，(r, r) という正の利得を得ることができると想定される[35]。ところが2者が，別々のプロジェクトマネジメント・システム

---

[32] 第6章6.2.2で説明されたように，マグリブ貿易商の間の代理人契約に現れた「多者間の懲罰戦略（Multiple Punishing System：MPS）」と同様である。

[33] 2つのナッシュ均衡の例を説明したが，3つ（設計・施工方式，設計・施工分離方式，コンストラクションマネジメント方式）の均衡の場合でも一般性を損なわずに同様に説明することができる。

[34] 公共工事は，原則的に公開入札であるが，民間工事は逆選択（アドバースセレクション）を避けるため指名入札が多い。実際は資格審査があり，中小の会社が巨大プロジェクトに応札することは難しい。

第8章　発見事実と考察

表8-3　施設建設プロジェクトマネジメント・システム決定ゲーム利得表

オーナー コントラクター	設計・施工方式 （コントラクター 管理システム）	設計・施工分離方式 （ハイブリッド システム）	コンストラクション マネジメント方式 （オーナー管理 システム）
設計・施工方式 （コントラクター 管理システム）	(p, p)	(0.0)	(0.0)
設計・施工分離方式 （ハイブリッド システム）	(0.0)	(q, q)	(0.0)
コンストラクション マネジメント方式 （オーナー管理 システム）	(0.0)	(0.0)	(r, r)

を主張し，相互の合意がなければ，制度として成り立たないので利得はゼロとなる[36]。この場合，オーナーとコントラクター間で，設計・施工方式，設計・施工分離方式，コンストラクションマネジメント方式という3つの選択が，長期的な取引によって実現されるナッシュ均衡と解釈され，オーナーとコントラクターはプロジェクトマネジメント・システムの決定において，戦略的補完の関係にある。

〔日本〕

日本の建築業界においては，長期的なオーナーとコントラクターとの取引によって，プロジェクトマネジメント・システムの採用比率は，業界で分かっており[37]，事前の期待効用を最大にする戦略は採用比率に依存する。第5章5.6.3表5-9から，日本の広域における，設計・施工方式，設計・施工分離方式，コンストラクションマネジメント方式の採用比率は，それぞれおよそ48%，

---

[35] オーナーとコントラクターの利得が違う場合（asymmetric mixed equilibrium game）も存在するが，主旨を分かりやすくするために，オーナーとコントラクターの利得を等しいものと仮定する。
[36] オーナーが設計・施工方式を望むときにコントラクターが設計・施工分離方式を主張してまとまることはあり得ない。日本のゼネラルコントラクターは設計と施工部門を会社内に統合しているので，オーナーはコミュニケーションがしやすい。またオーナーが設計・施工分離方式を望む場合に，設計・施工方式を主張するコントラクターは最終的に設計・施工分離方式で対応することが可能となるので，設計・施工分離方式を主張する場合と変わりはない。
[37] 建設業界が，今回筆者が実施した調査のようなことをすでに実施しているかどうかは分からないが，既知であると仮定する。

51%，1%となっている。オーナーが施設建設の際，それぞれのプロジェクトマネジメントを選んだときの利得の期待値は，0.48p，0.51q，0.01r となる。設計・施工方式と設計・施工分離方式において，期待利得が 0.48p＞0.51q，つまり，p＞1.06q，設計・施工方式の利得が設計・施工分離方式の利得よりも若干大きければ，設計・施工方式が，設計・施工分離方式にとって代わる可能性がある。逆もまた同様である[38]。また，コンストラクションマネジメント方式の利得の期待値が，0.01r＞0.48p，0.01r＞0.51q，書き換えると，r＞48p または，r＞51q となり，オーナー，コントラクターが，コンストラクションマネジメント方式を用いる利得が，設計・施工方式，または，設計・施工分離方式を用いる利得より，十分に大きくなければ，コンストラクションマネジメント方式が複数均衡を超えて普及していくのが難しいことを示している。

〔米国〕

日本の場合と同様に，米国の建築業界でプロジェクトマネジメント・システムの採用比率は分かっており，事前の期待効用を最大にする戦略は採用比率に依存する。第5章5.6.3 表5-9 から，米国の広域における，設計・施工方式，設計・施工分離方式，コンストラクションマネジメント方式の採用比率は，それぞれ 27%，56%，17% となっている。オーナーが施設建設の際，それぞれのプロジェクトマネジメントを選んだときの利得の期待値は，0.27p，0.56q，0.17r となる。米国の場合には，設計・施工分離方式を改善するという観点で設計・施工方式，コンストラクションマネジメント方式が発達してきた。したがって，0.27p＞0.56q（p＞2.07q），つまり，設計・施工方式の期待利得が設計・施工分離方式の期待利得を上回れば，設計・施工方式が設計・施工分離方式にとって代わる可能性がある。また，同様に 0.17r＞0.56q（r＞3.29q），つまり，コンストラクションマネジメント方式の期待利得が設計・施工分離方式の期待利得を上回れば，コンストラクションマネジメント方式が設計・施工分離方式にとって代わる可能性がある。

8.3.3　制度的補完性の解釈

第5章5.7 で説明された建築プロジェクトのマネジメントに影響を与える様々な関連制度は，日米建築制度における代表的なプロジェクトマネジメント・システムと相互補完的関係があり，以下に考察を行う。

---

[38]　P＜1.06q または，q＞0.94q の場合である。

(1) 建築教育制度

日本の建築教育制度において，アーキテクト，エンジニア，コンストラクションマネジャー等の候補は，大学・大学院教育において等しく建築学科という課程で教育され，職能的な教育を受けることなく建設業界に供給されている。これは米国における，将来的な職能を考慮した大学・大学院教育とは異なっている。日本でも若くしてアーキテクトを目指す者は，卒業後，設計事務所に就職していくが，ゼネラルコントラクターに就職する者は，ゼネラルコントラクター内部でアーキテクト，エンジニア，コンストラクションマネジャーというキャリアを自ら構築していくことになり，フレキシビリティーがある[39]。米国では，アーキテクトとエンジニアおよびコンストラクションマネジャーは早い段階で選別され，設計・施工分離方式を補完するようになっている。日本では，ゼネラルコントラクターが人材の受け皿になっており，キャリア育成の点で設計・施工方式を補完している。

(2) 契約制度

契約制度においては，米国で使用される契約書に比較して日本で使用される契約書における内容記載の曖昧さが指摘された。訴訟の解決手順も詳細でなく，協議による解決が主たる方法であり，不完備契約の欠点を契約当事者の信用，信頼が補完するという性格をもつ。確かに日本で使用されている民間連合協定工事請負契約款と米国建築士協会標準契約約款（AIA Standard Agreement）を比較するとその違いは明らかである。米国のビジネスは取引コスト節約原理が機能しており，契約理論の基で建築契約書には細かい規定が網羅されていることは言うまでもない。

筆者は日米の違いが通説として語られている契約社会と信用社会というような理由ではなく，日本では設計・施工方式が採用される割合が多いからではないかと考えている。米国では，前述のように設計・施工分離方式が主体で建築プロジェクトマネジメント・システムが発展してきた。アーキテクトの設計責任が問われないようにするためには，あらゆる点で条件規定をすることが考えられる。ところが，日本のゼネラルコントラクターによって実施される設計・施工方式においては，設計と施工が同一会社によって行われる。設計ミスがあってもその影響は施工部門が担うことになり，設計部門に責任を課したところで会計的な損失は施工部門が負担することになる。設計と施工部門間の責任を明確にするよりも，全体として，設計と施工が互いに協調的に対処していく

---

[39] もちろん，採用時に基本的に職能は分かれるが，就職後に変更することは可能である。

ことが賢明であると考えるのが自然であるように思われる。本来設計と施工に関わる重要な責任区分や規定が自ずと緩くなるのである。したがって，設計・施工方式においては，オーナーとゼネラルコントラクター間で締結される契約書は自ずとゼネラルコントラクターの様々な規定に関して緩いものになり，表現も曖昧になるのは当然であるように思われる。つまり，日本の建築生産制度における契約書のあり方は設計・施工方式を補完していると筆者は考える。

（3）財務・会計制度

財務・会計制度に関して，日本のゼネラルコントラクターによる立て替え払い制度と売上高認識における工事完成基準は日本独自のものである。まず日本では，オーナーからゼネラルコントラクターへの支払いが，米国のように毎月の出来高ベースの支払いではなく，設計終了時，建て方終了時[40]，仕上げ工事終了時，工事完了時のように工事進行の節目となる時期に支払いを受ける。しかしながら，このようにオーナーから工事の節目において代金支払いを受けなければ，協力下請け会社に支払いを行わないということになれば，協力下請け会社が倒産する可能性がある。そのようにならないために，例えオーナーから支払いがなくても協力下請け会社に対して立て替え払いをしなければならないため，日本のゼネラルコントラクターは財務的体力が必要とされる。

これらの慣習は，元請，協力下請け会社間の信用に根差したものであり，木造建築主体の大工の棟梁制度からの伝統であると言われている。これらの制度も日本の設計・施工方式を補完しているものと考えられる。それに対して，米国では，設計・施工分離方式が基本となり，ステークホルダー間で，取引コスト理論に根差したガバナンス機能が明確であり，出来高払いの実施が原則で，オーナーからの支払いがなければ，メカニクス・リーン（mechanic's lien：先取特権）の行使というシステムが構築されている[41]。

8.3.4 建築制度の進化と経路依存性

時代が変化するなかで建築生産制度も進化するが，日米とも，前時代との関わりのなかで経路依存性を有しており，その経路のなかで経営者の役割が機能していることを明らかにする。

---

[40] 鉄骨工事や鉄筋コンクリート躯体工事終了時である。
[41] 第5章 5.7.3に示されるように，米国の出来高払いは，オーナーからコントラクター，コントラクターからサブコントラクターというように連なっている。支払がなければ，メカニクス・リーンの原則で先取特権の権利が発生し差し押さえが発生するというように，契約を介した対等なパートナーとしてステークホルダーが存在している。

第 8 章　発見事実と考察

(1) 日本の建築制度の進化と経路依存性

日本の設計・施工方式の発生と発展過程における歴史的背景，技術的影響，経営者のリーダーシップの役割に関する発見事実は，日本の建築生産制度が進化するなかで，経路依存性を有しているということを示している。

●発見事実１：木組み技術と大工からの発祥

表 8-4 は，日本の建設会社のうち，2014 年度において，1,000 億円以上の売上げ実績をもつ建設会社の発祥を調査したものである。

注目すべきは，日本の建設会社の発祥である。明治の近代化は，前時代の江戸時代からの様々な制度，文化等の影響があるなかで，西洋からの新しい制度や文化を取り入れて融合することで独特の発展が成し遂げられてきた。日本の建築技術も同様であり，江戸時代までに蓄積された木造建築技術は，明治以降にも西洋から取り入れられた近代的建築技術と融合することによって，独特の発展を遂げてきたことは周知の事実である。全体として土木事業を発祥とする会社が多いが，大成建設を除いて，建築業界に影響を与える大手建設会社の発祥は大工である。

日本の木造建築の基本は木組みであり，その技術は古来より日本の大工に

表　8-4　2014 年度売上高 1,000 億円以上の会社の発祥

鹿島	1840 年	大工の町方棟梁がルーツ
清水建設	1804 年	大工職として出発　宮大工
大成建設	1873 年	大倉組商会という機械商社
大林組	1892 年	大工の修業後に土木建築請負業開始
竹中工務店	1610 年	大工職として出発　宮大工
長谷工	1946 年	工務店として発足
戸田建設	1881 年	宮大工修行　大工
西松建設	1874 年	間組の有力下請け
三井住友建設	1887 年	旧三井建設・西本組　鉄道土木　1945 年三井不動産による買収　その後独立
	1876 年	旧住友建設　住友別子銅山土建部門　土木方増設
前田建設工業	1919 年	前田又兵衛が開業　飛島組下請け会社
五洋建設	1896 年	水野甚次郎が開業　水野組　港湾土木
東急建設	1945 年	東京建設工業として発足
熊谷組	1938 年	飛島組から独立
奥村組	1907 年	土木建築請負業として発足
安藤・間建設	1873 年	安藤組　土木建築請負
	1889 年	間猛馬が開業　土木
浅沼組	1892 年	建設業開業　土木　普請方
東亜建設工業	1908 年	港湾土木
鉄建建設	1944 年	鉄道工事会社
東洋建設	1929 年	港湾土木
飛島建設	1883 年	飛島文吉が開業　土木請負業
ピーエス三菱	1952 年	プレストレストコンクリート会社として設立
大豊建設	1949 年	土木会社
太平工業	1946 年	新日鉄グループのエンジ・建設部門子会社

■：大工発祥
■：土木発祥
■：その他

263

よって受け継がれてきたものである。木組みは，木造建築の骨組みづくりにおいて釘や金物などに頼らず，木自体に切り込み等を施しはめ合わせるという，木を構造体とする技術である。前もって木の組み方を図面にて検討しておく必要があり，多少の誤差があっても，釘や金物で接続してしまう工法とは違い，図面精度と組み立て精度が一体となり機能が発揮される。木造構造物の組み立ては，図面作成時に意識され，木組みの図面作成と木組み生産は統合される必要があったと考えられる。棟梁制という大工が中心となる組織制度のなかで，木組み技術を基本にした木造技術は江戸時代から明治時代に受け継がれて行った[42]。この木組み技術を代々受け継いだ大工の組織が，日本の建築プロジェクトの代表的なマネジメントシステムである設計・施工方式の生成と発展に大きく関係しているということが，進化と経路依存性の観点から導き出される。

●発見事実２：オーナー自身の組織による建築プロジェクトの実行

近代日本の勃興期において，三菱を始めとする企業は，自らの事業に必要な施設の建設を自らの組織，いわゆる，直営[43]で行っていた事実がある。大規模な建設事業と言えば，当時においては官業を考えるのが一般であるが，国家財政が逼迫し，技術，人材その他，近代化に貢献する資源が押しなべて希少であった時代に，建設業者ではない一民間企業が，自力でまずはインフラの建設から始めて新事業を立ち上げて行った。その実態が三菱の建築所に示されている（前田，2011，p.79）。三菱は様々な工事業者を直接使用して，自らの組織によって施設を建造していたのである。コンストラクションマネジメント方式は，1990年代に米国からもたらされたとする説が通説であるが，実は直営としてのコンストラクションマネジメント方式は，明治時代の初期に日本にも存在していたのである。

前田（2011, p.80）によれば，明治期において，近代技術を必要とする建設工事のやり方において，オーナーは土木／建築技術者と，そして別個に建設請負業者と契約を交わすのが一般的であり，請負の方法は，単なる労務提供工事から工事の一部または全体まで様々であった。方向性として，施主の直営から請負へ，つまり，施主とあらゆる専門業者との個別契約から，次第に複数の，更には全体の調整を含めて請負を行う業者との一括契約へと移行する傾向が見られたと説明している。明治初期には，木造建築に対して，コントラクターによる設計・施工方式，洋風建築に対してはオーナーによるコンストラクション

---

[42] この木組み技術に関しては，建築生産の国家的資格制度として，「2級建築士」制度が確立されていることである。

[43] ここで直営は，発展的な解釈としてコンストラクションマネジメント方式と解釈される。

マネジメント方式が混在していたのである。その後，近代建築において鉄骨，鉄筋，コンクリート，レンガ等々，新しい建築材料が海外からもたらされてきた。それらは，木材を基本とする木組み技術のような，事前の図面検討精度は必要とせず，事前制約を受けない，現場における自由度が高い材料であり，分業化しやすい建築材料である。また，工部大学校を始めとして教育制度が整備され始め，欧米と同じようにアーキテクト（建築士）が生み出されるようになり，設計・施工分離方式が発展してくるようになったと考えられる。

明治時代においては，プロジェクトマネジメント・システムの3つのモデル設計・施工方式，設計・施工分離方式，コンストラクションマネジメント方式が存在しており，設計と建設が統合されている木組み技術を基本にした大工による木造建築，欧米より導入された新しい建築材料と新しい教育制度によって生み出されてきたアーキテクトによって代表される近代建築が混在して，どのような方向にでも発展しうる素地があったと考えることができる。

●発見事実3：設計・施工方式を推進した経営者の存在

木造建築や近代建築の技術が大きく関係しているという技術決定論的（Woodward, 1965）な理由とプロジェクトマネジメント・システムはどの方向にでも発展しうる可能性があったなかで，決定的な役割を果たした2人の経営者の存在がある。1人は設計・施工方式発展の礎を築いた，清水組の原林之助であり，もう1人は，戦後建設業が大きく発展するなかで，日本建築士会との設計・施工分離一貫論争において設計・施工方式の存在意義と優位性を主張した，鹿島建設の鹿島守之助である。

明治25年に原林之助は，造家学会において講演をし[44]，設計・施工方式の優位性を強調したが，その背景を調査すると浮き彫りになるのは，「内地雑居問題」である。それは，明治時代に条約改正交渉に関連して起こった外国人の営業・居住・旅行の自由，土地所有権の承認等の政治問題であり，換言すれば，外国建設業者参入問題であった。原林之助は講演の最後に，"不平等条約の下で外国の建設業者の国内参入を巡って今後，一式請負を推進していくか，あるいは，分業請負を推進していくか，いずれか建築事業の大計を定め，他日十分に資本に富み金融が低利の外国業者と競争して打ち勝つ勇気がなければなるまい"と結んだ（菊岡，2012）。外国企業の日本市場参入の問題は，近代建設業の黎明期にもあり，欧米における近代建築技術と設計・施工分離方式をもって日本市場に参入する外国建設業者に対してどのように対抗していくべき

---

[44] 「一式請負と分業請負」というテーマ。

かを，当時の建設業界の関係者に問いただしたということができる。

　明治 20 年から 30 年という時代は個人経営の時代であり，木造建築の大工の棟梁制が近代建築技術を習得していくなかで，近代的な建設業経営を確立していく最中であった。原は，日本における現在の建設業界を支えているサプライチェーンの源流となる協力業者の組織化を始めとして，設計・施工方式を実現するにあたり必要な建設業の経営の礎となる様々な内部プロセス規定を始めとして，広報に至るまで，当時の最先端を切り開き，様々に存在していたプロジェクトマネジメント・システムのなかでも設計・施工方式を日本に根付かせたのである。企業内部に，独立した組織能力の高い設計事務所と同等の設計集団を抱える建設会社の例[45]は，海外にはない。日本の建設業界において，多くの建設会社に支持され，今日も採用され続けている設計・施工方式は，明治時代の強力な経営者によって意図的に推進されたのである。

　設計・施工方式は，戦後，再度設計・施工分離方式を主張する団体である日本建築士協会との議論に直面することになった。契機は，設計作業終了後の施工に対する設計者による設計監理業務への関与方法に関することであったが，日本建築士協会が長年にわたって主張している設計・施工分離方式の立法化の動きであると解釈され，当時の建設業界に大きな波紋を投じた。このときは，戦前の建築業界のメインプレーヤーである清水組ではなく，戦後の建設業界のリーダーであった鹿島建設の出番であった。1968 年当時，法学博士で参議院議員，会長職にあった大立者である鹿島守之助が，東京オリンピックを前後にして，第二次世界大戦後，急激に拡大してきた建設業をバックにして，設計・施工方式擁護論を展開した。当時初の超高層ビル（浜松町国際ビル）工事を手掛け，その後に展開される超高層ビル建築工事を，設計と施工を統合的に進めることで合理化を推進し，同様に開始された海外の建築プロジェクトのマネジメントに対して，日本独自のプロジェクトマネジメント・システムである設計・施工方式で対応していくために，建設業界の雄である鹿島建設の経営トップからメッセージが放たれたことは，非常に重要なことであったと考えられる。

　これ以降，設計・施工方式が，建築生産制度におけるプロジェクトのマネジメントシステムにおける議論の中心になることは暫くなかったが，1980 年代後半から 1990 年代にかけて発生した，日米建設摩擦を起点としたコンストラ

---

[45] 日建設計は，2015 年 3 月現在，社員数 1,406 人，日本設計は社員数 874 人，清水建設の設計部門の人数は 2016 年 1 月現在で 1,000 人弱である。

クションマネジメント方式導入の議論を経て，2016 年に東京オリンピックメインスタディアム建設問題が発生して，設計・施工方式は新たな論議を提起する契機となっている。

（2）米国の建築生産制度の進化と経路依存性

米国においては，鉄骨，鉄筋コンクリート等に代表される資材と建築技術および科学的管理法（テーラー，1957）に代表されるマネジメント手法，および契約概念等に影響を受けて設計・施工分離方式が基本となるプロジェクトマネジメント・システムが発達してきた。プロジェクトが巨大化，複雑化するなかで設計・施工分離方式に内在する管理限界によって生じる取引コストの増加を改善しようとして，2つのプロジェクトマネジメント・システム，コンストラクションマネジメント・システムとデザインビルド・システムが発生してきたという経路依存性を有している。

● 発見事実 1：複雑化するプロジェクトに対応したアーキテクトとコントラクターの存在

米国において，ターナー建設（Turner Construction Company）がニューヨークにて会社を設立した 1902 年当時，鉄筋とコンクリート技術はすでに存在して技術的に普及していた。設計はアーキテクト，施工は鉄道建設とともに急成長を遂げ都市建設へと進出してきたコントラクターが行い（Chandler, 1977），設計と施工を分離するということが基本的な前提にあり，設計・施工分離方式が，プロジェクトマネジメントの制度として確立されていた。一連のプロジェクトマネジメントは，企画・基本・実施設計に関わる行為，そしてコントラクター選定に関与する入札，契約行為を含めて，オーナー側の組織下にあるアーキテクト，エンジニアを中心に実施され，選定されたコントラクターが建設工事を進めるというプロセスであった。

プロジェクトが中小規模であれば，オーナー側の組織体もさほど複雑ではなく，建築プロセスも，企画・基本・実施設計等の設計期間は長期化せず，建設工期や予算に影響を与える可能性はさほど大きくない。しかしながら，建築プロジェクトが巨大化し複雑になると，オーナー組織は，単純な組織構造ではなく幾つかの階層性をもち，あるいは，複数の組織集合体となり，そのために意思決定プロセスが不明な組織になることがあったと推定される。また，企画・基本・実施設計と進行する設計行為に時間を必要とする上に，大規模建築プロジェクトでは巨額な予算が必要となるために，設計内容に関して，段階的に設計内容に関するオーナーの意思決定を必要とした。

上記一連の調整は，オーナー側の組織の代理人である，アーキテクト，エン

ジニアが中心になって行われるが，建築プロジェクトの規模が大きいほど設計が終了するまでに時間がかかり，またプロジェクト予算の把握もそれに伴い時間がかかることになる。設計が終了し，コントラクターが決定した時点で，当初の予算をはるかにオーバーする建設コストが算定されるという場合が多数発生し，また，設計と施工の縦割りでは，経時的に建造物の細部の調整が困難になっていくという管理限界が生じた。コントラクターからすれば，施工の観点での設計図書が全てであり，図面作製の遅れや図面精度の悪さによって生じる，工事遅延，追加変更工事が米国においては格好のクレーム対象になることは，取引コスト理論の観点から容易に推測できる。

長期的な設計作業下において，設計が完了した部位から施工が可能であれば，総建設工期を短縮できる可能性がある。また，設計段階においても，オーナー側の組織の下で，施工段階の情報がフィードバックされ，建設コストの把握や実施設計における詳細設計の調整がアーキテクト，エンジニア，コントラクターの間で実行できれば，建設工事費の削減や将来的なクレーム発生の防止にもつながる。これらの調整作業のニーズを背景にして発展してきたのがコンストラクションマネジメント方式であり，アーキテクト，エンジニアとコントラクター間でインターフェースとして調整役を務めるのがコンストラクションマネジャーである。

アーキテクトは，オーナーと委託契約の下で，意匠設計を含めたプロジェクトマネジメントサービスを提供し，ゼネラルコントラクターはオーナーと請負契約の下で建設工事を実行する。ヒーリー（George T. Heery）は，ゼネラルコントラクターの役割を，多数のトレードコントラクターとベンダーをマネージする専門職能サービスと捉え，それらに対してサービスフィーを対価として払うという委託契約を適用し，それらの専門職能サービスをオーナー側に引き寄せたのである。そうすることによって，オーナー組織が，設計と施工をプロジェクト初期の段階から統合的に管理することによって，プロジェクトリスクに対応し，取引コストを節約できるようにした。後に，オーナーへのサービス提供は，より上流に向かい，プログラムマネジメントやディベロップメントマネジメントが生み出されることになった。

ターナー建設は，ゼネラルコントラクターとして，請負契約によって建設リスクを引き受けてプロジェクトを実行する会社であった。しかしながら，プロジェクトの巨大化・設計作業の複雑化，設計・施工の工期の長期化が発生するに従って，設計・施工分離方式で対応していくことが困難になってくる状況が生じて来た。設計作業に長期間かかろうと設計が終了するまで施工者は待つし

かなく，そのような状況に対応するために，ヒーリーとは反対の立場で，ターナー建設にオーナーと委託契約を締結し，設計段階から建築プロジェクトに関与するという誘因が生じた。施工段階の情報をアーキテクト，エンジニアに対して設計段階にフィードバックさせ，且つ工事段階においては，直接工事を担当するコントラクターや資機材を提供するベンダーに対して施工管理サービスを提供するコンストラクションマネジャーとして機能するように動機づけられたのである。

ターナー建設は前述のように，そもそも請負契約を行うゼネラルコントラクターであり，コンストラクションマネジャーとしての経験を蓄積するなかで，ゼネラルコントラクターとしての性格を色濃く出す新たな建設マネジメントサービスを提供しようとした。それが，設計が終了し，工事範囲や設計内容が確定した時点でプロジェクトコストの最高限度額や工期に対してリスクを取って建設工事を進める，コンストラクションマネジメント・アットリスク・システムである。ターナー建設は，そのプロジェクトマネジメント・システムを会社が実行する主たるプロジェクトマネジメント・システムとするようになった[46]。

近年，米国におけるコンストラクションマネジメント・システムのなかでも多用されているのが，図8-6に示されるコンストラクションマネジメント・アットリスク・システムである[47]。

これは，コンストラクションマネジメント総合請負型または設計・施工型の契約条項に，最高限度額を保証する条項（Guaranteed Maximum Price：GMP）や工期を保証する条項を契約に含めたり，あるいは工事完成保証を差し入れたりする場合がある。工事金額等についてコンストラクションマネジャーがリスクを取ることになり，コンストラクションマネジメント・アットリスク・システムと呼ばれる。コンストラクションマネジャーが契約先の選定を行うなど，総合工事業者に近いような形態をとるが，このような場合でも専門工事業者との契約がガラス張りにされることは変わらない。

巨大化，複雑化する米国の建築プロジェクトのマネジメントシステムにおいて主流であった設計・施工分離方式に対して，ヒーリーはアーキテクトの立場から，ターナー建設は，コントラクターの立場からオーナーの取引コストを節

---

[46] ENR誌の統計によればターナー建設のコンストラクションマネジメント・アットリスク・システムによる実績は2014年度で全プロジェクトの90%を占める。
[47] 米国の建設業界における専門雑誌 ENR は，売上高上位100社における，コンストラクションマネジメント・アットリスク・システムにおける売上高を明記している。

第 2 部　理論編

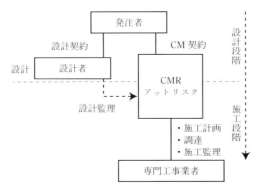

筆者注：CM＝コンストラクションマネジメント，CMR＝コンストラクションマネジャー。
図 8-6　アットリスク型コンストラクションマネジメント
出所：国土交通省 CM 方式活用協議会（2008）『米国における CM 方式活用状況調査報告書』p.10 を基に筆者作成。

約する革新的な建設プロジェクトマネジメント・システムを提起したのである。

●発見事実２：デザインビルド・システムの発生

　コンクリートが打設されたら，鉄筋が技術基準に従って施工されたかどうかを確認することは，かつて不可能であった[48]。したがって，人間の限定合理性，機会主義の観点においては，設計と施工が同一組織で行われるということは，米国の建築制度上，絶対にあり得ないことであった。しかしながら，現実の設計プロセスにおいては，一連の流れに思われる設計プロセスにおいて企画・基本・実施詳細設計という段階が存在し，建設プロセスにも土工事，躯体工事，仕上げ工事と段階が存在する。これらの進行プロセスが調整できれば，設計作業と建設作業がある時点で同時に進行することが可能で，工程短縮や建設段階における現物把握が可能となり，コストダウンを実現できる可能性があり，ゼネラルコントラクターにとって大きな誘因となる。

　ゼネラルコントラクターがアーキテクトによる設計行為を統合しコントラクター側で設計と施工を一貫してマネージすることによって，工期短縮とコストダウンを図ることができる可能性は，設計行為の統合と調整に対する動機を生じさせた。オーナーも，ステークホルダー間の契約調整が実現されれば，コ

---

[48]　現在は，コンクリート構造物中の鉄筋位置やかぶり厚などを，電磁誘導法や電磁波レーダ法で可能である。

ミュニケーションにおける窓口の一本化が実現されるので，設計と施工の統合による一貫したマネジメントに対して動機づけられる。このような背景の下で生まれてきたのが，設計を実施する設計事務所と施工を実施する建設会社が契約によって一体化された組織になり，プロジェクトマネジメントを実施する米国の設計・施工方式であるデザインビルド・システム（Design-Build System）というプロジェクトマネジメント・システムである。

　米国には，米国デザインビルド協会（Design-Build Institute of America：DBIA）が1993年に設立され，プロジェクトマネジメントに対するデザインビルド・システムの普及促進が図られている。DBIAの解釈では，デザインビルド・システムはアテネのパルテノン神殿の築造に適用され，設計と施工の単一責任（single responsibility）がハンムラビ法典に成文化されている等の説明をしているが，定かではない[49]。またDBIAによれば，デザインビルド・システムは，米国で1998年時点において個人住宅以外で約20％の採用に過ぎなかったが，第5章5.6で説明されているように，2013年度においては39％の普及を見せていると報告している。しかしながら，米国コンストラクションマネジメント協会（Construction Management Association of America：CMAA）は2012年度において，デザインビルド・システムの普及は15％程度としており，それぞれ主張するプロジェクトマネジメント・システムの採用が他のマネジメントシステムより多いと主張している。

　このデザインビルド・システムは，米国の主流である設計・施工分離方式（デザインビッドビルド・システム：Design-Bid-Build System）と融合するようなブリッジング・システム（Bridging System）というプロジェクトマネジメント・システムで発展しようとしている。米国連邦政府一般調達局（General Service Administration：GSA）が採用し始めた建築施設の発注方式において，2000年前後から建築工事発注の主力となってきていると言われている（平野，2014）。1990年代にGSAが連邦建築施設に対してデザインの質を求めて設計・施工分離方式によって独立の設計専門家に設計を委ねた。その結果として，請負者のクレーム等の増加により工事費の膨張が著しかった。一方で，デザインビルド・システムでは設計の質が期待できず，その両者の改善案としてブリッジング・システムが発生した。図8-7に示すとおり，システムはシンプルである。第1段階で，アーキテクトはブリッジングアーキテク

---

[49] DBIAのホームページに紹介記事として記載されている。建築物としては，他に，12世紀にパリ郊外に築造された，Gothic Royal Abbey Church of Saint Denisや15世紀に築造されたDome of the Florence Cathedralが挙げられている。

第 2 部　理論編

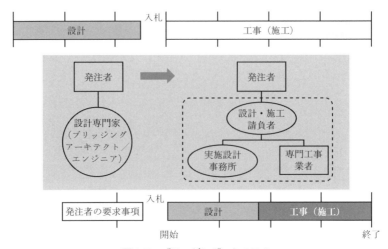

図 8-7　ブリッジング・システム
出所：平野（2014）を筆者邦訳。

トとしてオーナーと契約し，企画設計を実施し[50]，第 2 段階ではデザイン・ビルダーと契約して，基本・実施設計，詳細設計，施工を担当する。オーナーのために基本設計を実行したアーキテクトがデザイン・ビルダーとともに実施設計・詳細設計を担当するので，設計行為の連続性が確保されることになる。

8.3.5　研究課題 3 に対する答え

ここに研究課題 3 のリサーチクエスションに対する答えを提示する。

日米建築生産制度における 3 つのプロジェクトマネジメント・システムである，設計・施工方式，設計・施工分離方式，コンストラクションマネジメント方式は，並存しており複数均衡となっている。日本では設計・施工方式の割合が大きく，米国では設計・施工分離方式を中心としてより多様性をもっている。オーナーとコントラクターはプロジェクトマネジメント・システムの選択と決定において，戦略的補完の関係にあり，複数均衡の状態はゲーム理論の長期的取引によって実現されるナッシュ均衡と解釈される。建築関係の教育・資格制度，法規・契約制度，財務・会計制度等は，日米それぞれの建築生産制度と相互補完的関係にあり，制度的補完性を示している。

日本における設計・施工方式の発生と発展には，木組み技術と大工の棟梁制

50　提案依頼書（request for proposal：RFP）を作成する。

度が関係している。木組みは，木造建築の骨組みづくりに釘や金物などを使用せず，木自体に切り込み等を施しはめ合わせる技術であり，その図面制度と組み立て制度の向上のために，図面作成と木組み生産は統合される必要があった。木組み技術は木造技術として発展し，棟梁制という木造大工が中心となる組織制度の下で，江戸時代から明治時代に受け継がれて行った。明治の初めに，欧米から近代的な建築技術が導入され，それ等とともにもたらされた設計・施工分離方式やコンストラクションマネジメント方式が普及する可能性があったが，明治期に清水組の原林之助，戦後高度経済成長期に鹿島建設の鹿島守之助等の経営者が，国際的な建設プロジェクト対応という戦略的見地から設計・施工方式の推進をリードし，今日に至っている。清水組（現清水建設）も鹿島建設（現鹿島）も棟梁制から成長して行った建設会社である。

　一方，米国のコンストラクションマネジメント・システムは，1970年代に大規模化，複雑化する建築プロジェクトに対して，マネジメント上の管理限界故に設計・施工分離方式（デザインビッドビルド・システム）では対応できなくなり，増大する品質・コスト・工期のリスクに対して，オーナー，アーキテクト，エンジニア，コンストラクションマネジャーがオーナー組織として設計と施工をプロジェクト初期の段階から統合的に管理することによって対応し，ステークホルダー間で生じる取引コストを節約するために発生して来た。ヒーリーは，ゼネラルコントラクターの役割を，多数のサブコントラクターとベンダーをマネージする専門職能サービスと捉え，オーナーがそれらに対してサービスフィーを対価として払うという委託契約を適用し，それらの専門職能サービスをオーナー側が行うことによって，アーキテクト側からコンストラクションマネジメント・システムを推進してきた。またターナー建設は施工段階の情報をアーキテクト，エンジニアに対して設計段階にフィードバックさせ，且つ工事段階においては，直接工事を担当するコントラクターや資機材を提供するベンダーに対して施工管理サービスを提供するコンストラクションマネジャーとして機能することで，コントラクター側からコンストラクションマネジメント・システムを推進して来た。

　日米の建築生産制度は，それぞれのルール，規範，予想，組織を要素にもつ制度が，自己実現的に，内生的に制度強化してきたものとして説明され，比較制度分析に基づく視点，多様性，戦略的補完性，制度的補完性，経路依存性という複合的な観点で独自性をもっている。

第9章

結論

9.1 本書の要約

　本書の目的は，企業が国境を越えてビジネスを展開するときに，直面する業界制度の壁を乗り越えることができるのかどうかを明らかにすることである。乗り越えることができるのであれば，どのように乗り越えるのか，乗り越えることができないのであれば，なぜ乗り越えることができないのか，日米の建築生産制度を研究対象として解明を試みた。
　第1章では研究の概要を示すなかで，下記のように基本的リサーチクエスチョン，それに準じる3つのリサーチクエスチョン（RQ），対応する3つの研究課題を設定した。

〔基本的リサーチクエスチョン〕
　1990年を境にして発生した日米建設摩擦を契機として，日本市場が開放され，米国生まれの新しいプロジェクトマネジメント・システムであるコンストラクションマネジメント方式が，日本にも導入され，発展，普及が期待された。しかしながら，四半世紀経過した現在でも，その採用割合は，1％程度であり，日本で普及しているとは言えない。日本側の様々な制度的配慮にもかかわらず普及しないのはなぜなのか？

研究課題1　プロジェクトマネジメント・モデルと多様なプロジェクトマネジメント・システムの存在
　RQ.1　建築プロジェクトのマネジメントシステムには，なぜ3つの基本的モデルが存在するのか？　それらは，実際の建築プロジェクトにおいてどのように機能しているのか？

研究課題2　日本の建設会社の創発的ビジネスシステム戦略

第2部　理論編

RQ.2　日本の建設会社は，日米における建築生産制度の違いをどのように乗り越えて，米国でビジネスを展開したのか？

研究課題3　日本の設計・施工方式と米国におけるコンストラクションマネジメント・システムの発生と発展

RQ.3　日本の建築生産制度を特徴づける設計・施工方式，米国の建築生産制度を特徴づけるコンストラクションマネジメント・システムは，それぞれ，なぜ，どのように発生し，発展してきたのか？

　第2章から第4章までは事例編である。第2章では，筆者が実際に米国で実施した3つの建築プロジェクトのマネジメント事例に対して，オートエスノグラフィー法を用いて，オーナー，コントラクター間の取引関係で発生した出来事を過程追跡法によって記述した。第3章と第4章においては，日米建築業の生産制度を代表するプロジェクトマネジメント・システムの発生と発展の事例に関して，それぞれ，社史やパーソナルヒストリーの文献をベースに事実関係をまとめ記述した。加えて，筆者が米国で実施した3つの建築プロジェクトで関わった方々とのインタビューを，オーラルヒストリー法を用いて，それぞれ，プロジェクトおよびテーマごとに記述した。

　第5章から第8章までは理論編である。第5章においては，日米建築業の生産制度に関して，建築プロジェクトのマネジメントシステムを中心に必要な情報と理論的解釈を提示した。第6章においては，2つの経営理論，取引コスト理論，比較制度分析（比較歴史制度分析を含む）に関して，先行研究，関連文献をレビューし，その上で第7章では記述した事例に対して3つの研究課題を解明するための分析視点を構築した。第8章においては，その分析視点に基づいて，第2〜4章の事例がどのように分析され，どのような発見事実が確認されるのか，研究課題ごとに考察を行い，3つの課題を以下の様に解明した。

●課題1に対する答え

　建築プロジェクトのマネジメントシステムは，取引コスト理論を適用してオーナーとコントラクター間で生じる取引コストを節約するガバナンスをもつ資源配分システムと仮定すれば，設計と施工を市場取引，組織内取引のいずれかの組み合わせとすることで，設計・施工方式（市場的資源配分システム），設計・施工分離方式（中間組織的資源配分システム），コンストラクションマネジメント方式（組織的資源配分システム）という3つの基本的モデルが存在することが明らかにされる。オーナーは建築プロジェクトに関するコントラクターとの様々なコンテキストにおいて，取引コストを削減すると予想されるプ

ロジェクトマネジメント・システムを採用する。

オーナーとコントラクター間に生じる取引コストは，建築プロジェクトの資産特殊性，複雑性，不確実性，取引頻度等の取引特性によって影響を受けるが，相互の信頼によって節約される。設計・施工方式が，日本で実行される建築プロジェクトの過半数において採用される大きな理由は，オーナーとコントラクター間に信頼を重視した組織間関係が構築されているからである。設計と施工が同一会社によって行われても，コントラクターはオーナーとの信頼に基づいて，施工管理と設計監理を内部的に機能させることで取引コストを削減する。

●課題2に対する答え

日本の建設会社は，歴史的に培われてきたプロジェクトマネジメント・システムである設計・施工方式を通じて，設計と施工を統合し，取引コストを節約するプロジェクトマネジメントを実行する組織能力，「設計・施工統合能力」を有している。この能力は，米国で実施された建築プロジェクトにおいても，日米建築生産制度の違いを超えて限定的ながら発揮され，プロジェクトの成功，失敗を導いた。

建築プロジェクトのマネジメントシステムにおける3つの基本的モデル，設計・施工方式，設計・施工分離方式，コンストラクションマネジメント方式の境界は，互いに重なり合う帯域をもっている。そこでは，それぞれのプロジェクトマネジメント・システムにおいて生じる取引コストが節約されるように，現実の状況に対応して様々なプロジェクトマネジメント・システムとして展開される。

筆者が米国において実行した建築プロジェクトの限りにおいて，設計・施工分離方式，コンストラクションマネジメント方式のプロジェクトでその能力は発揮されたが，設計・施工方式で実施したプロジェクトではその能力は発揮されなかった。カスタマーリレーション・マネジメントとサプライチェーン・マネジメントの矛盾が主たる理由である。日本のコントラクターは，取引コスト理論が機能するサプライチェーンに依って立つ米国で，長期的信頼関係と取引コスト理論双方が機能するカスタマーリレーションを維持しようとするためにオーナーの声を聴きすぎると，過剰な組織内取引コストが発生し，プロジェクトが合理的に失敗してしまう可能性がある。

●課題3に対する答え

日米建築生産制度における3つのプロジェクトマネジメント・システムである，設計・施工方式，設計・施工分離方式，コンストラクションマネジメン

ト方式は，並存しており複数均衡となっている。日本では設計・施工方式の割合が大きく，米国では設計・施工分離方式を中心としてより多様性をもっている。オーナーとコントラクターはプロジェクトマネジメント・システムの選択と決定において，戦略的補完の関係にあり，複数均衡の状態はゲーム理論の長期的取引によって実現されるナッシュ均衡と解釈される。建築関係の教育・資格制度，法規・契約制度，財務・会計制度等は，日米それぞれの建築生産制度と相互補完的関係にあり，制度的補完性を示している。

　日本における設計・施工方式の発生と発展には，木組み技術と大工の棟梁制度が関係している。木組みは，木造建築の骨組みづくりに釘や金物などを使用せず，木自体に切り込み等を施しはめ合わせる技術であり，その図面精度と組み立て精度の向上のために，図面作成と木組み生産は統合される必要があった。木組み技術は木造技術として発展し，棟梁制という木造大工が中心となる組織制度の下で，江戸時代から明治時代に受け継がれて行った。明治の初めに，欧米から近代的な建築技術が導入され，それ等とともにもたらされた設計・施工分離方式やコンストラクションマネジメント方式が普及する可能性があったが，明治期に清水組の原林之助，戦後高度経済成長期に鹿島建設の鹿島守之助等の経営者が，国際的な建設プロジェクト対応という戦略的見地から設計・施工方式の推進をリードし，今日に至っている。清水組（現清水建設）も鹿島建設（現鹿島）も棟梁制から成長して行った建設会社である。

　一方，米国のコンストラクションマネジメント・システムは，1970年代に大規模化，複雑化する建築プロジェクトに対して，マネジメント上の管理限界故に設計・施工分離方式（デザインビッドビルド・システム）では対応できなくなり，増大する品質・コスト・工期のリスクに対して，オーナー，アーキテクト，エンジニア，コンストラクションマネジャーがオーナー組織として設計と施工をプロジェクト初期の段階から統合的に管理することによって対応し，ステークホルダー間で生じる取引コストを節約するために発生して来た。ヒーリー（George T. Heery）は，ゼネラルコントラクターの役割を，多数のサブコントラクターとベンダーをマネージする専門職能サービスと捉え，オーナーがそれらに対してサービスフィーを対価として払うという委託契約を適用し，それらの専門職能サービスをオーナー側が行うことによって，アーキテクト側からコンストラクションマネジメント・システムを推進してきた。またターナー建設（Turner Construction Company）は施工段階の情報をアーキテクト，エンジニアに対して設計段階にフィードバックさせ，且つ工事段階においては，直接工事を担当するコントラクターや資機材を提供するベンダーに対し

て施工管理サービスを提供するコンストラクションマネジャーとして機能することで，コントラクター側からコンストラクションマネジメント・システムを推進して来た．

　日米の建築生産制度は，それぞれのルール，規範，予想，組織を要素にもつ制度が，自己実現的に，内生的に制度強化してきたものとして説明され，比較制度分析に基づく視点，多様性，戦略的補完性，制度的補完性，経路依存性という複合的な観点で独自性をもっている．

9.2　結論

9.2.1　基本的リサーチクエスションに対する答え

　基本的リサーチクエスションである"米国生まれの新しいプロジェクトマネジメント・システムであるコンストラクションマネジメント方式が，日本にも導入され，発展・普及が期待されていたが，日本側の様々な制度的配慮にもかかわらず，四半世紀経過した現在でも普及しないのはなぜなのか"という問いに対して簡潔に答えるとすれば，米国で発生・発展したコンストラクションマネジメント方式は，日本で広く普及している設計・施工方式に比較してオーナーの取引コストを節約しないからである[1]．

　米国の建築生産制度においては，限定合理性と機会主義を前提とした取引コスト理論が機能している．コンストラクションマネジメント方式が発生してきた理由は，巨大化・複雑化し，不確実性の高い建築プロジェクト，つまり多大な取引コストを生じるプロジェクトに対して，米国の基本的なプロジェクトマネジメント・システムである設計・施工分離方式では対応できないからである．設計・施工分離方式で実行されるプロジェクトは，オーナーが，市場調達して決定した建設会社との間で，設計が終了するまでの予算やコストの把握が困難である上に，施工段階でもそれらに加えて品質確保への対応が非常に困難であり，多大な取引コストを負担することになる．その多大な取引コストを節約するために，オーナーが組織内取引コストを負担し自らの責任でアーキテクト，エンジニア，コンストラクションマネジャーと委託契約を取り交わし，設

---

[1] もちろん，理由はオーナー側の理由，オーナーの取引コスト節減だけに限らない．コントラクター側の理由も存在する．日本の建設会社は売上高を競う傾向がある．日本の建設会社がコンストラクションマネジメント方式に従事する場合，建築プロジェクトを請負うのではなく，オーナーからサービスフィーを受け取ることになり，売上高は大幅に下がることになる．日本の建設会社はそこを嫌う．

計および施工サービスを提供してもらい建築プロジェクトを実行するというコンストラクションマネジメント方式が発生し，発展してきた。

　日本の建築生産制度においては，取引コスト理論と信頼が果たす役割，双方が機能している。信頼があれば，限定合理性と機会主義の前提が皆無になることがなくても前提の度合いが著しく減少する。日本の建設会社は，オーナーの監視の目がなくても自主的な施工管理と本来であればオーナーとアーキテクトに委ねられる設計監理を，内部的に忠実に実行することによってオーナーの信頼を得てきた。プロジェクト初期に設定されたコストや工期は，設計と施工部門を保有する建設会社によって実施される設計・施工方式を通じて，設計と施工を統合的にマネジメントすることによって遵守され，基本的にオーナーの取引コストを節約するのである。実際に日本の建設会社は，米国におけるプロジェクトにおいても，長期的信頼関係の下で契約された設計・施工方式の場合，組織内取引コストが多大になったとしても，日本で構築されたカスタマーリレーションを遵守するために誠実にプロジェクトを実行し，オーナーの取引コストを節約しようとした。したがって，日本の建設会社が信頼に基づいて設計・施工方式をオーナーに提供し続ける限りにおいて，コンストラクションマネジメント方式が，日本で普及することは困難であると考えられる[2]。

9.2.2　国際的な業界制度の壁

　次に本書の研究目的である"企業が国境を越えてビジネス展開するときに直面する業界制度の壁を，乗り越えることができるのかどうか，乗り越えることが出来るのであれば，どのように乗り越えるのか，乗り越えることができないのであれば，なぜ乗り越えることができないのか"という経営学的課題に対して，日米の建築生産制度に関する基本的リサーチクエスションに対する答えをより掘り下げて考察し，以下のように総括する。

（1）取引コスト理論の視点

　まずは，取引コスト理論の視点からである。図9-1に示されるように，企業が業界制度を乗り越えてビジネス展開を行うことができるのか，それとも，乗り越えることができずにビジネス展開ができないのか，に関しては，日米建

---

[2] しかしながら，第6章における，日本のコンストラクションマネジメントに関する関係者インタビューでの中川満氏コメントにあるように，米国企業が日本に施設建設をする場合においてはそうではない。米国企業はオーナーとしてやはり，設計と施工が同一企業で行われることに対して不信感をもっており，オーナーとゼネラルコントラクターの間にコンストラクションマネージャーを置いて，ゼネラルコントラクターの仕事をモニタリングさせるケースがある。

第9章 結論

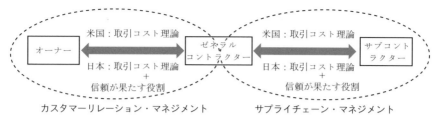

図9-1　日米建築業におけるカスタマーリレーション・マネジメントとサプライチェーン・マネジメントの違い

築生産制度のおけるカスタマーリレーション・マネジメントとサプライチェーン・マネジメントにおける取引コスト理論と信頼が果たす役割が，大きく関係していると推察される。

　米国の建築生産制度においては，ステークホルダーの取引において，カスタマーリレーション・マネジメント，サプライチェーン・マネジメントの双方に，取引コスト理論が機能している。しかしながら，日本の建築生産制度においては，その双方に，ステークホルダー間の取引において，取引コスト理論と信頼が果たす役割が機能している。したがって，業界制度を乗り越えて長期的にビジネスを展開するためには，カスタマーリレーション・マネジメントとサプライチェーン・マネジメントにおける取引コスト理論と信頼が果たす役割を認識して，それらの間に生じる矛盾を解決する事業戦略が必要である。

　取引コスト理論と信頼が果たす役割の双方が，両マネジメントに機能している日本の建築生産制度の下で培われた組織能力である「設計・施工統合能力」をもつ日本の建設会社は，取引コスト理論が主に機能するサプライチェーンをベース[3]にして取引コスト理論に基づくガバナンスで対応できるプロジェクトマネジメント・システムを創発戦略的に実行してきた。取引コスト理論のみが主に機能する取引関係は，取引コスト理論と信頼が果たす役割双方が機能する取引関係の下で経営されている日本の建設会社にとって，対応しやすい可能性があったように思われる[4]。

　一方で，主に取引コスト理論が，カスタマーリレーション，サプライチェーン・マネジメントに機能する米国の建築生産制度の下でビジネス展開をしてき

---

[3] 具体的には，サブコントラクターやベンダーは，日本のように長期的取引はなく，入札ベースで決定される。
[4] 筆者も自ら経験しているが，ロジックとガバナンスを理解すれば，信頼で縛られる日本よりも，米国の方がビジネスをしやすいように思われた。

た米国の建設会社が，取引コスト理論と信頼が果たす役割双方が両マネジメントに機能する日本の建築生産制度の下で，米国で発生し発展してきたプロジェクトマネジメント・システムであるコンストラクションマネジメント方式をもって，日本市場に参入，ビジネスを展開していくことが困難であったことは想像に難くない。

(2) 比較制度分析の視点

取引コスト理論を経済史に適用して，経済社会の発展と制度を説明しようとした North（1990）は，競争状態よりも独占状態をつくり出し，機会を拡大するよりも制限するような非効率な制度が歴史的に存続して効率的な制度へと変化せず消滅しない理由は，非効率な制度においても私的利益を得る人々が存在し，制度を変化することに抵抗するからであり，制度を変化させるために利害関係者との間に発生する取引コストが巨大な場合に社会は非効率な制度を維持することになり，合理的に非効率な制度が維持されるということを主張した。上記の観点に基づけば，かつて米国政府が，米国の建設会社が日本の建設市場に入って来れない理由として日本の建設市場の非効率性ということを挙げていた理由が理解できる。

しかし，日本の建築生産制度においては，信頼が取引コストを節約するという役割を果たしている。一見して非合理と思われる，設計・施工方式を中心とする日本の建築生産制度は，実は日本において合理的なのである。比較制度分析は，国際的に違いを見せる様々な制度分析に対して，新たな観点を提供した。その観点によれば，日米建築生産制度のプロジェクトマネジメント・システムを中心とした日米の建築生産制度は，多様性，戦略的補完性，制度的補完性，経路依存性という複合的な観点で，それぞれ独自性をもっている。図 9-2 に示されるように，多様性の観点においては，日米とも，プロジェクトマネジメント・システムの分布に違いが存在し，建築生産制度に関係する教育・資格制度，契約・法規関連制度，財務・会計制度に関しては，日米それぞれの代表的なプロジェクトマネジメント・システムと相互補完的な関係があり，また，経路依存性の観点においては，それぞれ独特の歴史的な発展経緯をもっている。したがって，日米それぞれ，コンテキストが異なって形づくられてきた制度に基づいて発展して来た代表的なプロジェクトマネジメント・システムを，国境をまたいで適用することは容易なことではない。

1980 年代から 1990 年代にかけて，筆者が米国滞在中に日米建設摩擦問題が発生し，当時筆者が米国で建設関係者から受けた質問は，"日本の商習慣は不透明である。また，なぜ同じ会社のなかに設計部門と施工部門が存在するの

第 9 章 結論

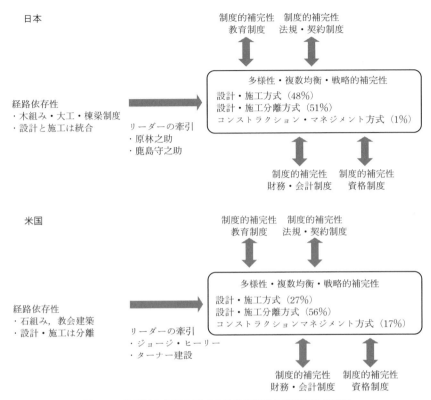

図 9-2 比較制度分析の下での日米の建築生産制度の概念図

か"ということに象徴されていた。当時，半導体，家電，自動車等で日米貿易摩擦の問題が生じ，その余波を受けた状況で建設摩擦問題が発生した。ビジネスに対して多様性を理解させるような比較制度分析等のアプローチは初期の段階であり[5]，産業やビジネスの国際的な多様性に関して国境を越えて理解するような状況ではなく，米国は，取引コスト理論に基くビジネス論理に従って日本側に政治的な圧力をかけ，日本市場を開放させるに至ったとも解釈される。しかし，米国の建築生産制度のなかで発生し，発展したコンストラクションマネジメント方式は，日本の建築生産制度の下では普及せず，制度の壁を超える

---

[5] 青木（2008）は，「比較制度分析」や「比較歴史制度分析」が行われるようになったのは，1990年代からであると説明している。

第 2 部　理論編

ことができなかったのである。

9.3　理論的貢献と実践的インプリケーション

　本書は建設業，とくに建築業を扱った研究である。日本では建設業が経営学研究の対象となった例は数少なく，そのために研究の蓄積が乏しい分野であり，詳細に理論的貢献と実践的インプリケーションを示すことは困難であるが，幾つか順に列挙してみたい。

9.3.1　理論的貢献

　まず始めに，取引コスト理論を適用することによって，建築プロジェクトのマネジメントシステムに 3 つの基本モデルが存在することを明らかにしたことである。建設経営学（コンストラクションマネジメント）の研究分野において，取引コスト理論を適用した研究は多くあるが，多くが組織の解釈を扱った定性的な研究である[6]。建築プロジェクトのマネジメントに対しては，同じ組織の経済学[7]の範疇でエージェンシー理論の適用が目立つ。筆者はこの理由として，米国においては，建築プロジェクトのマネジメントは設計・施工分離方式が基本となり，オーナー，アーキテクト，コントラクターという 3 者の依頼人－代理人関係が基本になって構成されているところにあると考えている。取引コスト理論を適用することは可能であるが，市場，中間組織，組織というガバナンスと垂直統合という観点で捉えても 3 者の間には根底に依頼人－代理人という関係が存在する。ところが日本においては，プロジェクトマネジメント・システムの 1 つである設計・施工方式は，設計部門，施工部門が同一会社によって保有されており，マネジメントのバリューチェーンは完全に垂直統合されている。つまり，米国においては，ウィリアムソンが主張する取引コスト理論の中心的命題である資産特殊性が介在する場合の取引コストの節約と市場，中間組織，組織というガバナンスの関係を，単純に適用しにくいという状況がある。それに対して，日本では設計部門と施工部門を垂直統合しているコントラクター（ゼネラルコントラクター）という存在があり，この組織によって実行される設計・施工方式においては，オーナーにとって取引相手となる主体である。ここには，エージェンシー理論よりも取引コスト理論が適合してい

---

[6]　第 6 章 6.1.3 "建設経営学分野の先行研究レビュー" を参照。
[7]　菊澤（2006）は，組織の経済学として，取引コストコスト理論，エージェンシー理論，所有権理論，契約理論，ゲーム理論等を挙げている。

ると筆者は考える。

　次に比較制度分析を適用することによって，日米建築生産制度のそれぞれのコンテキストにおける合理性を明らかにしたことである。比較制度分析は同じ資本主義経済であっても，どのような制度配置がその内部に成立しているかによって，様々な資本主義が存在すること，資本主義経済システムの多様性を説明する理論（青木・奥野，1996, p.2）であるが，その対象は経済システムから，産業システムへと焦点がシフトしており，様々な分野の産業が扱われている。そのような傾向のなかで本書は建築業を扱った。今回，日米の建築生産制度のそれぞれの合理性が，文化論，組織論，技術論等のレベルを超えて，社会科学的により説得力をもって説明されたと筆者は考えている。建築生産制度の基本であり，また建設会社の経営単位である建築プロジェクトのマネジメントシステムの発生発展に関して，比較制度分析を適用して日米における相違点が明らかにされたことはコンストラクションマネジメントという学問分野のみならず，経営学の分野においても理論的に価値あるものであると考えている。

　最後に方法論的貢献である。筆者は本書において2つの事例を扱ったが，最初の米国における建築プロジェクトマネジメントの事例は，日本を遠く離れて米国で行われた日本を代表する企業の経営行動である。一般には入手が困難であるデータであると考えられるが，研究者である筆者が実際に関わった経営行動であり，「オートエスノグラフィー法」により，自分自身の行動を自己省察的に捉え，また事実の確認と客観性の担保のために関係者へのインタビューを基に「オーラルヒストリー法」を用いてデータを整備した。この手法の是非に関しては，事実の確認と客観性の担保の観点で疑問を投げかけられる可能性がある。しかしながら，事実の確認や客観性の担保というものは，どこまで厳密に行っても人の目を通してしかできないものである。それよりも今回は，一般的には扱えない貴重なデータを，これらの方法によって扱うことができたということを，尊重すべきであると考える。またこれらの方法は，今後，実務経験を積み重ねた筆者のような実務家が貴重な経験を基に経営学的研究を行う際に参考になるアプローチであると考える。

9.3.2　実践的インプリケーション

　第一に，取引コスト理論と信頼が果たす役割のビジネスへのインプリケーションである。日本で構築されたカスタマーリレーション・マネジメントをサプライチェーン・マネジメントの背景が日本と異なる米国で実現しようとし，オーナーの声に答えようとすればするほど，組織内取引コストが生じる可能性

がある。これは様々なビジネスに共通して言えることである。日本で構築されたカスタマーリレーションは，日本におけるサプライチェーンやその他相互補完的関係にある様々な制度と結び付いて実現される。本書の事例においては，日本のゼネラルコントラクターが，設計・施工方式により培われた組織能力である「設計・施工統合能力」に基づいたサービスを，サプライチェーンやコンテキストが異なる米国においても提供しようとし，設計・施工方式の下でオーナーの信頼に組織的に応えようとすればするほど，組織内部の取引コストが増加し失敗の可能性が高まることを示した。それに対して，カスタマーリレーションとサプライチェーンのマネジメントにおいて取引コスト理論のみが共通して機能する設計・施工分離方式とコンストラクションマネジメント方式においては，成功する可能性が高いことを示した。「設計・施工統合能力」を保有する日本の建設会社は，プロジェクトマネジメントが違ってもオーナーの取引コストを節約しようと行動する傾向があり，これが，設計・施工分離方式とコンストラクションマネジメント方式ではオーナーに有益に作用する。ところが，日本の設計・施工方式はオーナーとコントラクター間で取引コスト理論と信頼が果たす役割の両方が機能することによって成立するプロジェクトマネジメント・システム[8]である。以上に説明される建築業の例は，国際的にビジネス展開しようとする様々な企業が，カスタマーリレーション・マネジメントとサプライチェーン・マネジメント間の矛盾とねじれを克服する方法を示唆している。

　第二に比較制度分析に基づいた競争戦略へのインプリケーションである。競争戦略の焦点が，製品・サービスそのものから，それらを実現するビジネスシステムに重点が移ってきている。ビジネスの仕組みやシステムを通じて違いを生み出すビジネスシステムの差別化は，製品やサービスの差別化に比べて，目立たず，分かりにくく，漸次的な成功しか期待されないが，模倣されにくく持続される。だが，自社のビジネスシステムを他社のビジネスシステムに比べて，どの部分をどのようにすれば，競争優位性を高めることができるのかを把握してシステムを構築することは困難であり，制度が違う国への展開を図ろうとする場合は，一層困難になる。だが，本書で日米建築業を対象にして実施したように，2国間で取引コスト理論とゲーム理論に基づいた比較制度分析の視点で，多様性，戦略的補完性，制度的補完性，経路依存性の観点で複合的な分

---

[8] 特に，特命発注，随意契約は，「取引コスト理論」と信頼のバランスの上に成り立っていると思われる。

析を試みれば，2国間のビジネスシステムの違いが判断され，ビジネスシステム上の何をどのように統合しあるいは分離するのか，何を組織で，市場で，あるいは中間組織で実行すべきかの指針を把握することができる。そうする場合とそうしない場合でビジネスシステムを基本にする競争戦略で差が生じることは明らかである。

第三にそれぞれの国のコンテキストを背景として存在するビジネス制度の合理性への対処に対するインプリケーションである。他国からしてみれば，一見して非合理と思われる制度が実は当該国において合理的である可能性がある。そのように2国間で互いに矛盾はあるものの，それぞれ合理的に存在する制度にまたがってビジネスシステムを展開する場合には注意が必要である。筆者は日本企業の米国現地法人と米国企業の日本現地法人で，本社と現地法人の所在する国の業界制度が異なるという企業環境下でビジネスに従事する経験をした。そこでの教訓は，業界制度が異なるために生じるビジネスシステムにおけるカスタマーリレーション・マネジメントとサプライチェーン・マネジメントの間の矛盾を調整して円滑な経営を推進するインターフェースとしての経営職の役割が重要なことである。当時は経験的に学習することを通じて，創発的に互いの制度に矛盾を生じないようにビジネスシステムを構築，または改善するしかないと判断して対処したが，今回の研究を通じて理論的に進める術を確認・獲得したと考えている。冒頭で青木（2001，p.4）の言葉を引用して"制度が事業パフォーマンスにとって重要な関係をもつのであれば，なぜそれぞれの事業は，より高いパフォーマンスを示している他の事業から最善の制度を学習し，採用することができないのか"という問題意識を提起したが，それは経営者がそれぞれの国の制度を理解して，自らがインターフェースの役割を果たすということ以外にないのではないかと考える。

9.4 本書の限界と今後の研究課題

9.4.1 理論的限界

第一に，実証的研究の必要性に関する件である。組織の経済学の中心的な理論である取引コスト理論は，文字通り取引コストを扱うものであるが，取引コスト自体が会計的費用に加えて機会費用も含めたものなので，予想と結果を比較した場合に判断が難しい。本書は，取引コスト理論を適用して建築プロジェクトのマネジメントシステムを分析した。製造業のように生産行為が繰り返し行われる場合には，会計上の費用はもちろん機会費用であっても様々な取引に

関する費用を予測しやすい。しかし，建築業の場合には同様な建築物を建設することは稀であり[9]，殆どの場合，建築物ごとに異なった取引の背景をもっている。会計上のコストを使用して分析するのが妥当であると考えるが，取引費用がプロジェクトごとに違い，会計的な費用の算出が困難である。コンストラクションマネジメント分野の研究において取引コスト理論を適用した研究は多く存在するが，Li & Arditi（2013）が指摘するように，上記理由から実証的な研究は数少なく，定性的な研究が多い。本書は事例研究であり，取引コストに関して，会計コストの量的なイメージはつきやすいが，厳密な意味で，やはり客観性を欠いている嫌いがあり，今後の研究に工夫が必要である。

　第二に，企業組織の境界に対するアプローチの件である。この課題に関しては，取引コスト理論を適用した多くの実証研究によって検証されてきているが，他の要因とどのような相互作用が働いているのか，どのようなトレードオフが生じているのかに関しては，十分な研究蓄積がある訳ではない。近年取引コスト理論以外からの研究が進んでおり，代表的な理論が資源ベース理論である[10]。建築プロジェクトのマネジメントシステムに関しても同様である。筆者は，日本の建設会社が保有する「設計・施工統合能力」に特徴づけられる組織能力を示したが，重要な経営理論である資源ベース理論を背景にもつ概念であるために，建築プロジェクトのマネジメントシステムの更なる学術的理解のためには，説明や研究が必要な概念である。しかしながら，論文としての焦点が曖昧になるために詳細な分析には敢えて触れなかった。今後，建築プロジェクトのマネジメントシステムの境界の決定や日本独特の設計・施工方式に対して資源ベース理論からの理論的解明が必要であると考えている。

　第三に，ゲーム理論を使用したアプローチの件である。すでに説明しているが，本書では，資本主義経済のシステムを対象として扱う比較制度分析を適用して，日米の建築生産制度の発生・発展を解明しようとした。成果を得ることができたと考えているが，理論的に説明不足の点が存在する。とくにゲーム理論を適用したアプローチが不足していると考えている。比較歴史制度分析は多面的な分析を必要とする理論であり，多くのテーマを扱い，説明しなければならないので，全体のバランス上，「ゲーム理論」に言及する紙面が限定されてしまい，取引コスト理論に比較して十分に説明することができなかったように思われる。

---

[9] 大規模住宅（マンション）等は，品質等に若干違いあるが，同様な品質の建築物が建設される可能性が高いので，分析しやすい可能性がある。
[10] 小松（2011, p.87）。

9.4.2　方法論的限界

　第一に本書は事例研究である。事例記載に関しては，オートエスノグラフィー手法を適用して，できる限り自分の記憶を辿り，正しく記載したつもりであるが，20年前のことなので，事実と相違する可能性があることを否定できない。およそのストーリー的展開に間違いはないであろうと判断するが，発生した事実の記載は，あくまでも現在の自分の目を通しての過去の投影であり，解釈である。オーラルヒストリー法を採用して，対象とした事件における関係者からのインタビューによって信憑性の担保を取ろうとしたが，当時の建築プロジェクトの限定的関係者からの限られた時間でのインタビューであり，詳細な事実把握には限界があり，また対象とした事件に影響を与えた他の関係者が存在していた可能性もある。元オーナー側とのインタビューが中心であるが，同じ会社の米国人スタッフ，米国の設計・施工方式であるデザインビルド・システムで契約したアーキテクト，サプライチェーンにおける協力会社である米国のサブコントラクター，競争相手であった米国のゼネラルコントラクターや，日本の大手建設会社等に対するインタビューが，事例の補足説明には必要であったかもしれない。

　第二に，対象とした事例研究での建築プロジェクトが生産施設である。建築プロジェクトには，事務所ビル，学校，生産施設，ホテル，マンション，百貨店，美術館等々様々な建築物が存在する。生産施設ひとつとってみても，化学工場，薬品工場，食品工場のような特殊設備やプラント装置を設置するものから，半導体製造工場のように作業環境に空気清浄度を要求するもの，単純な組み立て工場等々様々に存在する。それらの個々の建築プロジェクトにおいて，オーナー，コントラクター間に存在する，資産特殊性，プロジェクトの不確実性，複雑性，取引頻度等は異なっている。本書は，3つの生産施設がそれぞれ，化学，電装部品，組み立てという違いがあったため，比較することが可能であったが，オーナーが製造業であることから事例的に偏りがあることは否めない。

　第三に使用したデータである。第2章における定型化された事実（stylized fact）として提示した資料は，1次資料，2次資料を含めて現在入手できる範囲で最新，最善を尽くして入手したつもりであるが，十分に満足できるものではない。日米における建築プロジェクトのマネジメントシステムの構成に関しては，日米とも，国レベルの比較は何とかできたが，大都市レベルでの比較ができなかった。日本では東京近郊において実施されている大建築プロジェクトのデータを入手できたが，米国においてはニューヨークマンハッタン地区の建

築プロジェクトのデータを入手することはできなかった[11]。第2章における事例研究においては，第二の点で述べたとおりである。第4章の米国におけるコンストラクションマネジメント・システムの発生，発展の事例に関しては，アーキテクト，コントラクターそれぞれの立場からコンストラクションマネジメント方式によるビジネスを立ち上げたリーダーの自伝，社史，Web上で公開されている情報，過去の取得情報を利用するにとどまった。かなりの部分はフォローされていると考えるが，米国に会社が存在しているので，1次データをインタビュー等で入手できる可能性はあった。

9.4.3　今後の研究課題

本書では「取引コスト理論」を適用することによって，建築プロジェクトにおいて3つの基本的なプロジェクトマネジメントモデルが存在し，現実には，そのモデルを基本として様々なプロジェクトマネジメント・システムが存在することを明らかにした。取引コスト理論は，組織の経済学と呼ばれる経済学のひとつの分野であり，他に，プリンシパル・エージェント理論，所有権理論，契約理論等の分野が存在する。考え方の基本には，人間のもつ限定合理性と機会主義というアプローチがある。今回の研究は，オーナーとコントラクターという典型的な関係に焦点を当てたが，建築プロジェクトのマネジメントにおいては，オーナーとアーキテクトにおけるプリンシパル・エージェントの関係，ゼネラルコントラクターとサブコントラクターの中間組織的関係等々，建築生産に関与するステークホルダーの間に，組織の経済学を適用して研究を進めることが可能な複数の対象が存在する。

日本の建築生産制度においては，明治の初期において，そもそも3つのプロジェクトマネジメント・モデルが存在していたが，現在，設計・施工分離方式と設計・施工方式が並存しており，設計部門と施工部門を同一会社内に保有して実施される設計・施工方式によって特色づけられる。最近では，設計・施工方式による採用割合が増えているという情報がある[12]。一方米国では，設計・施工分離方式が基本的なプロジェクトマネジメント・システムとして歴史的に発展してきたが，建築プロジェクトの巨大化，複雑化に対応しきれなくなり，そのプロジェクトマネジメント・システムを改善するような形態で発生してき

11　ニューヨークの日系建設コンサルに見積もりを頼んだところ，約3万ドルかかるということであり，予算不足であった。
12　有価証券報告書を調査すると，2013〜2015年の間で大手建設会社の「設計・施工方式」による受注割合が増加している。

たコンストラクションマネジメント方式と設計・施工方式が加わり，3つのプロジェクトマネジメント方式が並存している。そして，それら2つのプロジェクトマネジメント・システムが，既存の設計・施工分離方式と融合する形態で新たなプロジェクトマネジメント・システムを生み出している。

　一見して，日米のプロジェクトマネジメント・システムと米国のプロジェクトマネジメント・システムの発展の流れは違うように思われるが，実は同じである。それは，オーナーとコントラクター間の取引コストを節約しようとする方向に日米とも進んでいるということである。米国では Integrated Project Delivery（IPD）システム[13]という用語が普及し始めているが，これはオーナーのために統合したプロジェクトマネジメントという意味であり，背景には Building Information Modeling（BIM）という3次元設計とICTとの複合技術の存在がある。このBIMという建設業のICTプラットフォームが生産コストを改善することは予想されているが，実は取引コストも節約するという観点では捉えられていない。筆者の次の研究課題は，今回の研究成果の上にIPDとBIMという建設業のICTを捉える研究であり，建築学と経営学の学際的研究に挑戦していきたいと考えている。

---

[13] AIA National and AIA California Council（2007）において言及。

あとがき

　建設業界は現在, 2020年に開催される東京オリンピックを2年後に控えて, 大手ゼネコンを中心に活況を呈している[1]。その狭間に筆者は30年前の状況を垣間見る。1986年頃から始まったバブル景気と同時に, 建設業界の活況が始まり, 大手建設会社を始め, 準大手, 中堅の建設会社が垂直統合を目指し, 国内外の開発事業へと突き進んで行った。建設業は一般的な産業における経営戦略が機能しない受注産業であり, 多くの建設会社は, その受注産業の呪縛から逃れるべく開発事業に流れて行ったのである。残念ながらその末路は, 1990年代に発生したバブル崩壊であり, 建設会社の淘汰であった。建設業各社は, 約30年間隔で訪れる建設業界の活況[2]を享受しつつも, 冷静に2020年以降の環境変化に対応すべく次の一手を考えていると思われるが, 建設業界を取り巻く環境は30年前と同じではない。ここに本書を締めくくる意味で, 今後の建築プロジェクトのマネジメントシステムに影響を与えるであろうと思われる要因のなかでも, とくに重要と思われるグローバリゼーションとイノベーションに焦点を当て総括してみたい。

　まずは外へのグローバリゼーション対応である。米国のトップ建設会社の海外工事売上比率は, 総売上高の70%近くになっている。それに比べて日本の大手建設会社の海外建設工事売上の割合は, 総売上高の15%程度である。日本の製造業の海外進出企業の平均的な海外売上高が38%（全製造業では24%）であるのに比べて低い割合である[3]。このような事実から建設業が今後, とくに2020年以降, 海外工事受注へと向かうのは自然の流れであるが, 日本の建設会社が海外進出を加速させた30年前とは違う状況にある。日系企業の海外進出に伴う受注はそれほど期待できないであろうし, 受注の中核となるアジア市場[4]での受注も, この30年間で競争力をつけてきた中国, 韓国の建設会社との競争が厳しくなり, 楽観を許さない。アジア以外の地域, 中近東, 欧

---

[1] 『財経新聞』2018年5月8日号記事から。
[2] 1960年代の東京オリンピック景気, 1990年代のバブル景気, 今回である。
[3] 米国のトップ企業の海外事業売上高, 日本の大手建設会社の海外事業売上高に関しては, 第2章 2.6.2を参照。また日本の製造業の海外での売上高は, 2015年度経済産業省による『海外事業活動基本調査概要』p.12 から。
[4] シンガポール, インドネシア, タイ, マレーシア, 中国等。

米等の先進国では，筆者の経験と関係者とのヒアリング[5]に関する限りにおいて，受注状況に変動がある上，日本とは違う文化や制度に根差した建築生産制度が存在しており，日本の建設会社が組織としての経験を発揮しにくいという実情がある。そういった環境下で，日本国内で培われた組織能力としての「設計・施工統合能力」をどのように発揮していくべきかを十分に検討する必要がある。建築プロジェクトのマネジメントシステムにおける典型的なモデルは，3つである。その3つを基本にして，オーナーとコントラクター間の様々なコンテキストが考慮されて多種多様なプロジェクトマネジメント・システムが存在する。海外における建築プロジェクトの取引行為は取引コスト理論に基づいており，当該国の建築生産制度を理解して，カスタマーリレーション・マネジメントとサプライチェーン・マネジメント間の矛盾を理解し，そのコンテキストに適合した対応が必要である。日本での取引コストと信頼が果たす役割が機能するなかで培われた「設計・施工統合能力」を過信せず，柔軟に多様なプロジェクトマネジメント・システムにて対応していくことが肝要である。

次に内なるグローバリゼーションとして，今後増加することが予想される外国企業の施設建設に対する対応である。設計施工分離方式で対応する場合は，国内外で共通するシステムなので基本的に問題はない。日本で行われている設計・施工方式で対応する場合には，グローバリゼーション対応の鍵となるアカウンタビリティーと透明性に対する配慮が重要である。そのためには，多様なプロジェクトマネジメント・システムの採用が必要である。一見して非合理と思われる，設計・施工方式を中心とする日本の建築生産制度は，実は日本において合理的なのである。日本の設計施工方式を機能させるためには，進出してくる企業の国の建築生産制度における主たるプロジェクトマネジメント・システムと日本の設計・施工方式の間を円滑に機能させるインターフェースの役割が必要である。どちらの制度をどちらに合わせるということではなく，制度間の矛盾を前提にしつつ，うまく機能させる仕組みとしてのインターフェースの役割が必要である。筆者はこれが日本で必要なコンストラクションマネジメント方式であると考えている。具体的な例としては，外国企業のプロジェクトマネジャーと日本の建設会社の間にコンストラクションマネジャーを配置して，インターフェースの役割を担わせることである。対応策としては，国内外顧客の様々なコンテキストに対応して多様なプロジェクトマネジメント・システムを採用していくことが必要であり，外へのグローバリゼーション対応能力は，

---

[5] 主にA建設海外支店関係者へのヒアリングである。国際支店元副支店長の伊藤誠氏。

あとがき

内なるグローバリゼーション対応能力によって高められるということにも留意すべきであろう。

　2番目にイノベーションへの対応，特に技術的イノベーションへの対応である。近年，第5章で説明されたように今まで低レベルであった生産性を向上させようとして，建築業においては画期的な技術的イノベーションとしてICTおよびAI・ロボット技術を適用しようとする動きがある。ICTとしては，Building Information Modeling（BIM）と呼ばれる3次元設計とICTの複合技術を利用した情報プラットフォームの活用があり，AI・ロボット技術としては，人の労働力を代替する施工現場への様々なAI・ロボット技術の導入，活用がある。BIMの活用は，設計段階で作成された3次元設計データを設計段階のシミュレーションやプレゼンテーション目的だけではなく，施工・積算そして建設後の建物のメンテナンスサービスにも使用できるため，情報化設計・施工として生産性を向上させるツールとして期待されている。データーはオーナーのものという観点で，設計・施工分離方式では，オーナーの代理人として設計事務所が作成した3次元設計データを入札後に建設会社が使えるようにすること，設計・施工方式では，オーナーが，設計部門と施工部門双方を保有する建設会社が作成した3次元設計データを管理することができるようにすることが課題である。AI・ロボット技術の活用は，労働力を代替する施工ロボットと，AI（機械学習・深層学習）とロボット技術の複合体である施工・工程管理ロボットが導入されつつある。施工ロボットは，協力会社の労働力を削減し，施工・工程管理ロボットは建設会社自らの管理システムを簡易化する可能性がある。長期的には，建築プロジェクトのマネジメントシステムにおけるステークホルダーの関わり方を変化させると同時に，逆に創出された技術的イノベーションがうまく機能するためには，プロジェクトマネジメント・システムを変える必要がある。

　我々は一般に技術的イノベーションによる生産コストの削減ばかりを追求しているが，建築業は多数のステークホルダーが関与するシステム産業であり，それらのステークホルダー間に発生している取引コストにはあまり気を配ってはいない。技術的イノベーションが効率よく機能するためには，プロジェクトマネジメント・システムと関与するステークホルダーの関係を取引コストの観点で見直す必要がある。BIMのもつ特性をうまく機能させるためには，できるだけ早くオーナーを中心としてアーキテクト，エンジニア，コントラクター等のステークホルダーが結集して施工レベルで使用できる3次元設計図を作成することが必要である。その意味では，設計部門と施工部門の両方を保有す

る日本の建設会社は，BIMのもつ利点を活かす組織構造となっているが，前述したようにデータはオーナーのものなので，オーナーがデータを管理できるようなプロジェクトマネジメント・システムを構築する必要がある。BIMを普及させるプロジェクトマネジメント・システムとして，米国におけるコンストラクションマネジメント・アットリスク・システム[6]や，IPD（Integrated Project Delivery）システム[7]といったプロジェクトマネジメント・システムの採用を検討する必要があるだろう。また，施工ロボット[8]や，施工・工程管理ロボット[9]の導入は，サプライチェーンにおける協力会社との関係を激変させる可能性がある。施工ロボットは協力会社の労働力を代替し，施工管理ロボットは，ゼネコンの施工管理の効率化を高める。取引コストの観点から判断すれば，長期的には多くのサブコントラクターを垂直統合し，「設計・施工統合能力」を更に高める可能性がある。

　グローバリゼーションは，日本の建築生産制度に対して変化をもたらす「外生的」（exogenous）要因であり，技術的イノベーションは，同様に「内生的」（exogenous）要因である（Greif, 2006）。日本の建築生産制度は，この大きな2つの圧力要因によって将来的に変化していく可能性があり，グローバリゼーションに対応し技術的イノベーションを効率よく機能させるためには，いずれにせよ，日本の建築生産制度がより多様性をもつ必要があることは言うまでもない。

---

[6] 第8章 8.3.4（2）"米国の建築生産制度と経路依存性"を参照。
[7] AIA National, AIA California Council（2007）において言及。ステークホルダー間の誘因，動機が一致しないために調整が難しい。
[8] 例えば，清水建設などは，鉄骨・鉄筋溶接，天井工事，コンクリート工事等に施工ロボットを使用し始めている。
[9] 米国ドクセル（Doxcel）社を始めとして，開発が始められている。

参考文献・資料

AIA National and AIA California Council (2007), "Integrated Project Delivery: A Guide," *The American Institute of Architects*
Andaleeb, S. S. (1992), "The Trust Concept: Research Issues for Channels of Distribution," *Research in Marketing*, 11, pp.1-34
Ang, S. & Straub, D. W. (1998), "Production and Transaction Economies and IS Outsourcing: A Study of the U.S. Banking Industry," *MIS Quarterly*, 22(4), pp.535-552
Arditi, D. & Gunaydin, H. M. (1997), "Total Quality Management in the Construction Process," *International Journal of Project Management*, 15(4), pp.235-243
Arditi, D. & Lee, D. E. (2003), "Assessing the Corporate Service Quality Performance of Design-build Contractors Using Quality Function Deployment," *Construction Management and Economics*, 21(2), pp.175-185
Argyres, N. & Mayer, K. J. (2007), "Contract Design as A Firm Capability: An Integration of Learning and Transaction Cost Perspectives," *Academy of Management Review*, 32(4), pp.1060-1177
Ashley, D. B. (1977), "Construction Project Risk Sharing," *Technical Report No.220*, Dpt. of Civil Engineering, Stanford Univ.
Bajari, P. & Tadelis, S. (2001), "Incentives Versus Transaction Costs: A Theory of Procurement Contracts," *The RAND Journal of Economics*, 32(3), pp.387-407
Ballard, G. & Howell, G. (2003), "Lean Project Management," *Building Research & Information*, 31(2), pp.119-133
Barney, J. B. (2001), *Gaining and Sustaining Competitive Advantage* (2nd ed.), Prentice-Hall
Benett J. & Peace, S. (2006), *Partnering in the Construction Industry: A Code of Practice for Strategic Collaborative Working*, Butterworth-Heinemann
Bergh, D. D. & Lawless, M. W. (1998), "Portfolio Restructuring and Limits to Hierarchical Governance: The Effects of Environmental Uncertainty and Diversification Strategy," *Organization Science*, 9(1), pp.87-102
Bremer, W. & Kok, K. (2000), "The Dutch Construction Industry: A Combination of Competition and Corporatism," *Building Research and Information*, 28(2), pp.98-108
Brockmann, C. (2001), "Transaction Cost in Relationship Contracting," *AACE International Annual Meeting Transactions*, AACEI, pp.1-7
Brouthers, K. D. (2002), "Institutional, Cultural and Transaction Cost Influences on Entry Mode Choice and Performance," *Journal of International Business Studies*, 33(2), pp.203-221
Bufaied, A. S. (1987), "Risks in the Construction Industry: Their Causes and Their Effects at the Project Level," Ph.D. Thesis, University of Manchester, Institute of Science and Technology
CFMA (Construction Financial Management Association) (2005), "General Information: CFMA's 2005 Construction Industry Annual Financial Survey"
Chandler, A. D. Jr. (1977), *The Visible Hand*, Harvard University Press (鳥羽欽一郎・小林袈裟治訳『経営者の時代(上・下)』東洋経済新報社, 1979 年)
CMAA (Construction Management Association of America) (2007), "An Owner's Guide to Construction Management"
CMAA (2012), "An Owner's Guide to Project Polivery Methods"
Coase, R. H. (1937), "The Nature of the Firm," *Economica: New Series*, 4(16), pp.386-405

Coase, R. H. (1960), "The Problem of Social Cost," *Journal of Law and Economics*, 3, pp.1-44

Coase, R. H. (1988), *The Firm, the Market and the Law*, University of Chicago Press

Constantino, N., Pietroforte, R., & Hamill, P. (2001), "Subcontracting in Commercial and Residential Construction: An Empirical Investigation," *Construction Management and Economics*, 19(4), pp.439-447

Courtney, H., Kirkland, J. & Viguerie, P. (1997), "Strategy Under Uncertainty," *Harvard Business Review*, Nov.-Dec.

Crook, T. R., Combs, J. G., Ketchen, D. J. & Aguinis, H. (2013), "Organizing Around Transaction Costs: What Have We Learned and Where Do We Go from Here?" *Academy of Management Perspective*, 27(1), pp.63-79

Dahlman, C. J. (1979), "The Problem of Externality," *The Journal of Law & Economics*, 22(1), pp.141-162

DBIA (Design Build Institute of America) (2014), *Design Build Project Delivery Market Share and Market Size Report*, RSMeans

Delgado-Hernandez, D. J. & Aspinwall, E. (2008), "Quality Management Case Studies in the UK Construction Industry," *Total Quality Management*, 19(9), pp.919-938

Dey, P., Tabucanon, M. T. & Ogunlane, S. O. (1994), "Planning for Project Control through Risk Analysis: A Petroleum Pipeline-laying Project," *International Journal of Project Management*, 12 (1), pp.23-33

DiMaggio, P. J. & Powell, W. W. (1983), "The Iron Cage Revisited: Institutional Isomorphism and Collective Rationality in Organizational Fields," *American Sociological Review*, 48(2), pp.147-160

Dodgson, M. (1993), "Learning, Trust and Technological Collaboration," *Human Relations*, 46(1), pp.77-95

Douma, S. & Schreuder, H. (1991), *Economic Approaches to Organizations*, Prentice Hall International (岡田和秀・渡辺直樹・丹沢安治・菊沢研宗訳『組織の経済学入門』文眞堂, 1994年)

Dudkin, G. & Välilä, T. (2005), "Transaction Costs in Public-private Partnerships: A First Look at the Evidence," *Economic and Financial Report*, European Investment Bank

Dyer, J. H. (1996), "Specialized Supplier Networks as a Source of Competitive Advantage: Evidence from the Auto Industry," *Strategic Management Journal*, 17(4), pp.271-291

Dyer, J. H. & Chu, W. (2003), "The Role of Trustworthiness in Reducing Transaction Costs and Improving Performance: Empirical Evidence from the United States, Japan, and Korea," *Organization Science*, 14(1), pp.57-68

Eccles, R. G. (1981), "The Quasi-firm in the Construction Industry," *Journal of Economic Behavior and Organization*, 2(4), pp.335-357

ENR (Engineering News-Record) (2015), *ENR 2015 Top 400 Contractors 1-100* <https://www.enr.com/toplists/2015_Top_400_Contractors1>, Jul. 14, 2016

Ferguson, H. & Clayton, L. (Eds.) (1988), "Quality in the Constructed Project: A Guideline for Owners, Designers and Constructors," Vol.1, ASCE

Fukuyama, F. (1995), *Trust: The Social Virtues and The Creation of Propensity*, Free Press

Garvin, D. A. (1988), *Managing Quality: The Strategic and Competitive Edge*, Free Press

Greif, A. (2006), *Institutions and the Path to the Modern Economy: Lessons from Medieval Trade*, Cambridge University Press(岡崎哲二・神取道宏監訳『比較歴史制度分析』NTT出版, 2009年)

Hakansson, H. & Jahre, M. (2005), "Economic Logistics in the Construction Industry," *Association of Researchers in Construction Management*, 2(10), pp.1063-1073

Hamel, G. & Praharad, C. K. (1994), *Competing for the Future*, Harvard Business School Press

Heery, G. (1975), *Time, Cost & Architecture*, McGraw-Hill Book Company

Heery, G. (2010), *A History of Construction Management & Construction Program Management*, Brook Wood Group

Hennart, J. F. & Park, Y. R.(1993), "Greenfield vs. Acquisition: The Strategy of Japanese Investors in the United States," *Management Science*, 39(9), pp.1054-1070

Ho, S. P. & Tsui, C. W.(2009), "The Transaction Cost of Public Private Partnerships: Implications on PPP Governance Design," *Conference on Global Governance in Project Organizations*, LEAD <http://www.academiceventplanner.com/LEAD2009/papers/Ho_Tsui.pdf>, Oct. 13, 2012

Hughes, W., Hillebrandt, P. M., Greenwood, D. & Kwawu, W.(2006), *Procurement in the Construction Industry: The Impact and Cost of Alternative Market and Supply Process*, Taylor and Francis

Jarillo, J. C.(1998), "On Strategic Networks," *Strategic Management Journal*, 9(1), pp.31-41

Jobin, D.(2008), "A Transaction Cost-based Approach to Partnership Performance Evaluation," *Evaluation*, 14(4), pp.437-465

John, G. & Weits, B. A.(1988), "Forward Integration into Distribution: An Empirical Test of Transaction Cost Analysis," *Journal of Law, Economics, & Organization*, 4(2), pp.337-355

Kangari, R. & Riggs, L. S.(1989), "Construction Risk Assessment by Linguistics," *IEEE Transaction on Engineering Management*, 36(2), pp.126-131

Klein, S., Frazier, G. L. & Roth, V. J.(1990), "A Transaction Cost Analysis Model of Channel Integration in International Markets," *Journal of Marketing Research*, 27(2), pp.196-208

Koskela, L.(2000), "An Exploration Towards a Production Theory and its Application to Construction," *Technical Research Center of Finland*, VTT Publications 408

Lai, L. W. C.(2000), "The Coasian Market-firm Dichotomy and Subcontracting in the Construction Industry," *Construction Management and Economics*, 18(3), pp.355-362

Leiblein, M. J., Reuer, J. J. & Dalsace, F.(2002), "Do Make or Buy Decisions Matter? The Influence of Organizational Governance on Technological Performance," *Strategic Management Journal*, 23(9), pp.817-833

Li, H., Arditi, D. & Wang, Z.(2013), "Factors That Affect Transaction Costs in Construction Projects," *Journal of Construction Engineering and Management*, 139, pp.60-68

Li, H., Arditi, D. & Wang, Z.(2014), "Transaction Costs Incurred by Construction Owners," *Engineering Construction and Architectural Management*, 21(4), pp.444-458

Lingard, H., Hughes, W. & Chinyio, E.(1998), "The Impact of Contractor Selection Method on Transaction Costs: A Review," *Jounal of Constrauction Procurement*, 4(2), pp.89-102

Luhmann, N.(1973), *Vertrauen*（2nd ed.）（大庭健・正村俊之訳『信頼－社会的な複雑性の縮減メカニズム』勁草書房, 1990年）

Lynch, T. D.(1996), "A Transaction Cost Framework for Evaluating Construction Project Organization," Ph. D. Thesis, Pennsylvania State Univ.

Mafakheri, F., Dai, L., Slezak, D. & Nasiri, F.(2007), "Project Delivery System Selection under Uncertainty: Multicriteria Multilevel Decision Aid Model," *Journal of Management in Engineering*, 23(4), pp.200-206

Masten, S.E., Meehan, J. W. Jr. & Snyder, E. A.(1989), "Vertical Integration in the U.S. Auto Industry A Note on the Influence of Transaction Specific Assets," *Journal of Economic Behavior and Organization*, 12(2), pp.265-273

Masters, J. K. & Miles, G.(2002), "Predicting the Use of External Labor Arrangements: A Test of the Transaction Cost Perspective," *Academy of Management Journal*, 45(2), pp.431-442

Milgrom, P. & Roberts, J.(1992), *Economics, Organization & Management*, Prentice Hall（奥野正寛・伊藤秀史・今井晴雄・西村理・八木甫訳『組織の経済学』NTT出版, 1997年）

Miranda, S.M. & Kim, Y.M.(2006), "Professional versus Political Contexts: Institutional Mitigation and the Transaction Cost Heuristic in Information Systems Outsourcing," *MIS Quarterly*, 30(3), pp.725-753

Moavenzadeh, F.(1976), "Risks and Risk Analysis in Construction Management," *Proceedings of the CIB W65, Symposium on Organization and Management of Construction*, US National Academy of

Science
Mustafa, M. A. & AL-Bahar, J. F.(1991), "Project Risk Assessment Using the Analytic Hierarchy Process," *IEE Transactions of Engineering Management*, 38(1), pp.46-52
Müller, R. & Turner, J. R.(2005), "The Impact of Principal-agent Relationship and Contract Type on Communication between Project Owner and Manager," *International Journal of Project Management*, 23(5), pp.398-403
Nickerson, J. A. & Silverman, B. S.(2003), "Why Firms Want to Organize Efficiently and What Keeps Them from Doing So: Inappropriate Governance, Performance, and Adaptation in a Deregulated Industry," *Administrative Science Quarterly*, 48(3), pp.433-465
North, D.(1990), *Institutions, Institutional Change, and Economic Performance*, Cambridge University Press（竹下公視訳『制度・制度変化・経済成果』晃洋書房，1994年）
North, D. C. & Thomas, R. P.(1973), *The Rise of the Western World: A New Economic History*, Cambridge University Press（速水融・穐本洋哉訳『欧米世界の勃興－新しい経済の試み』ミネルヴァ書房，1980年）
Oxley, J. E.(1997), "Appropriability Hazards and Governance in Strategic Alliances: A Transaction Cost Approach," *Journal of Law, Economics, & Organization*, 13(2), pp.387-409
Oxley, J. E. & Sampson, R. C.(2004), "The Scope and Governance of International R&G Alliances," *Strategic Management Journal*, 25(8-9), pp.723-749
Parasuraman, A., Zeithaml, V. A. & Berry, L. L.(1985), "A Conceptual Model of Service Quality and Its Implications for Future Research," *Journal of Marketing*, 49(4), pp.41-50
Parkhe, A.(1993), "Strategic Alliance Structuring: A Game Theoretic and Transaction Cost Examination of Interfirm Cooperation," *Academy of Management Journal*, 36(4), pp.794-829
Perry, J. G. & Hayes, R. W.(1985), "Risk and Its Management in Construction Projects," *Proceedings of Institution of Civil Engineers*, 78(3), pp.499-521
Pietroforte, R.(1997), "Communication and Governance in the Building Process," *Construction Management and Economics*, 15(1), pp.71-82
Poppo, L. & Zenger, T.(1998), "Testing Alternative Theories of the Firm: Transaction Cost, Knowledge-based, and Measurement Explanations for Make-or-buy Decisions in Information Services," *Strategic Management Journal*, 19(9), pp.853-877
Poppo, L. & Zenger, T.(2002), "Do Formal Contracts and Relational Governance Function as Substitutes or Complements?" *Strategic Management Journal*, 23(8), pp.707-725
Project Management Institute (2004), *A Guide to the Project Management Body of Knowledge*, Project Management Institute, Inc.
Reve, T. & Levitt, R. E.(1984), "Organization and Governance in Construction," *International Journal of Project Management*, 2(1), pp.17–25
Ring, P. S. & Van de Ven, A. H.(1992), "Structuring Cooperative Relationships between Organizations," *Strategic Management Journal*, 13(7), pp.483-498
Robertson, T. S. & Gatingnton, H.(1998), "Technology Development Mode: A Transaction Cost Conceptualization," *Strategic Management Journal*, 19(6), pp.515-531
Sako, M.(1991), "The Role of Trust in Japanese Buyer-supplier Relationships," *Ricerche Economiche*, 45(2-3), pp.449-474
Sako, M. & Helper, S.(1998), "Determinants of Trust in Supplier Relationships: Evidence from the Automotive Industry in Japan and United States," *Journal of Economic Behavior & Organization*, 34(3), pp.387-417
Silverman, B. S.(1999), "Technological Resources and the Direction of Corporate Diversification: Toward an Integration of the Resource Based View and Transaction Cost Economics," *Management Science*, 45(8), pp.1109-1124
Simon, H. A.(1976), *Administrative Behavior: A Study of Decision-making Processes in Administrative*

Organization (3rd ed.), Free Press (松田武彦・高柳暁・二村敏子訳『経営行動』ダイヤモンド社, 1989年)

Smith, A. (1776), *An Inquiry into the Nature and Causes of the Wealth of Nations*, W. Strahan and T. Cadell

Soliño, A. S. & de Santos, P. G. (2010), "Transaction Costs in Transport Public Private Partnerships: Comparing Procurement Procedures," *Transport Reviews*, 30(3), pp.389-406

Stalk, G. Jr., Evans, P. & Schlman, L. E. (1992), "Competing on Capabilities: The New Rules of Corporate Strategy," *Harvard Business Review*, Mar.-Apr.

Stillman, L. J. & Tomlinson, K. (1998), "A Matrix for Project Delivery," *Construction Specifier*, 31, pp.50–55

Stump, R. L. & Heide, J. B. (1996), "Controlling Supplier Opportunism in Industrial Relationships," *Journal of Marketing Research*, 33(4), pp.431-441

The American Institute of Architects (AIA) (2013), *The Architect's Handbook of Professional Practice*, Wiley

Turner, J. R. & Keegan, A. (2001), "Mechanisms of Governance in the Project-based Organization: Roles of the Broker and Steward," *European Management Journal*, 19(3), pp.254-267

Turner, J. R. & Simister, S. J. (2001), "Project Contract Management and a Theory of Organization," *International Journal of Project Management*, 19(8), pp.457-464

Vanhaverbeke, W., Duysters, G. & Noorderhaven, N. (2002), "External Technology Sourcing Through Alliances or Acquisitions: An Analysis of the Application-Specific Integrated Circuits Industry," *Organization Science*, 13(6), pp.714-733

Villalonga, B. & Mcgahan, A. M. (2005), "The Choice among Acquisitions, Alliances, and Divestures," *Strategic Management Journal*, 26(13), pp.1183-1208

Von Neumann, J. & Morgenstern, O. (1944), *Theory of Games and Economic Behavior*, Princeton University Press

Walker, G. & Weber, D. (1984), "A Transaction Cost Approach to Make-or-Buy Decisions," *Administrative Science Quarterly*, 29(3), pp.373-391

Wallis, J. J. & North, D. C. (1986), *Measuring the Transaction Sector in American Economy 1870-1970: Long Term Factors in American Economic Growth*, University of Chicago Press, pp.95-148

Weber, L. & Mayer, K. (2014), "Transaction Cost Economics and the Cognitive Perspective: Investigating the Sources and Governance of Interpretive Uncertainty," *Academy of Management Review*, 39(3), pp.344-363

Whittington, J. M. (2008), "The Transaction Cost Economics of Highway Project Delivery: Design-build Contracting in Three States," Ph. D. Thesis, Univ. of California

Winch, G. (1989), "The Construction Firm and the Construction Project: A Transaction Cost Approach," *Construction Management and Economics*, 7(4), pp.331-345

Winch, G. M. (2001), "Governing the Project Process: A Conceptual Framework," *Construction Management and Economics*, 19(8), pp.799-808

Williamson, O. E. (1975), *Market and Hierarchies: Analysis and Antitrust Implication*, Free Press

Williamson, O. E. (1985), *The Economic Institute of Capitalism: Firms, Markets, Relational Contracting*, Free Press

Williamson, O. E. (1991), "Comparative Economic Organization: The Analysis of Discrete Structural Alternatives," *Administrative Science Quarterly*, 36(2), pp.269-296

Williamson, O. E. (1996), *The Mechanisms of Governance*, Oxford University Press

Wolf, D.E. (2002), *Turner's First Century: A History of Turner Construction Company*, Greenwich Publishing Group, Inc.

Woodward, J. (1965), *Industrial Organization: Theory and Practice*, Oxford University Press

Yasamis, F., Arditi, D. & Mohammadi, J. (2002), "Assessing Contractor Quality Performance,"

Construction Management and Economics, 20(3), pp.211-223
Yeo, K. T. (1990), "Risks, Classification of Estimates, and Contingency Management," *Journal of Management in Engineering*, 6(4), pp.458-470
Yin, R. K. (1994), *Case Study Research: Design and Methods* (2nd ed.), Sage Publications, Inc. (近藤公彦訳『ケース・スタディの方法(第2版)』千倉書房, 1996年)
Zaheer, A., McEvily, B. & Perrone, V. (1998), "Does Trust Matter? Exploring the Effects of Interorganizational and Interpersonal Trust on Performance," *Organization Science*, 9(2), pp. 141-159
Zaheer, A. & Venkatrayaman, N. (1995), "Relational Governance as Inter-organizational Strategy: An Empirical Test of the Role of Trust in Economic Exchange," *Strategic Management Journal*, 16(5), pp.373-392
青木昌彦（2001）『比較制度分析に向けて』NTT出版
青木昌彦（2008）『比較制度分析序説－経済システムの進化と多源性』講談社
青木昌彦（2014）『青木昌彦の経済学入門』ちくま書房
青木昌彦・奥野正寛編（1996）『経済システムの比較制度分析』東京大学出版会
青木昌彦・パトリック，ヒュー編，白鳥正喜監訳，東銀リサーチインターナショナル訳（1996）『日本のメインバンク・システム』東洋経済新報社
伊藤秀史・沼上幹・田中一弘・軽部大編（2008）『現代の経営理論』有斐閣, p.73
伊藤正巳・木下毅（2012）『アメリカ法入門（第5版）』日本評論社
井上達彦（2010）「競争戦略論におけるビジネスシステム概念の系譜」『早米田商学』第423号, pp.539-579
入山章栄（2015）「世界標準の経営理論：取引費用理論」『Diamondハーバード・ビジネス・レビュー』5月号
岡崎哲二（2010）「制度の歴史分析」中林真幸・石黒真吾編『比較歴史制度・入門』有斐閣, pp.37-51
岡崎哲二・奥野正寛（1993）『現代日本経済システムの源流』日本経済新聞社
岡田章（2008）『ゲーム理論・入門　人間社会の理解のために』有斐閣
鹿島守之助（1971）『わが経営を語る（第3集）』鹿島建設出版会
加護野忠男・井上達彦（2004）『事業システム戦略』有斐閣アルマ
加護野忠男（2009）「日本のビジネスシステム」『国民経済雑誌（神戸大学）』第199巻第6号, pp.1-10
カー，E. H. 著，清水幾多郎訳（1962）『歴史とは何か』岩波新書
金本良嗣（2000）『日本の建設産業』日本経済新聞社
川村稲造（2009）『企業再生プロセスの研究』白桃書房
菊岡倶也（2012）『建設業を興した人びと』彰国社
菊澤研宗（2006a）『組織の経済学入門』有斐閣
菊澤研宗（2006b）『組織の経済学－新制度派経済学の応用』中央経済社
木下和勇（2003）『企業価値創造型リスクマネジメント』白桃書房
建設経済研究所（2015a）「第1章 建設投資と社会資本整備」『建設経済レポート65号』
建設経済研究所（2015b）「参考資料」『建設経済レポート65号』
建設経済研究所（2017）『建設経済モデルによる建設投資の見通し』（2017年7月）
国土交通省（2012）『建築確認申請件数の推移　2008-2011』
国土交通省住宅局建築指導課（2016）『基本建築基準法関係法令集2017年度版』
国土交通省総合政策局（2007）『建設業産業政策』
国土交通省総合政策局建設経済統計調査室（2017）『平成29年度建設投資見通し』
国土交通省土地・建設産業局（2015）『建設業許可制度』
国土交通省ホームページ資料「建築関係法の概要」<www.milt.go.jp/common/00134703.pdf>（2016年12月7日確認）
小島健司（2011）「比較取引制度分析序説」『神戸大学経済経営研究所研究業書』73
小松威彦（2011）「半導体製造における統合と分業の選択－取引費用理論と資源ベース理論に基づく

実証分析」『組織科学』第 45 巻第 2 号，pp.87-100
財務省（2010）法人企業統計「建設業及び製造業の売上高営業利益率の推移」
桜井厚（2002）『インタビューの社会学 ライフストーリーの聞き方』せりか書房
佐藤郁也（1992）『フィールドワーク』新曜社
清水建設編（1984）『清水建設 180 年』清水建設
清水建設編（2003）『棟梁から総合建設業へ－清水建設 200 年の歴史』清水建設
清水建設コンストラクションマネジメント部（1990）『欧米出張報告書－コンストラクションマネジメント（CM/MC）の実態調査報告書』清水建設
橘木俊詔・長谷部恭男・今田高俊・益永茂樹編（2007）『リスク学とは何か』岩波書店
田中英夫（1980）『英米法総論』東京大学出版会
田村正則（2006）『リサーチ・デザイン－経営知識創造の基本技術』白桃書房
田村正則（2015）『経営事例の質的比較分析』白桃書房
テーラー，F. W. 著，上野陽一訳（1957）『科学的管理法』産業能率大学出版部
登坂敏晴（2011）『設計・施工が建設産業の効率性に及ぼす影響に関する研究』麗澤大学博士論文
戸部良一・寺本義也・鎌田伸一・杉之尾孝生・村井友秀・野中郁次郎（1984）『失敗の本質－日本軍の組織論的研究』ダイヤモンド社
内閣府（2013）『国民経済計算』
中林真幸・石黒真吾編（2010）『比較制度分析・入門』有斐閣
日経アーキテクチュア（2014）『東京大改造マップ 2020』日経 BP 社
日本建設業連合会（2016）『建築設計部門年次アンケート 2015』NEWS RELEASE
日本建設業連合会（2017）『建設業ハンドブック 2017』日本建設業連合会
日本公認会計士協会（2002）業種別監査委員会報告第 27 号「建設業において工事進行基準を適応している場合の監査上の留任事項」
日本コンストラクション・マネジメント協会編（2011）『コンストラクションマネジメントガイドブック』南風舎
野村総合研究所（2008）『2015 年の建設・不動産』東洋経済新報社
ピコー，A.・ディートル，H.・フランク，E. 著，丹沢安治・榊原研互・田川克生・小山明宏・渡辺敏雄・宮城徹共訳（2007）『新制度派経済学による組織入門－市場・組織・組織間関係へのアプローチ』白桃書房
日臺健雄（2011）「書評 アブナー・グライフ著 岡崎哲二・神取道宏監訳『比較歴史制度分析』」『比較経済研究』第 48 巻第 2 号，pp.62-64
平野吉信（2014）「英米等における発注方式の動向」『建築コスト研究』No.84
藤本隆宏・西口敏弘・伊藤秀史編（1998）『サプライヤーシステム』有斐閣
藤本隆宏（2003）『能力構築競争』中央公論新書
藤本隆宏（2004）『日本のものづくり哲学』日本経済新聞社
藤本隆宏・野城智也・安藤正雄・吉田敏編（2015）『建築ものづくり論—Architecture as "Architecture"』有斐閣
藤田結子・北村文（2013）『現代エスノグラフィー』新曜社
堀泰（2010）「ゼネコンにおける協力会社関係の重要性」『名城論叢』第 10 巻第 4 号，pp.187-207
堀泰（2012）『ゼネコン再生への課題－協力会社関係の構築』創文社
ポーター，M. E. 著，土岐坤・中辻萬治・小野寺武夫訳（1985）『競争優位の戦略』ダイヤモンド社
前田裕子（2011）「明治期三菱の建築所－ビジネス・インフラストラクチャー形成と人材登用」『国民経済雑誌（神戸大学）』第 203 巻第 3 号，pp.79-97
真鍋誠司（2001）「サプライヤー・ネットワークにおける組織間信頼の意義－日本自動車産業の研究」神戸大学博士論文
丸山英二（1990）『入門アメリカ法』弘文堂
御厨貴（2002）『オーラルヒストリー－現代史のための口述記録』中公新書
三浦忠夫（1977）『日本の建築生産』彰国社

三品和広(2004)『戦略不全の論理』東洋経済新報社
三品和広(2007)『戦略不全の因果』東洋経済新報社
南千恵子・西岡健一(2014)『サービス・イノベーション』有斐閣
門間正彦(2010)「鹿島建設論争(設計施工の分離統合論争)に関する歴史的研究」明治大学理工学部修士論文
山本正紀(1980)『アーキテクトと職能』彰国社

索　引

【数字・欧文】

1級建築士	174
2級建築士	174
2段階競争	142
2つのパーティの接点	94
3つの基本的モデル	275
5つの基本的プロセス	137
9つの知識領域の管理活動	137
AGC	103
AIA	22, 38, 103, 142
AMR	106
BIM	39
building code	176
BOCA（Building Officials and Code Administrations）	176
EPA	89
GSA	103
HOK	119
IBC（International Building Code）	177
IPD	39
NFC	40
NFPA	40
SBC（Southern Building Code）	177
SCSDシステム	106
TQC	34
TQCD	34
UBC（Universal Building Code）	176
VE案	33

【あ行】

アーキテクチャースクール	175
アーキテクト	v, 4, 104, 149
アットリスクCM	108
後請け保障	246
アドバースセレクション	199
安全管理	4, 44, 74
暗黙知	28, 60
意思疎通	75
意匠デザイン	34
委託契約	9, 146, 147
一式請負（契約）	v, 4, 9, 79, 142
一般競争	142
委任契約	87
因果推論	13
因果メカニズム	14
因果連鎖	14
インセンティブ構造	2
インターフェース（的対応）	94, 97, 127, 245
請負契約	87
売上税免除	48, 51, 236
売上高営業利益率	164
営業利益率	164
英米法	176
エージェンシーCM	108
エージェンシー理論	vi, 199
エスノグラフィー	10
エンジニア	v, 4, 104, 149
エンジニアリングスクール	175
エントランスキャノピ	24
応札・工事管理	40
応札見積もり	42
大倉組商会	78
大倉喜八郎	83
大手建設会社	4, 5
オートエスノグラフィー法	10, 276
オーナー	v, 4, 104, 140, 149, 276
オーナー管理システム	143, 145, 147, 169
オーナー管理モデル	149
オーナーズレップ	v, 50, 89
オーナー代理人としてのCM	108
オーナーの代理人	104
オーバーヘッド	124
大林組	78
大林芳五郎	78, 83
オブライアン，ジム（Jim O'Brien）	107
オープンブック	52, 53
オーラルヒストリー法	10, 11

【か行】

海外建設工事割合	161
概算見積金額	58, 71, 248
外生的	208
価格妥当性	43
科学的管理法	267
化学プラント装置	103
確認申請用基本設計図	22
過失	46
瑕疵保証	22, 61
鹿島岩吉	78
鹿島（建設）	77, 78, 278
鹿島精一	83
鹿島守之助	85, 265, 278
カスタマーリレーション・マネジメント	2, 8, 228, 277
過程追跡法	14, 228, 244
ガバナンス制度	185, 214
関係特殊性	61
関西新国際空港建設	5
監視および実行コスト	203
監視と強制のコスト	203
完全合理性	184
完全合理的	183
管理型CM	108
管理限界	25, 219, 267
管理責任	46
管理統制活動	138
管理予備費	152
機会主義	15, 27, 49, 59, 95, 129, 184, 205, 279
機会主義的行動	222, 257
機械装置製造工場	56
機械リース会社	140
企画案	36
企画・基本設計	22
企画設計図	43
企業境界	223
木組み技術	80, 264, 265, 278
技術決定論	265
規範	255
基本設計	33, 66
基本的リサーチクエスション	275
客観性の担保	14
客観性の問題	11
吸収合併	118
教育・資格制度	278
競争戦略	1
協調的な工事調整	75
共同体責任制	211
許容される行動	231
近代的請負業	81
近代的建築技術	80, 263
近代的な建設業経営	266
偶発対応予備費	152
熊谷組	121
組み立て精度	80
グラビット，エリス（Ellis T. Gravette）	117
くり返しゲーム	213
クリーンルーム	36
クレーム	42, 102
経営学	15
経営学視点	48
経営行動	213
経営理念	79
経済学	15
経済システム	230
経済システム内部の制度的補完性	14
経済システムの進化	15
経済社会の発展と制度	214
経済パフォーマンス	2
形式知	28
刑事告発	46
刑事事件	46
経常利益率	164
契約交渉	44
契約書	58
契約締結	43
契約の標準約款	176
契約・法規関連制度	174
契約方式	142
経路依存性	ii, 15
結託	209
ゲームの均衡	211, 256
ゲーム理論	vi, 15, 208, 212, 232, 278
ケリー，デイブ（Dave Kelly）	110
原価圧縮	52
限界市場調整コスト	220
限界組織調整コスト	220
原価管理	45
兼業禁止規定	83
現在の眼	13
現実の視点	9
建設期間短縮	102
建設業界	3

索引

建設業法	176, 218
建設経営学	15, 198
建設市場開放	i
建設市場とサブコントラクター	198
建設プログラム	107
建築確認申請件数	170
建築学科	174
建築関連法規	176
建築基準法〔building code〕	133, 176
建築業	3
建築教育（・資格）制度	174, 261
建築業協会	82
建築工学（専攻）	15, 175
建築士の資格	174
建築士法（案）	83, 85, 87
建築生産制度	ii
建築設計監理業務法（案）	84, 86
建築設備	36, 40
建築建屋	40
建築物	133
建築物生産のバリューチェーン	138
建築物の（サービスプロセスの）品質	153, 154
建築プロジェクトの取引コスト	198
建築プロセス	136
建築法規	22
限定合理性	95, 129, 184, 205, 213, 279
現場状況報告	75
ゴア，ハロルド（Harold Gores）	106
工期（短縮）	31, 34
工期の不確実性	225
公共工事入札方式	5
工事完成基準	177, 262
工事完成保証	269
工事監理	87
工事進行基準	177, 178
工事費用	42
工事保険	51
交渉および決定コスト	203
交渉の意思決定のコスト	203
交渉優位性	49
交渉優先権	42, 246
工程調整	4
行動の調整	231
購買代理人	42, 51, 52, 247
購買方式	142
工部大学校	81
効率的な経済組織	215
国際会計基準	124, 177
個人主義的社会	211
コスト	34
コスト節減	31
コストダウン	102
コストプラスフィー契約	142
コナート，ハーバート（Herbert Conant）	116
コミュニケーション	94, 97
コンカレントエンジニアリング	4
コンストラクションドキュメント	33
コンストラクションプログラムマネジメント	108
コンストラクションマネジメント	35, 112
コンストラクションマネジメント・アットリスク・システム	108
コンストラクションマネジメント学	15
コンストラクションマネジメント協会	70
コンストラクションマネジメント契約	42
コンストラクションマネジメント・システム	7, 145, 276
コンストラクションマネジメント専攻	175
コンストラクションマネジメント方式	v, 5, 63, 65, 138, 143, 145, 147, 169, 275, 276, 278
コンストラクションマネジメント・モデル	149
コンストラクションマネジャー	v, 4, 66, 149
コントラクター	v, 140, 276
コントラクター管理システム	143, 145, 165
コントラクター管理モデル	149
根本原因追跡	62

【さ行】

最高限度額保証付き契約	142
最高限度額を保証	269
最終決算	49
最終工事利益	74
最終利益	73
最適規模	220
再発防止策	47
財務・会計制度	174, 278
坂本復経	79
先取特権	178
作業環境基準	44
サービスプロセスとしての品質	155
サービタイゼーション	1
サブコントラクター	140
サブスタンシャル・コンプリション	62
サプライチェーン・マネジメント（の視点）	2, 8, 198, 228, 277

差別化	2	需要停滞	164
産業集中度	164	竣工式	62
産業ネットワークの視点	198	準パラメータ	208, 232, 256
参与観察	10	ジョイントベンチャー	71, 121
資格法	83	省エネルギー法	176
事業戦略	3	詳細見積もり	22
資源配分システム	276	仕様書	134
自己実現的（特性）	208, 215, 231, 232, 256	商法	86, 87
自己省察的	10	情報工学	15
資材（会社）	36, 140	情報収集	184
資産特殊性	49, 69, 185, 199, 205, 221, 222, 237, 243	情報処理	184
		情報伝達	184
資産特殊的関係	49	情報の提供	231
事実の確認	14	情報の非対称性	59, 206
市場	15	消防法	176
市場調整コスト	219	職能法	83
市場調達	4, 50	諸経費	42, 52
市場的資源配分システム	221, 243, 276	叙述のコンテキスト	11
市場と組織（の境界）	205	所有権の保護	210
市場と組織の視点	198	所有権保護（制度）	207, 215
市場と組織の中間的な資源配分システム	221	ショー，ワルター（Walter B. Shaw）	116
市場取引（コスト）	184, 214, 222, 236, 243	人工物	133
下請け契約	52	新古典派経済学	183
実行方式	142	新制度派経済学	i
実施設計（図）	22, 33, 37	申請用基本設計図	22
実質完了	62	人的資産特殊性	249
実践知	ii	信憑性の担保	55
実態上の組織	74	信頼	29, 73
私的効率性	214	信頼が果たす役割	ii, 127
地場産業	164	信頼関係	49, 75
渋沢栄一	79	垂直統合	50
シブソン，バリー（Barry Sibson）	120	スケジュールペイメント	178
資本主義経済の多様性	14	図面精度	80
清水喜助	77	擦りあわせ技術	80
清水組	278	性悪説	35
清水建設	77	生産管理	4
清水満之助	79	生産機械（設置）	40, 246
指名競争	142	生産機械の搬入	26
社会的効率性	214	生産工場	36
重工機械装置	103	生産コスト	38
従属変数	14, 19	生産施設	23
重大事故	46	性善説	35
住宅関連法	176	製造業のバリューチェーン	138
住宅ゼネコン	159	制度	2, 3
集団主義的社会	211	制度強化	208, 232, 256
秀和不動産	121	制度弱体化	208, 232
受注（時の組織）	4, 74	制度的補完性	ii, 278
出精値引き	43	制度的要素	208, 231, 255

索引

制度のもつ戦略的補完性	14
製品アーキテクチャー	136
製品としての品質	155
製品の品質	154
成文法	175
責任の一元化	126
施工	4
施工管理（の資格）	44, 174
設計	4
設計監理（業務）	67, 85, 86
設計技師	20
設計コンサルタンティング	32
設計図	134
設計・施工統合能力	253, 254, 277
設計・施工分離一貫論争	85
設計・施工分離方式	v, 20, 27, 63, 66, 138, 143, 145, 146, 168, 276, 278
設計・施工分離モデル	149
設計・施工分離論	84
設計・施工方式	v, 4, 37, 56, 57, 60, 63, 66, 73, 138, 143, 145, 165, 250, 276
設計・施工方式的対応	60
設計・施工モデル	149
設計と施工の単一責任	271
設計要求	97
設備工事会社グループ	159
説明責任	124, 126
ゼネラルコントラクター	58, 104, 140
セールスタックス	42
世話役	199
全建設投資額	157
漸進的アプローチ	15
全米アーキテクト登録評議会	175
戦略的補完（性）	ii, 257, 258, 278
戦略の補完の関係	259
戦略不全	1
造家学会	79
相互補完的関係	260, 278
相互抑止均衡	210
創発的ビジネスシステム戦略	6, 275
組織	15, 255
組織的資源配分システム	221, 243, 276
組織的取引	214, 222
組織内調整コスト	219
組織内取引（コスト）	184, 236, 243
組織能力	22, 228, 244, 252, 277
組織の失敗のフレームワーク	185
曾禰達蔵	79

【た行】

大規模プロジェクト	103
大工の棟梁制	266
大成建設	78
代替的な資源配分システム	184, 205
大陸法	175
代理人制度	211
大量生産	134
竹中工務店	78
竹中藤右衛門	83
竹中藤兵衛	78
多者間の懲罰戦略	209
宅建業法	176
辰野金吾	79
立て替え払い（制度）	177, 262
ターナー，アーチ（Archie Turner）	115
ターナー建設	112, 113, 278
ターナー，チャン（Henry Chandller Tuener Jr.）	115
ターナー，ヘンリー（Henry C. Turner）	112
多様性	ii
単価契約	142
探索，契約，監視に関与する取引コスト	184
探索および情報コスト	203
探索と情報のコスト	203
単独事例研究	13
仲介役	199
中間組織	15
中間組織的資源配分システム	243, 276
中間組織の取引	214, 222
長期的な関係	71
長期的レント	15
調査方法論	10
調整のコスト	203
調整費用と動機づけ費用	203
直営としてのコンストラクションマネジメント方式	264
直接責任体制	86
追加工事（折衝）	26, 27, 28, 42
追加利益	27, 73
通商法301条	5
提案依頼書	249
提案書	23
定型化された事実	16
定性データ	11
ディベロップメントマネジメント	111, 112

定量的研究	13
出来事分析	244
出来高払い	262
デザイン（アーキテクト）	33, 34
デザインディベロップメント	33
デザインビルド・システム	58, 71, 122, 126, 145, 167, 271
デザインビッドビルド・システム	145
デソラ，アル（Al Dell's Asola）	107
鉄道請負業協会	83
鉄道建設	267
テンダーコール	v
東京土木建築業組合	83
統合もの造りシステム	252
透明性	124, 126
棟梁制度	278
特殊繊維生産工場	40, 42
特注生産	134
特定建設業者	177
特命（工事）発注	vi, 4, 43, 71, 75, 142, 248
特命受注	86
特命（・随意契約）	56, 57, 250
独立変数	14, 19
都市計画関連法	176
土木業協会	83
土木工学	15
土木工業協会	83
ドリス，ディック（Dick Doris）	119
取引慣行	2
取引コスト	vi, 38, 69
取引コスト節約原理	15, 205, 220, 221
取引コストと建設契約	198
取引コストと資産特殊性の関係	223
取引コストとプロジェクトマネジメント・システム	198
取引コストの節約	126
取引コスト理論	ii, 3, 7, 8, 95, 127, 199, 219, 276
取引頻度	185, 199, 205, 221, 237, 244
トレードコントラクター	v, 104
トンプソン，チャック（Chuck Thomson）	107

【な行】

内生的	208
内部者の日常用語	11
ナッシュ均衡（点）	212, 257, 278
日米建設摩擦	i, 3, 4, 72, 275
日米建築業の生産制度	276
日米構造協議	5
日米産業構造	5
日米の建設摩擦	124
日米の建築生産制度	4, 6, 275
日米貿易摩擦	5
日建連	171
日本建築家協会	84
日本建築士会	68, 83
日本コンストラクション・マネジメント協会	5
日本市場の閉鎖性	72
日本的信頼	52
日本土木建築請負業者連合会	83
日本の建設市場開放	124
人間の限定合理性	15
認識の共有	231

【は行】

賠償責任保険	51
ハイブリッドシステム	143, 145, 146, 168
ハイブリッド組織	199
ハイブリッドモデル	149
ハウスメーカー	159
バウハウス	105
パース	33
発注書	58
発注内示書	43, 44
パブリックヒアリング	122
パーミリー，ハロルド（Harold J. Parmelee）	117
原林之助	79, 82, 265, 278
バリアフリー法	176
バリューエンジニアリング	152
バリューシステム	140
バリューネットワーク	140
判例法	176
非可逆性	135
比較事例法	13
比較制度分析	iii, vi, 3, 14, 206, 207
比較歴史制度分析	iii, 208
非可分性	135
引き渡し	4
非合理性	135
ビジネスシステム	i, 1, 2, 127, 143
ビジネスデザインアーキテクト	30
ビジネスモデル	143
非住宅建設投資額	157

非定常性	135
標準契約約款	103
標準品	134
ヒーリー，シェファード（Shephard Heery）	110
ヒーリー，ジョージ（George T. Heery）	103, 278
品質	34
品質概念	152
品質管理	4, 62
品質的問題	61
品質の不確実性	224
品質の分析枠組み	152
ファースト・トラック	23
不確実性（への対応）	135, 150, 185, 199, 205, 221, 237, 244
不可抗力	74
不完備契約	261
複雑性	135, 221, 237, 244
複数均衡	260, 278
ブリッジングメソッド	110
ブリュジュ・ファリファ	119
フルアー	161
プログラムマネジメント	65, 109, 112
プロジェクト決算	75
プロジェクト組織とガバナンス	198
プロジェクト体制	75
プロジェクトマネジメント	133, 136
プロジェクトマネジメント協会	136
プロジェクトマネジメント・サービス	6
プロジェクトマネジメント・システム	v, 3, 8, 71, 250
プロジェクトマネジメントの視点	198
プロジェクトマネジメント・モデル	6, 7, 8, 250
プロジェクト予算	27
プロジェクトリスク	73
フロントローディング	4
文化（論）	2, 3
分業請負	79
分離発注	65
米国建設業協会	176
米国建設工学会	153
米国建設財務経営協会	165
米国建築士協会	142, 176
米国建築士協会標準契約約款	261
米国コンストラクションマネジメント協会	176, 271
米国政府	5
米国デザインビルド協会	171, 271
米国の商習慣	53
米国連邦政府一般調達局	271
ベクテル	161
別途契約	43
別途発注	65
ベルベ，バート（Bert Bellebe）	107
ベンダー	v, 104
法規・契約制度	278
ホヒティエフ	118

【ま行】

マイソン，ワリー（Walley Meisen）	107
マーシャル，ボブ（Bob Marshall）	107
マックネイル，アル（Al Mcneill）	117
マネジメントの問題	15
マルーフ，ヴィック（Vic Maloof）	107, 109
三菱村	31
見積原価	37
ミューラー，フランク（Frank Mueller）	107
民間設備投資	157
民間連合協定工事請負契約款	261
民事裁判	51
民法	86, 87
メタルサイディング	24
木造建築技術	80, 263
モジュール化	136
モスコーネコンベンションセンター	119
物語アプローチ	14
ものづくり論	134
モラルハザード	199

【や行】

ユーレンクランツ，エズラ（Ezra Ehrenkrantz）	106
横河民輔	79
予算の不確実性	224
予想	255
予定工期	74
予定利益	74
予備費	26

【ら行】

ライフストーリー手法	11

ライフヒストリー	10
ランサム，アーネスト（Ernest Ransom）	113
リーガルフィクション	51
理論知	ii
履行保証	119
リサーチクエスション	6
利得の期待値	260
リン，T. Y.（T. Y. Lin）	119
リーン・コンストラクション	4
ルール	255
歴史上の事実	13
歴史的視点	9
歴史的方法論	12
歴史分析	208
労務	36
論語とそろばん	79

【わ行】

ワイヤーハーネス（工場）	20, 36

■著者略歴

泉　秀明（いずみ　ひであき）

東北大学工学部卒。ワシントン大学経営学修士（MBA）・工学修士。神戸大学大学院経営学研究科博士（経営学）。大手建設会社勤務の後，外資系製造会社2社の役員，関西学院大学経営戦略研究科特任教授を経て，山口大学大学院技術経営研究科教授（イノベーションマネジメント，技術戦略論担当）。

■ 米国の合理と日本の合理
　　―建設業における比較制度分析―

■ 発行日――2019年2月26日　初版発行　　〈検印省略〉

■ 著　者――泉　秀明

■ 発行者――大矢栄一郎

■ 発行所――株式会社　白桃書房

　　〒101-0021　東京都千代田区外神田5-1-15
　　☎03-3836-4781　📠03-3836-9370　振替00100-4-20192
　　http://www.hakutou.co.jp/

■ 印刷・製本――藤原印刷株式会社

Ⓒ Hideaki Izumi 2019　Printed in Japan　ISBN 978-4-561-26722-5 C3034

本書のコピー，スキャン，デジタル化等の無断複製は著作権法上での例外を除き禁じられています。本書を代行業者等の第三者に依頼してスキャンやデジタル化することは，たとえ個人や家庭内の利用であっても著作権法上認められておりません。

JCOPY 〈(社)出版者著作権管理機構　委託出版物〉
本書の無断複写は著作権法上の例外を除き禁じられています。
複写される場合は，そのつど事前に，(社)出版者著作権管理機構（電話 03-5244-5088, FAX 03-5244-5089, e-mail：info@jcopy.or.jp）の許諾を得てください。

落丁本・乱丁本はおとりかえいたします。

好評書

登坂敏晴著
「設計施工」の効率性研究　　　　　　　　本体価格 3000 円
―建設産業は設計施工によって効率化されたのか

わが国建設業界における「設計・施工一貫受注方式」に対して，経済効率性という視点から鋭いメスを当てた力作。著者は長年大手建設会社に勤務，さらに大学院でアカデミックな素養と分析手法を修得し，建設業界の現状を解析していく。

E.H. シャイン著，梅津祐良・横山哲夫訳
組織文化とリーダーシップ　　　　　　　　本体価格 4000 円

リーダーが築き，定着させた組織文化。それはメンバーに共有の前提認識として組織に深く入り込む。組織文化創造と変革，そのマネジメントのダイナミックなプロセスが，リーダーの果たす役割とともに明らかになる。

F. トロンペナールス / C. ハムデン・ターナー著，須貝　栄訳
異文化の波　　　　　　　　　　　　　　　本体価格 2500 円
―グローバル社会：多様性の理解

日本と欧米の決定的な違い。それは，普遍主義と個別主義に他ならない。『七つの資本主義』の著者が贈る，グローバルビジネスの指針。文化の違いをいかに克服するか。今，我々に突きつけられている大きな問題に答える一冊。

――――― 東京　白桃書房　神田 ―――――

本広告の価格は本体価格です。別途消費税が加算されます。